Collana ID-ENTITÀ MEDITERRANEE
2

AMBRA CUSIN e GIUSEPPE LEO
(a cura di)

PSICOANALISI E LUOGHI DELLA NEGAZIONE

Scritti di
J. Altounian, S. Amati Sas, M. e M. Avakian, A. Cusin, N. Janigro, G. Leo, B. E. Litowitz, S. Resnik, A. Sabatini Scalmati, G. Schneider, M. Šebek, F. Sironi, L. Tarantini

EDIZIONI FRENIS ZERO

Indirizzo: Centro di Psicoterapia Dinamica "Mauro Mancia", via Lombardia 18, 73100 Lecce (Italia)
web address: http://web.tiscali.it/bibliopsi/cepsidi.htm
e-mail: assepsi@virgilio.it

ISBN 978-88-903710-4-2

Ringraziamenti dei curatori del libro

Vorremmo esprimere riconoscenza e ringraziare tutti coloro che, a vario titolo, hanno dato il loro contributo alla rivista di psicoanalisi “Frenis Zero”, negli otto anni della sua vita. Il 30 ottobre 2010 si tenne a Lecce il secondo convegno internazionale organizzato da Frenis Zero il cui titolo era “Id-entità mediterranee. Psicoanalisi e luoghi della negazione”. I relatori erano: Janine Altounian (saggista di Parigi), Silvia Amati Sas (psicoanalista di Trieste), Manuela e Mary Avakian (scrittrici di Taranto), Nicole Janigro (analista e saggista di Milano), Salomon Resnik (psicoanalista di Parigi), nonché i due curatori del presente libro, Ambra Cusin e Giuseppe Leo. Questo libro ha preso spunto dai temi affrontati in quel convegno per ampliarli grazie ai contributi di eminenti psicoanalisti che hanno messo a disposizione i loro scritti per portare avanti un progetto editoriale ed una collana di libri che vorrebbero porre la psicoanalisi e la storia del Mediterraneo ai due poli di una riflessione ‘al confine’ tra psicologia e sociologia, tra psicoterapia degli individui e dei gruppi e clinica delle psicopatologie sociali. Nel 2010 è già uscito il volume “Id-entità mediterranee. Psicoanalisi e luoghi della memoria” (curato da Giuseppe Leo) con cui le Edizioni Frenis Zero hanno inteso inaugurare tale collana. Desideriamo ringraziare anche Silvia Godelli, Assessore alla Cultura ed al Mediterraneo della Regione Puglia, per aver introdotto con competenza in quell’occasione i lavori congressuali.

PREFAZIONE

di Ambra Cusin

Ricordati di ricordare coloro che caddero
lottando per costruire
un'altra storia
e un'altra terra

ricordali uno per uno
perché il silenzio
non chiuda per sempre
la bocca dei morti
e dove non è arrivata la giustizia
arrivi la memoria
e sia più forte
della polvere
e della complicità

(Umberto Santino - Centro Siciliano di Documentazione
"Giuseppe Impastato")

Sono le dieci di sera di una domenica. Squilla il telefono a casa di un'analista. A chiamare è una vecchia paziente che ha ormai concluso da più di dieci anni la sua lunga analisi.

"Dottoressa, mi scusi se la disturbo oggi, a quest'ora poi… ma devo parlarle con urgenza. Ho bisogno di sentire lei, la sua voce. Ho scoperto, compreso delle cose della mia famiglia a cui nella mia vita non avevo mai pensato. Delle cose che avrei dovuto dirle in analisi, che avrei dovuto elaborare e che invece ho taciuto… no, anzi, che non ho potuto pensare… nonostante l'analisi… Sento di aver fatto un'analisi finta, di averla imbrogliata, ma… certe cose proprio non le ho mai pensate, eppure le avevo sotto il naso!"

La vecchia paziente è una persona di origini ebraiche, figlia di sopravvissuti alla Shoah, ha 67 anni; da tempo uno zio paterno si occupa di raccogliere le storie di quelle persone che erano bambini piccolissimi all'epoca delle persecuzioni, per fare delle ricerche in merito. In dieci anni di lavoro e di interviste non ha mai potuto pensare che questa nipote era uno dei possibili casi da intervistare. Ora, parlandone con quella che chiameremo Miriam (assomiglia un po'a "memoria"...), emergono non ricordi, ma collegamenti tra singoli ricordi spezzettati.

Non è un particolare da poco.

Miriam e lo zio si accorgono subito come, pur emergendo per lei delle novità sconvolgenti, la gran parte delle cose raccontate siano ben conosciute da entrambi. Sono state dette un sacco di volte, ma la novità è che Miriam comincia a pensare che tra un cosa e l'altra ci siano interessanti ed inquietanti intrecci. Dalle carte che recupera all'anagrafe scopre come sia stata fatta sparire una registrazione, di cui lo zio è stato testimone oculare: Miriam alla nascita, nel 1943, era stata registrata dal padre, di origini ebraiche, come figlia di madre "ignota" (sic!)[i], visto che la madre era stata ebrea fino al 1939, quando aveva "dovuto battezzarsi" (assieme ai genitori) per tentare di aggirare le leggi razziali. Di questo fatto non c'è più traccia all'anagrafe…. Diniego della pubblica amministrazione che rifiuta il percetto, la realtà di un documento scritto nel 1943, forse per la vergogna di alcune possibili connivenze e complicità dell'epoca, e nel dopoguerra lo trasforma autonomamente per "nascondere" la verità?

Miriam, nel raccontare di come la madre fosse "non tanto una madre fredda, quanto piuttosto distaccata, poco affettiva, sebbene buona e disponibile", ricorda anche che alla vicina di casa, cui veniva quotidianamente affidata mentre la madre andava a lavorare, veniva detto dai genitori: "se qualcuno chiede di chi sia questa bambina, lei dica che è una sua parente…". "Perché?", si chiede Miriam. È la prima volta, a 67 anni, che questo "perché" si fa largo nella sua mente. I genitori, Miriam lo sa bene, sono andati a vivere, nel 1941, per "lavoro" in Alto Adige in un paesino abbarbicato sui monti raggiungibile solo con una cremagliera. "Era lì che mia madre aveva vinto il posto di insegnante!". O forse no? Forse, comincia a pensare Miriam, quel paesino era un ottimo nascondiglio, situato com'era nella "tana del lupo", tra persone di lingua tedesca (che la madre di Miriam non è mai riuscita a parlare…) per i genitori che, lì, anonimamente, potevano sentirsi paradossalmente più tranquilli mentre nella loro città le loro origini ebraiche sarebbero state più in vista? La famiglia del padre di Miriam era molto conosciuta in città e la loro casa era da sempre luogo di ritrovo e festa per i giovani ebrei. Famosa fu la festa fatta all'inizio della guerra per carnevale, vestiti tutti da nazisti: con lo zio materno di Miriam vestito da Hitler…. Negazione…diniego... identificazione con l'aggressore? Quanto questo ridere di uno dei dittatori più sanguinari della storia ricorda le tante barzellette che circolano oggi su certi personaggi politici? Quanto il nostro attuale ridere nasconde e maschera una sorta di complicità mescolata ad ingenuità ed incoscienza?

Mentre i genitori sono in Alto Adige, una bisnonna e un cugino vengono deportati senza più far ritorno, i nonni paterno e materno, dopo aver perso il lavoro, fuggono e si nascondono, si nasconde anche una famiglia di cugini, tutti battezzati, ma di origine ebraica, degli amici intimi scappano in Svizzera, il padre di Miriam, artigiano, pur gestendo un laboratorio di radio, fino al 1957 non ha mai in casa una radio sua. Che strano! L'idea dei genitori "nascosti" si fa spazio nella mente di Miriam che recupera da un cassetto un vecchio anello della nonna materna, un anello che non è mai riuscita ad indossare. Miriam ha sempre saputo che questo anello faceva parte di un piccolo tesoro - di oggetti sottratti alla famiglia dai nazisti e ritrovati in Risiera, a Trieste, nell'unico lager nazista italiano! - recuperato dai nonni nel dopoguerra. Miriam solo ora riesce ad indossarlo... Ma accanto a queste aperture c'è un corpo che reagisce: Miriam sta sempre peggio, teme un infarto, un tumore, è piena di sintomi che dai medici vengono sistematicamente catalogati come crisi di ansia. Miriam è sempre stata ansiosa, ha vissuto, ancora piccolissima, i bombardamenti nella sua città, in cui i genitori si recavano quando erano liberi dal lavoro in Alto Adige, ma poi ha perso anche tragicamente in un incidente stradale la madre quando era adolescente. Ecco, erano questi i motivi della sua ansia.... Ma ora sente che la sua ansia è qualcosa di nuovo, sente che non riesce a vivere da quando questi ricordi si sono intrecciati tra loro. Dovevano rimanere separati!

Scissi... La violenza dei potenti dinieghi, effettuati sui collegamenti tra i singoli ricordi che sono stati mantenuti tra loro rigorosamente separati per tanti anni, sembra volersi conservare nel suo corpo, come ci suggerirà Janigro nel suo testo in questo libro: "è ancora il soma che protesta e che si comporta nel modo che ogni bambino (persona)[ii] conosce".

Al telefono l'analista le dice: "No, non ha fatto un'analisi finta, lei ha dovuto vivere nel nascondimento..."[iii].

Il nascondimento potrebbe essere considerato un luogo della negazione. Uno spazio psichico della memoria sottratto alla medesima, negato (non c'è, questo collegamento - i miei genitori sono in Alto Adige per nascondersi - non esiste) e scisso (il pensiero del collegamento non può essere fatto), tenuto rigorosamente separato, reso impensabile in maniera quasi omertosa, con una sorta di patto denegativo[iv], dal gruppo familiare. Il gruppo familiare di Miriam sembra aver inconsciamente gettato "le basi per un efficace sistema di evasione e negazione" (Bion, 1971, p.58)[v]. Quanto, anche in questo caso, si è trattato dell'invasione massiccia di un oggetto totalitario (Šebek, nel suo testo in questo libro) rappresentato da un potere statale, come quello nazista e fascista degli anni '30 e '40, che è riuscito ad infilarsi, penetrare nei legami familiari, e anche in quelli personali successivi al regime, e a distruggere la capacità di pensare, per Miriam appena agli esordi, di sviluppare e di esprimere alcune emozioni? Sulla parte collettiva della storia individuale si interrogherà nel presente libro Françoise Sironi e a questa lettura rimando.

Sui termini di negazione, diniego, rimozione, rifiuto, rigetto, rinnegamento, disconoscimento e omertà Leo e Litowitz, nei rispettivi testi accolti nel presente libro, fanno un'approfondita disamina a cui rimando, anzi devo dire che danzano tra questi termini analizzandoli in tutte le loro più complesse sfaccettature, passando da Freud alla Klein, da Matte Blanco a Bion a Romano, tra tanti autori di psicoanalisi, ma anche di linguistica, di filosofia del linguaggio, di neuroscienze, di "infant research".

Interessante è notare come molti autori, che hanno contribuito a questo libro, citino esperienze personali: Amati Sas, Altounian, Avakian, Cusin, Janigro, Resnik, Šebek, Tarantini. Quasi che questa tematica della negazione abbia così bisogno di declinarsi nella verità, che viene il desiderio, nello scrivere, di esporsi, di dirsi, di mettersi in gioco, quasi che tutti, come la donna turca anziana, citata da Avakian, dicessero: "Sono nata turca e turca morirò. Eppure qualcosa turba la mia vecchiaia: negli ultimi anni sento raccontare cose terribili sul conto dei miei avi. Sono vecchia, tanto vecchia, e non mi resta molto tempo. Traballano le mie certezze, ma poco importa: non voglio morire di vergogna, ma di verità. Qualunque essa sia" (Avakian, nel suo testo nel presente libro).

Se la generazione di armeni scampata al genocidio si è "negata il diritto di piangere, di urlare" perché il lutto "era troppo grande da elaborare per cui era meglio rimuovere" (Avakian, ibidem), la famiglia ebraica di Miriam si è negata il diritto di pensare (che "mentre" loro erano nascosti, i loro familiari morivano, scappavano, giravano con la stella di Davide gialla cucita sulla giacca, ecc. - è il "mentre" che segnala la scissione in atto -) e ha trasmesso questa negazione alla piccola Miriam con il latte materno, con una funzione di *rêverie* impedita, così da non poter mai collegare gli eventi tra loro e impedire nel futuro, per più di sessant'anni, che questo avvenga!

Il nascondimento rimanda a qualcosa di celato, coperto alla vista, allo sguardo. Qualcosa che non si deve vedere. Qualcosa che è lì sotto i nostri occhi, ma rimane nascosto, appunto, affinché gli occhi non ne colgano l'immagine concreta, reale. Direi quindi che, secondo quanto riportato da Litowitz e ripreso da Leo nel presente libro, se per Freud c'è una distinzione strutturale tra la negazione della realtà (*denial*) e la rimozione, in entrambe, dice Litowitz, ci sono due idee contraddittorie che si scontrano, ma se nella negazione restano entrambe nell'Io, causando però una scissione nell'Io, nella rimozione una esiste nell'Io e l'altra nell'Es.

Nella famiglia di Miriam sembra quindi si sia trattato all'inizio di una negazione, di un disconoscimento: che non può succedere nulla, che si è invulnerabili, che la realtà non è così terribile come sembra, che gli ebrei non vengono deportati e uccisi, infatti si gioca a vestirsi da nazisti e ci si diverte; che si è convissuto "contemporaneamente" con il terrore, scisso e nascosto, dei parenti che si nascondono, che vengono deportati, con l'idea di andarsi a nascondere in Alto Adige "perché lì mai nessuno penserà che possiamo essere ebrei". È proprio folle infatti che un ebreo venga tra i tedeschi a nascondersi! È proprio il "contemporaneamente" a segnalare dove si è incardinata la negazione del collegamento tra i fatti. Qui c'è una paura che viene coperta, nascosta, nella quale si vive e nella quale vivrà Miriam, che sentirà questa paura e la chiamerà paura delle bombe, delle esplosioni, paura di guidare la macchina. Perché con una macchina guidata male è morta la madre, ma la vera paura, il fantasma inconscio del gruppo familiare è un altro: l'esplosione che si teme sembra essere quella della verità, con cui ci si scontra e per la quale si può morire. Miriam sembra dire oggi: "ho paura di morire di verità!". Miriam vive, così come i genitori nascosti in Alto Adige, nascondendo a se stessa non la verità, che conosce, ma i collegamenti tra le tante piccole verità che dànno un senso alla storia della sua famiglia. Quanto, come suggerisce Sabatini Scalmati nel suo testo nel presente libro, citando Bleger, la sua aurorale struttura psicologica deve proteggersi dalle ansie estreme, potenti, vissute e denegate dai genitori, opponendo delle difese altrettanto violente e primitive, quali la scissione e la proiezione agglutinata; difese che nell'espellere nel mondo esterno il nucleo agglutinato, stringono con questo un vincolo simbiotico? Quanto aspetti di personalità solidi e affettivi nei e tra i genitori di Miriam, che ha vissuto 67 anni nel totale diniego di alcuni collegamenti tra le diverse realtà, sono riusciti a "tenere una rete sociale" non tradendo così del tutto le richieste legittime della piccola Miriam, proteggendola dal far precipitare il suo fragile Io in formazione in "un'ansia catastrofica" che avrebbe potuto provocare "l'annientamento totale e immediato dell'io" (Bleger, citato da Sabatini Scalmati nel presente libro)? Quanto queste loro caratteristiche sono riuscite a "bilanciare" quello che Kaës, in *Violenza di Stato e psicoanalisi* (Kaës, 1994, p. XVIII)[vi], chiama gli effetti profondi e a lungo termine dell'irruzione di violenze tali che non possono essere metabolizzate dalla psiche e che non possono essere ricostruite fino a che non se ne riconoscerà la natura e l'origine fuori dal campo intrapsichico? Mi soffermo un attimo a sottolineare come diversi psicoanalisti si siano interrogati, a partire da Freud, sugli effetti del trauma, su quanta porzione di intrapsichico e di esterno alla psiche intervenga a determinare il trauma. Penso a Bettelheim, citato da Egidi Morpurgo (2004, p.30)[vii], che nel saggio "Contributi inconsci alla propria distruzione"[viii] "individuava le forze interne che collaboravano con la distruzione portata dall'esterno, dall'organizzazione del Lager, senza che vi fosse la possibilità, per lui, di esserne conscio o fermarne l'azione". Personalmente ho sempre pensato che ci sia un esterno che non va né sottovalutato né dimenticato, che si allea, stimola, risveglia aspetti, in questi casi perversi, di ogni personalità – ricordiamo come molti autori sottolineino l'esistenza in ognuno di noi di aspetti perversi[ix] - e li renda attivi, "vivi", se si può usare questo termine per qualcosa che invece ha a che fare con la morte psichica. Ed è anche questa una violenza che viene messa in atto, a volte proprio consapevolmente.

Come si può raccontare il passato senza collera, in modo rappacificato (per Miriam senza sintomi…), come ci suggerisce Altounian (nel suo testo nel presente libro)? Come può farlo Miriam che ha "impregnati di un'inquietudine diffusa i giorni della sua infanzia", i giorni in cui i genitori vivevano nel nascondimento non solo dei loro corpi, ma delle loro identità, della loro realtà di ebrei? Come avrebbe potuto raccontare la sua storia questa madre che aveva dovuto rinunciare a diventarlo ufficialmente, per l'anagrafe, per tentare di salvare la figlia, come può dire del suo non poter divenire affettivamente madre, abbandonandosi a quell'affetto che una volta sperimentato non si può lasciare più, se ha vissuto con il terrore di essere strappata, da un momento all'altro, dalle cure alla figlia neonata?

Per questo, forse, i figli dei sopravvissuti, ci dice Altounian (nel presente libro), apprendono molto velocemente a non fare domande: "le espressioni silenziose insegnarono loro come imprigionare la paura. [...] Già a questa epoca, alla svelta, nella fuga, quando vedevamo come si sacrificavano per cercare un rifugio in cui metterci al sicuro, noi sapemmo che, nel loro autosacrificio, sull'orlo dell'abisso, essi non solamente ci trasmettevano la vita, ma il significato ultimo della loro esistenza". Sembra che i figli dei sopravvissuti, come i loro genitori, siano costretti al diktat, citato da Primo Levi nella prefazione di Egidi (2004), "Hier ist kein warum" (qui non c'è nessun perché) che sottolinea, ci dice Egidi, come tale risposta ad una domanda di Levi ad un SS di fronte ad un'angheria che gli risultava incomprensibile, sia coerente con il progetto di "annientamento dell'identità dei perseguitati e degli internati, progetto che andò oltre la distruzione della vita degli ebrei prigionieri nei lager, e andò oltre i campi e gli anni dello Sterminio. Perché la distruzione del senso della vita, e della dignità e dell'identità proseguì colpendo sia i sopravvissuti sia le generazioni seguenti" (Egidi Morpurgo, 2004, p.29).

Miriam è una donna con una grande vitalità ed energia: quanta della sua forza vitale è frutto della depositazione massiccia effettuata dai genitori che, nel terrore di perdersi e perderla, hanno proiettato in lei loro parti buone e piene di speranza per proteggerla dal di dentro? Quanto i sintomi, che tutta la vita, ma in modo particolare ora, la tormentano, sono un attacco a questa vitalità che una collera inconscia, mai rappacificata, vuole distruggere? Proprio come dice Altounian (nel presente libro) c'è in Miriam una "dolorosa gioia di vivere"! Miriam vuole legittimamente sentirsi meglio, ma non vuole necessariamente "conoscere e comprendere la propria malattia. Comprendere implica un approccio psico- e socio-terapeutico che tocchi l'intimità del transfert interpersonale ed istituzionale" (Resnik, nel suo testo nel presente libro). Il paziente è anzitutto una persona, ci ricorda Resnik, e il confronto con Miriam su questi temi non è solo questione di meccanismi dell'Io o di oggetti interni, ma deve essere un confrontarsi da persona a persona. È necessario, sottolineerà Resnik nel suo capitolo, "una presenza ed una lettura da parte di un inconscio vivo"!

La parola "nascondimento" ha funzionato per me come una *parola concava* (Cusin, 2009)[x], ovvero una parola che una volta detta e penetrata nell'apparato mentale del paziente, funziona come crogiuolo di trasformazione, come un contenitore (per questo concava) in cui chi la riceve può trasformare i propri contenuti mentali. È una parola dunque utile per trasformazioni successive, che permette di lavorarci dentro, è parola che protegge perché permette lo sviluppo ulteriore di un processo mentale.

Il nascondimento, che è copertura, può essere dunque anche protezione? Quanto il nascondimento ha protetto nei lunghi anni di analisi anche l'analista da quella condizione, ci dice Janigro nel presente libro, "dove il 'terrore senza nome' era normalità"? L'analista può accogliere in silenzio la drammaticità, e solo con il corpo accennare comprensione e comunicare umanità. Ed è quello che forse ha fatto l'analista, intuitivamente nella lunga analisi, complice di un fecondo nascondimento protettivo nel quale Miriam ha potuto elaborare quella forza che ora la sta aiutando a dare senso, anche se nella sofferenza, alla sua storia? Ma quanto sta costando a Miriam ora vivere senza questa copertura? Quanto è costato ai tedeschi accettare e riconoscere di aver massacrato milioni di ebrei, zingari, testimoni di Geova, omosessuali? Quanto costerebbe emotivamente ai turchi ammettere il genocidio degli armeni? Quanto l'essere stati vittime impedisce ora di vedere, perché celato dal nascondimento, quanto si possa divenire, nonostante la propria storia drammatica (forse proprio per questo?), persecutori di altri esseri umani?

Cosa ha impedito agli autori, me compresa, di questo bellissimo e coinvolgente libro "Psicoanalisi e luoghi della negazione", di citare, tra i tanti, l'esodo degli istriani? Abbiamo parlato di israeliani, di palestinesi, di ex jugoslavi, di armeni, di ebrei, di cambogiani, di ruandesi, di tedeschi della Germania Est, di cechi, di albanesi e di tanti altri ancora, ma a questo popolo così vicino a noi, che parla la nostra lingua, non è stato possibile pensare. Eppure solo poco più di sessant'anni fa in 350.000 hanno dovuto lasciare le proprie cose, case, sicurezze, legami familiari, per ritrovarsi nella povertà sotto lo sguardo impotente, e complice al contempo, di tanti Paesi europei e dell'America. Quanto il diniego, da parte degli autori del presente libro, dell'esodo degli istriani, una sorta di vero e proprio patto denegativo, risente delle politiche nazionali e internazionali di questo cinquantennio e ci vede complici, inconsapevoli di esso? Dovremmo chiederci con Amati (nel suo testo nel presente libro) "quale e quanta sia la nostra permeabilità inconscia alla cultura del mondo globalizzato, del mondo dei mass-media, dell'informatica e della statistica, quanto siamo in balia delle informazioni mutevoli, dei cambiamenti provocati dai diversi interessi (che fanno parte della nostra cultura comune, al di là delle nostre altre appartenenze familiari, professionali, ecc.)"?

Quanto, parafrasando Sironi (nel suo testo nel presente libro), sono state strumentalizzate emozioni politiche per costruire i desideri nazionalistici? "La caratteristica principale delle emozioni politiche è che sono facilmente strumentalizzabili. Sono emozioni che nascono nel punto di articolazione tra storia individuale e storia collettiva, in ciascuno di noi. Le vittime di ieri possono diventare i persecutori di oggi o di domani,. attraverso la strumentalizzazione di queste emozioni politiche. Rimangono in tanti casi quasi inconsce" (Sironi, ibidem)....e i sistemi politici le usano per le loro strategie di potenza...

Qui, come afferma Pontalis (1977, p.221)[xi] citato da Nielsen (2004, p.37)[xii], "l'impresa dello storico e dello psicoanalista s'intrecciano momentaneamente e concorrono a liberare il passato attraverso l'esercizio attivo della memoria".

Quanto nella mia terra, attraversata da continui cambi di confine, abitata da etnie le più diverse, la violenza fascista, che ha cambiato i cognomi di origine straniera[xiii] e quanto queste "traduzioni" o stravolgimenti del nome hanno generato stravolgimenti identitari che per lunghi anni dopo la guerra hanno prodotto devastanti effetti e conflitti non ancora del tutto elaborati? Ne parla Avakian nel suo testo nel presente libro.

I tre assi su cui si fonda questo libro - l'omertà e l'anonimato, i gruppi transculturali e la dimensione geopolitica - sembrano tracciare una trama delle negazioni in cui siamo, lo si voglia o no, coinvolti. Come diceva bene De Andrè, nella Canzone del maggio, "anche se voi vi sentite assolti siete lo stesso coinvolti".

Quanto l'anonimato di cui ci parla Šebek, in cui dovevano essere condotte le analisi nel suo Paese governato da un regime comunista, si intreccia, appunto, con una dimensione geopolitica che, dopo trenta, quarant'anni vede - vent'anni fa a Berlino (si veda il lavoro di Schneider sull'intelligente film "Goodbye Lenin") e oggi sulle sponde del Mediterraneo - dei grandi gruppi di giovani scendere nelle piazze a rivendicare dei diritti, dando voce a troppo lunghi silenzi nel tentativo di distruggere muri di omertà e menzogna? Di questa "primavera araba" sembriamo trovare l'aurora nell'articolo di Tarantini in cui descrive l'entusiasmo e la passione di un'analista italiana che inizia un dialogo, ricco di incertezze, timori e legittimi pregiudizi, con una cultura completamente diversa, quale quella tunisina del dopo 11 settembre 2001, attraverso le analisi di alcuni professionisti tunisini. È interessante seguire come nel testo, accolto nel presente libro, la Tarantini si interroghi su quale debba essere l'assetto interno dell'analista per garantire un corretto rapporto con il paziente straniero. Analoghe analisi si tengono anche per conto dell'I.P.A. con molti psicologi e psichiatri dei Paesi dell'Est (sloveni, croati, russi, lituani, bulgari, ecc.), in Italia ed in Europa, oggi apertamente, fuori da un contesto di anonimato, abbastanza liberi dall'omertà[xiv]. Dico "abbastanza liberi", perché penso che un grado di omertà, di silenzio, di negazione sia tutt'ora inevitabilmente presente. Certi fatti, abbiamo visto nella storia di Miriam, per uscire dal nascondimento hanno bisogno di molto tempo... Di questo e delle difficoltà dell'incontro tra culture diverse, del dialogo con i migranti, del dolore spesso nascosto nelle loro storie di abbandono della "madre patria", Cusin, nel suo testo accolto nel presente libro, porta degli approfondimenti e una canzone albanese ("Jon" di Ardit Gjebrea) che molto dice, grazie ai suoi versi, del vissuto tragico di separazione dalla propria terra.

Nei due convegni organizzati a Lecce dalla rivista di psicoanalisi Frenis Zero, sul tema delle id-entità mediterranee, ci siamo ritrovati a discutere di luoghi della memoria, nel 2008, e di luoghi della negazione, nel 2010. A confrontare i nostri diversi vertici osservativi. Venivamo non solo dall'Italia, ma dall'Armenia, dalla Francia, dall'Argentina, dalla Croazia, dalla Svizzera. Eravamo appartenenti a gruppi transculturali diversi, portatori di mentalità diverse, di sapori, odori e suoni che avevano storie diverse. Ma eravamo spinti dall'amore per la verità, dal desiderio di apportare utili contributi alla ricerca e sapevamo che nelle storie di ognuno di noi c'erano aree che avevano bisogno di essere ulteriormente esplorate e dette. I due convegni sono serviti, credo a tutti noi, per raccontarci, non solo per discutere di teorie, ma per dire delle nostre vite, dei nostri vissuti, delle nostre esperienze.

Credo che Trieste, la mia città, e le terre d'Istria e Dalmazia riassumano bene in sé entrambi questi *topos*, la memoria e la negazione, perché sono luoghi ricchi di memorie e negazioni, narrate da tanti autori in romanzi e saggi – rammento tra i tanti i bei libri di Giani Stuparich "Ricordi istriani"[xv], in cui racconta delle sue vacanze estive istriane con la famiglia, e di Marisa Madieri che in "Verde acqua"[xvi] descrive con delicatezza le realtà degli esuli istriano-dalmati.

Ma Trieste, Gorizia (cioè la Venezia Giulia) e le terre d'Istria e Dalmazia sono anche luogo di potenti negazioni, di cancellazioni della memoria e dei fatti, in particolare di quelli legati sia, da una parte, agli eventi orribili dell'occupazione germanica che, dall'altra, a quelli connessi (dal 1943 alla stabilizzazione territoriale) all'esodo e alle foibe, in cui furono uccise moltissime persone, come reazione, peraltro non giustificata nella sua efferata violenza, al regime nazi-fascista. Fatti che hanno visto il loro culmine, in termini di atrocità, nel maggio 1945, durante i quaranta giorni di occupazione, da parte dell'esercito partigiano jugoslavo, di Trieste.

È con vivo interesse che ho partecipato a questi convegni in cui molto si è potuto dire sui fatti di violenza e negazione avvenuti soprattutto attorno a questo piccolo grande mare che è il Mediterraneo. Il Mediterraneo, che ha visto nascere sulle terre da esso bagnate la civiltà occidentale, la nostra mentalità, ma attorno al quale si sono commesse atroci crudeltà, genocidi, ingiustizie. Crudeltà che purtroppo non sembrano essere ancora finite… e delle quali, come ho cercato di dire, non è ancora del tutto facile parlare.

Nel suo bel romanzo, *A nome tuo*, Mauro Covacich[xvii], triestino, descrive qualcosa di quell'epoca: <<Mia madre (all'epoca bambina)[xviii] … invecchiando abbandona anche le poche certezze della sua mitologia: il barcone che si stacca dalla riva (con sopra gli istriani che fuggono verso l'Italia)[xix], il gatto che miagola sul pontile, una famiglia di scalpellini proprietari di cava, espropriati, terrorizzati, disposti a fuggire con i soli vestiti che hanno indosso, costretti a lavare via in fretta l'inflessione dialettale - *ti ti fa, ti ti vol*[xx] (tu fai? tu vuoi?)[xxi] – Adesso ti sembrano tutti buoni, ma ti ricordi di quando mi raccontavi del primo incontro con nonno (il suocero)[xxii]? Cara signorina Edda, non si vergogna a portare il nome della figlia di Mussolini? Ti ricordi?

- Sì, sì mi ricordo. Ma che vuoi che ti dica? L'unico di noi rimasto in Istria è diventato ispettore scolastico… forse dovevamo restare.

- Ma se mi hai sempre detto che zio Teodoro era la pecora rossa della famiglia. Voi eravate fascisti, vi avrebbero scuoiato!

- Noi non eravamo niente. A Orsera (attualmente Vrsar in Istria, Croazia)[xxiii], prima chc partigiani o fascisti, si era compaesani…>>.

Io sono triestina, in queste storie ci ho vissuto, ho una nonna istriana, una bisnonna slovena e le famiglie ebraiche, gli antenati di quella paterna sono stati marrani, cioè ebrei convertiti con la forza al cristianesimo e poi fuggiti dal Portogallo a Venezia nel 1600.

Quanti silenzi si annidano nascosti nel sangue che scorre nelle mie vene?

Quanto io stessa sto vivendo nel nascondimento?

Note dell'Autrice:

[i] Sul tema dell'identità dissimulata, si veda il testo di S.G. Cusin (2000), "La 'kethubbà smarrita'. Un'istituzione poco nota tra diritto pubblico e diritto privato", in *L'identità dissimulata. Giudaizzanti iberici nell'Europa cristiana dell'età moderna*, curato da Pier Cesare Ioly Zorattini, ed. Leo S. Olschki, Firenze.

[ii] Parentesi mia.

[iii] Devo ad Alberto Semi, che qui ringrazio, l'uso della parola "nascondimento" per questo caso.

[iv] Ovvero quella formazione psichica comune e condivisa che si annoda alla congiunzione dei rapporti inconsci che intrattengono i soggetti di un legame tra loro e con l'insieme al quale sono legati essendone parte interessata e parte costitutiva (Kaës, *Le alleanze inconsce*, Borla, Roma, 2010, p.57). <<Esse (*Le alleanze inconsce*, n.d.A.) assicurano un interesse comune attraverso un'azione comune, perseguendo un obbiettivo preciso, in particolare sotto forma di difese per trattare certe forme del negativo (vedi oltre), che ciascuno dei contraenti non potrebbe per conto suo raggiungere isolatamente>> (Leo, nel suo testo in questo libro, citando Kaës, ibidem, 2010).

[v] R.W. Bion (1971), *Esperienze nei gruppi*, Armando, Roma.

[vi] R. Kaës (1994), Prefazione a *Violenza di Stato e psicoanalisi*, di J. Puget et al., Gnocchi, Napoli.

[vii] V. Egidi Morpurgo (2004), Prefazione al testo di N. Nielsen *L'universo mentale nazista*, Franco Angeli ed., Milano.

[viii] B. Bettelheim (1982), "Contributi inconsci alla propria distruzione" in *Sopravvivere*, Feltrinelli, Milano.

[ix] Tra i tanti voglio citare Chasseguet-Smirgel, che in *Creatività e perversione* (Cortina, Milano 1987) afferma come "chiunque in certe circostanze (può) diventare un membro delle SS. Perché questo succeda, è necessario qualcosa di più del nucleo perverso, comune a tutti gli individui... basta dare un'occhiata alla storia contemporanea per trovare immediato sostegno alla tesi che tutti - o quasi tutti - possono diventare nazisti o membri di un qualunque movimento estremista" (Chasseguet-Smirgel, 1987, p. 85).

[x] A. Cusin (2009), "Il mito di Orfeo: una riflessione sugli effetti delle parole dell'analista", relazione letta al Centro Veneto di Psicoanalisi, aprile 2009.

[xi] J.-B. Pontalis (1977), "Entretiens avec P. Nora: mémoire de l'historien, mémoire de l'histoire", *Nouvelle Revue de Psychanalyse*, 15, 221.

[xii] N.P. Nielsen (2004), *L'universo mentale nazista*, Franco Angeli ed., Milano.

[xiii] Cito, a mo' di esempio, solo il tedesco principe di Thurn und Taxis (che ha introdotto la tassa postale da cui il termine "tassa") costretto a diventare principe della Torre e Tasso, ed i tanti Vodopivec' sloveni che si sono visti costretti ad una traduzione letterale in Bevilacqua.

[xiv] Per approfondire questo tema bisognerebbe intervistare Paolo Fonda, psicoanalista triestino che da anni si occupa dei rapporti con i Paesi dell'Est Europa e della formazione IPA dei futuri analisti.

[xv] G. Stuparich (1961), *Ricordi istriani*, Lo Zibaldone, Trieste.

[xvi] M. Madieri (1987), *Verde acqua*, Einaudi, Torino.

[xvii] M. Covacich (2011), *A nome tuo*, Einaudi, Torino.

[xviii] Parentesi mia.

[xix] Parentesi mia.

[xx] Altounian (nel suo testo nel presente libro) cita Felman, che afferma come sia "una vittima… non soltanto qualcuno che è oppresso, ma anche qualcuno che non ha un linguaggio proprio, qualcuno che si è fatto rubare il linguaggio nel quale egli avrebbe potuto articolare la sua vittimizzazione".

[xxi] Parentesi mia.

[xxii] Parentesi mia.

[xxiii] Parentesi mia.

NEGAZIONE: UNA SFIDA PER LA PSICOANALISI E LE NEUROSCIENZE?

di Giuseppe Leo

INTRODUZIONE

Dopo l'edizione del 2008 dedicata ai "luoghi della memoria", il convegno "Id-entità mediterranee" del 2010 ha inteso esplorare i "luoghi della negazione", prendendo spunto da un ossimoro divenuto celebre grazie al libro "Violenza di Stato e Psicoanalisi" (1994): in quel libro René Kaës parlava di "diniego della memoria". Se la negazione è il contrario del riconoscimento, come afferma Stanley Cohen nel suo libro "Stati di negazione" (Carocci, 2002), e se il riconoscimento è alla base della memoria, come si può denegare la memoria? E tale operazione, ammesso che riusciamo a spiegarla, quando e come è possibile ascriverla ad un meccanismo inconscio della mente, e quando, invece, ad una deliberata e consapevole volontà di rifiutare e di non riconoscere una certa "memoria" o percezione della realtà circostante?

Perché è ovvio, non solo per gli psicoanalisti, che la negazione, il diniego, il disconoscimento, il rigetto e la forclusione (tutti concetti di cui proveremo a dare una definizione) non vanno confusi con la bugia, con il mentire e col fingere. Ma, ammesso che riuscissimo a circoscrivere il nostro campo ai meccanismi difensivi, e quindi inconsci, che "arricchiscono" la nostra vita psichica, sia individuale che collettiva, di silenzi, di omertà, di cancellazioni di percezioni, di affetti, di ricordi, come possiamo districarci in una "selva oscura" (in cui aleggia il negativo, appunto) di concetti attinenti al negare ed al negativo quando Freud afferma che nell'inconscio ogni negazione non è ammessa? E come non tener conto, nel delucidare il significato di termini come diniego o negazione, del ruolo di precise scelte del traduttore che talora traduce *denial* come diniego e talaltra lo stesso termine come negazione? Sembra che il negativo aleggi come una "maledizione" intorno a questi concetti e ci impedisca di pensarli e di utilizzarli nella clinica, tanto delle formazioni sintomatiche individuali quanto di quelle collettive. Eppure, un qualche tentativo si può fare, avvalendoci non solo di buone traduzioni dei classici della psicoanalisi, ma anche degli apporti di altre scienze che sempre più stanno entrando in dialogo con la psicoanalisi. Penso all'"infant research", alla psicolinguistica dello sviluppo e alle neuroscienze.

In questo mio intervento, cercherò dapprima di definire i concetti che nella storia della psicoanalisi sono stati attribuiti ai vari termini con cui è stato denotato l'atto del negare, partendo da Freud per poi seguire alcuni sviluppi post-freudiani (ed in particolare una linea di sviluppo che dalla Klein perviene a Bion attraverso una serie di altri autori appartenenti alla scuola kleiniana), quindi esaminerò tali concetti nel posto che occupano nella terapia dei gruppi e negli approcci istituzionali (anche di provenienza francese), ed infine accennerò ad alcune promettenti suggestioni con cui la "infant research" e le neuroscienze, se messe in modo corretto in dialogo con la psicoanalisi, possono arricchire quest'ultima.

È SOLO UNA QUESTIONE DI "PAIOLO BUCATO"?

Immaginiamo di vivere in una democrazia occidentale che dall'oggi al domani organizza "trasferimenti" in massa (non individuali) di gruppi di persone, cittadini comunitari (l'immaginaria democrazia fa parte dell'Unione Europea), che costituiscono una "minoranza etnica", il tutto per questioni di "sicurezza sociale". Ogni riferimento ad una qualsiasi Nazione facente parte dell'Unione Europea è ovviamente puramente immaginario. <<Da cittadini comuni, sapete che il vostro governo sta facendo cose terribili ad una minoranza etnica, la situazione sta peggiorando, e si parla di "trasferimento". In che senso potete "negare" tutto questo?

- Deliberatamente, distogliete lo sguardo dalla realtà poiché non volete più sentire informazioni sgradevoli o non volete essere obbligati a prendere una posizione. Smettete di guardare la televisione, di leggere i giornali o di chiacchierare con i vostri amici che siano coinvolti a livello politico.

- Non notate o non capite la natura di questa realtà perché, semplicemente, appartiene alla vostra visione scontata del mondo. Non percepite, letteralmente, che stia succedendo qualcosa di speciale o di inusuale.
- Vedete cosa sta succedendo, ma rifiutate di crederci o non potete "assorbirlo". Se questi fatti apparenti e le loro evidenti interpretazioni fossero veri, il vostro senso d'identità personale e culturale sarebbe seriamente minacciato.
- Siete ben consapevoli della realtà emergente, ma lo negate verbalmente perché sostenete la politica, o vi infischiate di quello che sta succedendo. Siete dimentichi di ciò che accade; semplicemente non ve ne importa. Oppure state ottemperando ad un'ingiunzione formale da parte dello Stato o ad un tacito accordo culturale per i quali non si deve parlare di certe cose e si deve lasciar fare quelli che sanno il fatto loro.
- Siete seccati, disturbati, perfino offesi per quello che sta succedendo, ma tacete per molte ragioni (paura di esporvi, impotenza, auto-protezione, mancanza di una soluzione evidente). Non protestate a livello personale (scrivere una lettera, fermare il gioco, dimettersi da un impiego governativo); non prendete parte ad una qualunque protesta collettiva.>> (Cohen S., 2002, p.50).

Stanley Cohen, il sociologo che ha scritto "Stati di negazione. La rimozione del dolore nella società contemporanea" (Carocci, 2002), sostiene che <<c'è un filo conduttore comune in tutte le numerose e diverse storie di diniego: alle persone, alle organizzazioni o ad intere società sono fornite informazioni troppo inquietanti, minacciose o anomale perché siano interamente assorbite o apertamente riconosciute. Pertanto tale informazione è rimossa, negata, messa da parte o re-interpretata. Oppure essa viene sufficientemente "registrata", ma le sue implicazioni – cognitive, emotive o morali – sono evitate, neutralizzate o razionalizzate>> (Cohen S., ibidem, p.23).

Sigmund Freud, ne *L'interpretazione dei sogni* (1900), menziona la storiella del paiolo bucato: un uomo presta un paiolo e, una volta ricevutolo indietro, scopre che era bucato. A questo punto, alquanto seccato, va dalla persona a cui lo aveva prestato per protestare, ma costui reagisce con veemenza dicendo che a) quando lo aveva restituito, il paiolo era intatto, che b) era già bucato quando lo aveva ricevuto in prestito, e che c), in ogni caso, lui non ha mai ricevuto alcun paiolo. Perciò egli non ci vede alcun problema. Se questa storiella per Freud costituisce un artificio retorico per dimostrare come le tre tesi della difesa del secondo uomo, tra di loro incompatibili, possano coesistere nella "logica dell'inconscio", per chi si occupa di psicopatologia delle istituzioni (terapeutiche e non) essa non può non porre una serie di questioni su quale sia lo statuto (se inconscio, laddove si colloca il diniego o conscio, dov'è la menzogna e la malafede) di simili fenomeni patologici che in certi gruppi, come ad es. sotto l'egida dell'assunto di base di omertà (si veda oltre), continuano a proliferare.

NEGAZIONE, DINIEGO, DISCONOSCIMENTO, RIGETTO NELL'OPERA DI FREUD

Classicamente nell'opera di Freud distinguiamo:

a) la negazione propriamente detta, corrispondente al termine *Verneinung*, detta anche "negazione logica". Essa consente, almeno in parte, il non ricorso alla rimozione attraverso una trasformazione linguistica (<<io *non* lo odio>>): qui non c'è alcuna rimozione né dell'affetto, né della rappresentazione, ma la negazione della loro appartenenza al soggetto[1]. Scrive Riolo:<<La trasformazione ha quindi come oggetto il giudizio di realtà e come teatro l'Io>> (Riolo, 2007). Nello scritto di Freud del 1925 *Die Verneinung* ritroviamo innanzitutto tutta l'eredità di temi già sviluppati nei suoi scritti precedenti: non c'è alcun "no" nell'inconscio (Freud, "L'interpretazione dei sogni", 1900); la stessa parola primordiale del nostro primitivo *Ursprache* connota significati antitetici e così questi restano non differenziati nel nostro inconscio (Freud, "Significato opposto delle parole primordiali", 1910); nel contenuto manifesto di un sogno un elemento può essere un sostituto per il suo opposto nel desiderio latente (Freud, "Introduzione alla psicoanalisi", 1915-1917). Nel saggio *La negazione* si aggiunge che le affermazioni negative dei pazienti dovrebbero essere interpretate in forma positiva: le negazioni, le antinomie e le inversioni denotano sempre i loro opposti (sebbene egli notasse che il contrario di questa affermazione non è vera: i positivi non implicano i loro negativi). Freud esordisce in questo suo scritto con una serie di esempi, riassumibili nelle frasi: <<Ora lei penserà che io voglia dire qualcosa di offensivo, ma in realtà non ho questa intenzione>>, <<Lei domanda chi possa essere questa persona del sogno. Non è mia madre>>, <<Mi è venuta una nuova idea ossessiva. Ho pensato lì per lì che potesse significare esattamente questo... Ma no, questo non può certo essere vero, altrimenti non mi sarebbe potuto venire in mente>> (Freud, 1925, *La negazione*, p.197 dell'edizione Bollati Boringhieri). Tutti questi esempi sono linguistici: affermazioni verbali che contengono un esplicito segno di negazione ("non", "no"). Queste affermazioni, dice Freud, sono giudizi, ed il giudizio include <<due decisioni da prendere. Deve concedere o rifiutare una qualità a una cosa e deve accordare o contestare l'esistenza nella realtà a una rappresentazione>> (Freud, 1925, ibidem, p.198 dell'edizione Bollati Boringhieri). In filosofia, come ci ricorda Litowitz in questo libro, <<spesso ci si riferisce a queste due decisioni come ad un predicato (attributo) e ad un referente (esistenza)>>. Quello che Freud fa a questo punto è abbinare a questi due tipi di decisioni due precursori evolutivi della capacità di negazione. La prima decisione relativa all'attributo ha a che fare con la primordiale capacità di emettere giudizi sulla base del principio di piacere. Cominciando dalla fase orale, ciò che viene preso dentro è buono ed interno, ciò che viene sputato è cattivo ed esterno. Il principio di piacere, dominante in questa fase, dà comunque il via al principio di realtà della fase successiva, in quanto il bambino ha bisogno di definire se quella cosa che assume dentro di sé, e che è buona, è là <<nel mondo esterno, di modo che ci si possa impadronire di essa

secondo il proprio bisogno>>(Freud, 1925, *La negazione*, p.199 dell'edizione Bollati Boringhieri). Quindi, la seconda decisione della funzione di giudizio, quella sull'esistenza nella realtà e correlata con il principio di realtà, si sviluppa dalla prima, quella correlata agli attributi e al principio di piacere. In questo modo, Freud spiega il modo in cui ciò che è stato assunto dentro di sé o sputato via, a seconda che sia diventato buono o cattivo ed interno o esterno, ora divenga soggettivo o oggettivo. Egli afferma: <<Il contrasto fra soggettivo ed oggettivo non esiste dall'inizio>> (Freud, 1925, *La negazione*, p.199 dell'edizione Bollati Boringhieri). Questo giudizio sulla realtà esterna è <<uno sviluppo dell'inclusione nell'Io o dell'espulsione dall'Io, che in origine avvenivano secondo il principio di piacere>> (Freud, 1925, ibidem, p.201 dell'edizione Bollati Boringhieri).

b) il diniego o disconoscimento, corrispondente alla *Verleugnung* freudiana, viene introdotto da Freud per spiegare la psicopatologia della depersonalizzazione e del feticismo. La prima comparsa del concetto della *Verleugnung* (non del termine che comparirà nel 1923 in "L'organizzazione genitale infantile") avviene nel 1894 con "Neuropsicosi da difesa"[2], in cui il diniego verrebbe ad essere considerato una difesa più efficace della rimozione. Ma una difesa rispetto a cosa? Il diniego [*Verleugnung*, da *leugnen* che significa disconoscere, da non confondere con la semplice 'negazione' (*Verneinung,* il negare, il dire di no)], è una difesa da emozioni incompatibili con le convinzioni più profonde che il soggetto ha sviluppato nella sua esistenza. Nel diniego l'Io respinge la rappresentazione incompatibile unitamente al suo affetto, e si comporta come se la rappresentazione non si fosse mai formata nella sua mente. Come più tardi scrissero Laplanche e Pontalis nell'"Enciclopedia della psicoanalisi", la *Verleugnung* corrisponde ad un <<modo di difesa che consiste in un rifiuto da parte del soggetto di riconoscere la realtà di una percezione traumatizzante, essenzialmente quella della mancanza del pene nella donna. Questo meccanismo è invocato da Freud specialmente per spiegare il feticismo e la psicosi>>[3]. Arnaldo Petterlini, in una sua relazione al 5° Congresso Internazionale di Neuro-Psicoanalisi (Roma, 2-5 settembre 2004) così spiegò il meccanismo del diniego: l'Io strappa da sé la rappresentazione incompatibile, ma questa è radicata in un pezzo di realtà, e così l'Io finisce per strappare da sé un pezzo di realtà. Il diniego non entra in gioco solo come meccanismo di difesa nella produzione psicopatologica, ma è presente anche nello sviluppo psicologico normale (si pensi ad es., alla genesi del complesso di evirazione nel bambino). A differenza della negazione (*Verneinung*), non si tratta di una negazione del predicato verbale, ma di una negazione della realtà. Esso viene descritto in "Teorie sessuali dei bambini" (1908) e nel "Piccolo Hans" (1908) come diniego della mancanza del pene nella donna. Nell'opera del 1923 "L'organizzazione genitale infantile" (in cui compare per la prima volta il termine *Verleugnung*) Freud vi ritorna definendo il diniego come un meccanismo di difesa mediante il quale il soggetto rifiuta di riconoscere la realtà di una percezione negativa, cioè di una percezione contraria al principio di piacere[4]. Due anni dopo, nello stesso 1925 in cui comparve il lavoro *Die Verneinung,* in "Alcune conseguenze psichiche della differenza anatomica tra i sessi"[5], Freud tentò di mostrare come funzionasse per le bambine una negazione equivalente[6]. Nel saggio del 1927 "Il feticismo", nel "Compendio di psicoanalisi" del 1938 e ne "La scissione dell'Io nel processo di difesa", sempre del 1938, il diniego viene posto in relazione con la scissione dell'Io. Nel feticista si effettua, <<attraverso una doppia negazione (<<non è vero che la donna non ha il pene>>), il disconoscimento di una "percezione di realtà" (quella del genitale femminile), al fine di annullare l'angoscia di castrazione>> (Riolo, 2007). Come riassume questo percorso Litowitz nel suo contributo in questo libro, <<Freud osservò in "Feticismo" (1927) che due premesse contrarie vengono espresse dal feticista: egli vede che una donna non ha un pene ma rinnega ("disavows") (*verleugnen*) tale realtà, avendo bisogno di credere che lei ce l'ha al fine di mitigare la propria angoscia circa la propria castrazione>>. Perciò, la scelta dell'oggetto del piede da parte del feticista non è un sostituto di alcun pene, ma del pene femminile (della madre) a cui il bambino all'origine credeva, che ha "perso" più tardi, ma a cui non vuole rinunciare.

In una serie di lavori Freud aveva esplorato le differenze nelle difese che risultano da questo tipo di scissione nell'Io (ossia, verso la realtà), ed in che modo essa differisca da quella scissione all'interno dell'apparato psichico che è la rimozione. Nel "Compendio di Psicoanalisi" (1938) il diniego ("disavowal") viene esteso oltre le psicosi per applicarsi ad <<altri stati che assomigliano piuttosto alle nevrosi, e in definitiva per le nevrosi stesse>> (Freud, 1938, p. 629 dell'edizione Bollati Boringhieri). In "La scissione dell'Io nel processo di difesa" (1938) il diniego viene esteso oltre il feticismo, essendo una reazione generale presente nei bambini piccoli nei confronti della minaccia di castrazione. Infine, il diniego viene "normalizzato" quando Freud lo considera come una difesa generale dell'infanzia: <<Riallacciamoci alla nostra tesi dell'Io infantile che, sotto il dominio del mondo esterno reale, liquida le pretese pulsionali sgradite mediante le cosiddette rimozioni. La completiamo ora con l'ulteriore constatazione che l'Io, in questo stesso periodo della vita, si trova abbastanza spesso nella condizione di doversi difendere da una richiesta penosa che il mondo esterno gli pone, ciò che gli riesce con il rinnegamento delle percezioni che gli rendono nota questa pretesa della realtà. Tali rinnegamenti si verificano molto spesso, non solo nei feticisti, e ogniqualvolta riusciamo a studiarli si rivelano mezze misure, tentativi incompiuti di operare il distacco dalla realtà. Al ripudio si accompagna tutte le volte un riconoscimento, sempre si instaurano due impostazioni contrastanti e tra loro indipendenti, le quali producono il dato di fatto di una scissione dell'Io>> (Freud, "Compendio di Psicoanalisi", 1938, p. 630 dell'edizione italiana Bollati Boringhieri).

Quello che porta ad accostare il diniego ad una scissione all'interno dell'Io consiste nella constatazione che esistono due correnti antitetiche, una di disconoscimento ed una di riconoscimento della realtà esterna, che, pur essendo incompatibili, non sembrano influenzarsi tra di loro, e quindi più che un diniego della realtà, sembra trattarsi di un diniego reciproco. Il bambino non ha per nulla mantenuto inalterata la sua convinzione che le donne hanno un fallo. <<Ha

mantenuto la sua convinzione, ma vi ha anche rinunciato>> (Freud S., 1927)[7]. Siamo nel cuore di quel paradosso della negazione, del paradosso di sapere e non sapere, di cui tratterò nelle conclusioni.

c) il rigetto o *Verwerfung,* che ha avuto successo nella psicoanalisi francese, a differenza della *Verleugnung* (il rifiuto inconscio della percezione di un fatto che, imponendosi nel mondo esterno, viene percepito come pericoloso per il soggetto), consiste nell'espulsione di contenuti psichici all'infuori del soggetto. Per J. Lacan essa, o meglio la forclusione, definisce ciò che è fuori della simbolizzazione, perché ciò che è stato rigettato dalla psiche non ha lasciato alcuna traccia in essa, ma ritorna nel reale (cfr. Kaës, "Le alleanze inconsce", 2010, p.61). Alla *Verwerfung* freudiana possiamo accostare una serie di concetti sviluppati da psicoanalisti dagli orientamenti più vari (cfr. Kaës, ibidem, p.61): si va dalla "estroiezione" di E. Weiss, alla "escorporazione" di Green, al diniego della realtà psichica di M. Klein, per la quale seguiremo lo sviluppo del concetto di diniego nel corso della sua opera da una versione molto vicina alla *Verleugnung* freudiana (diniego della realtà esterna) ad una più originale, assimilabile alla *Verwerfung* freudiana (diniego della realtà psichica).

La distinzione tra queste tre forme di negazione (negazione propriamente detta, diniego e rigetto), come ha evidenziato Litowitz nel suo testo in questo libro, può trovare nella psicolinguistica dello sviluppo una sua giustificazione anche al di fuori del campo strettamente psicoanalitico.

Tutte e tre queste trasformazioni vanno comunque distinte dalla rimozione (*Verdrängung*). In particolare, il diniego e la rimozione sono nettamente distinguibili, in quanto la seconda è rivolta alla soppressione di un'istanza pulsionale dal mondo interiore (Riolo, 2007), mentre la prima nega un pezzo della realtà esterna[8]. Per questo, diversi autori mettono in correlazione il diniego con la psicosi. È infatti possibile che i due movimenti opposti, la negazione della percezione della realtà ed il riconoscimento di questa, coesistano l'uno accanto all'altro senza annullarsi reciprocamente, producendo una doppia realtà psichica, dominata da una scissione all'interno dell'Io, senza rimozione (in quanto non c'è in questo caso conflitto tra Io ed Es) (Freud, "Feticismo", 1927; "Compendio di Psicoanalisi", 1938).

Un tratto comune alla rimozione ed al diniego, quindi, (che<<è anzi un carattere generale delle nevrosi>>) è che <<in relazione a un determinato comportamento esistano due impostazioni nella vita psichica della persona, tra loro contrastanti ed indipendenti>>; nel caso delle nevrosi, <<una di esse appartiene all'Io, e l'altra, essendo rimossa, all'Es>> ("Compendio di psicoanalisi", p. 631 dell'edizione Boringhieri). Perciò, la rimozione rappresenta una scissione orizzontale nell'apparato psichico (tra Io ed Es): "So e non so ciò". Al contrario, il diniego rappresenta una scissione verticale nell'Io vis-à-vis della percezione della realtà: "Vedo ciò e non lo vedo". Il diniego, quindi, fornisce un mezzo per evitare la rimozione nella forma di "Io dico ciò [che è rimosso] e non lo dico"; o, in modo più adeguato, "È vero e non è vero".

Nella storia della psicoanalisi due problemi hanno animato le discussioni e le controversie riguardo al diniego ed alla negazione: la distinzione tra diniego e scotomizzazione, da una parte e, dall'altra, il peso che ha assunto, sin dalle prime traduzioni dell'opera di Freud, il ruolo delle scelte dei traduttori nel chiarire o, al contrario, ingenerare confusioni, nella distinzione tra *Verneinung*, *Verwerfung* e *Verleugnung*.

Riguardo al primo problema, già Laforgue[9] e Pichon (citati da Conrotto, 2007)[10] avevano interpretato il diniego come una scotomizzazione, anticipando certe letture neuro-psicoanalitiche di questo meccanismo (si veda nel seguito) che accostano il diniego al fenomeno neurologico del 'neglect'. Come ha giustamente evidenziato Conrotto (2007), Freud non ha sostenuto questa lettura, in quanto il diniego non è una cancellazione di una percezione o di una rappresentazione, ma è il rifiuto del significato di essa (nel caso del feticismo, il fantasma della castrazione). Ciò che è negato non è tanto l'oggettiva esistenza del fenomeno, ma "l'idea sgradita" associata alla realtà percepita (cfr. Cohen S., 2002, p.54). <<Pertanto, ciò che viene rifiutato è il "giudizio di attribuzione">> (Conrotto, 2007). E prosegue: <<Si potrebbe dire che la rimozione tratta l'affetto come il diniego tratta la rappresentazione, nel senso che, come la prima non cancella l'affetto ma lo sposta nell'inconscio, il secondo non cancella la rappresentazione ma ne elimina il significato>> (Conrotto, 2007). Tra gli autori più recenti, Basch ("The perception of reality and the disavowal of meaning", 1983, *Annual of Psychoanalysis*, 11, pp.125-153, citato da Litowitz in questo libro), sostiene questo stesso punto di vista, mentre Trunnel e Holt[11] concordano sul fatto che <<negazione o diniego, come descritto originariamente da Freud, non comporta la mancanza o la distorsione della percezione effettiva, ma, piuttosto, l'incapacità di apprezzare appieno il significato o le implicazioni di quanto è percepito>>. D'altro canto, Freud, qualora avesse sostenuto un'equiparazione del diniego alla scotomizzazione, come se la percezione fosse spazzata via, come se un'immagine cadesse sul punto cieco della retina, si sarebbe contraddetto rispetto a quel "paradosso della negazione" che egli ha più volte enfatizzato (si veda oltre nelle conclusioni).

Riguardo al secondo problema, quello della traduzione, Laplanche e Pontalis (1968) scrivono: <<Nella concezione linguistica comune, non esistono sempre per ogni lingua distinzioni nette tra i vari termini che indicano l'azione di negare e tanto meno esistono corrispondenze biunivoche tra i diversi termini da una lingua all'altra>> (Laplanche e Pontalis, 1968, p. 327 dell'edizione Laterza). Su quanto, ad iniziare dai curatori della *Standard Edition* delle Opere di Freud, i traduttori abbiano creato dei 'bias' in grado di condizionare pesantemente la teorizzazione riguardante questa triplice distinzione terminologica, rimandiamo allo scritto di Litowitz in questo libro.

In generale, possiamo affermare che nel corso della storia della psicoanalisi, la negazione (denial) come meccanismo di difesa è stato molto discusso, ma ben poco si è fatto per non ingenerare ulteriori confusioni, non solo imputabili alla traduzione. <<Conseguentemente>> scrive Litowitz (in questo libro) <<non si può essere sicuri (...) se il termine

denial si riferisca a quegli esempi verbali discussi da Freud, ad esempi rilevanti per le distinzioni riguardanti il diniego (disavowal), oppure se ci si riferisce ad una difesa generale che copre più di un solo tipo di scissione. Questo stato di cose deriva in parte da problemi di traduzione ed in parte da cambiamenti nel tempo nell'uso di questi termini da parte degli autori di psicoanalisi>>. Di seguito dimostreremo quanto ciò sia vero, in un breve excursus dell'impiego che questi termini hanno avuto nell'opera di Anna Freud, da una parte, e dall'altra nella tradizione britannica kleiniana.

Nel caso di Anna Freud, in "L'Io e i meccanismi di difesa" (ed.orig. 1936) viene esposta una ricca discussione sulla negazione (denial) mediante la fantasia, sulla negazione con le parole e con le azioni.

SVILUPPI POST-FREUDIANI: ANNA FREUD

Ne "L'io e i meccanismi di difesa" (ed.orig.1936, ed. Martinelli, Firenze, 1967) Anna Freud dedica alla negazione ben due capitoli sotto la sezione intitolata "Esempi di fuga dal dolore e dal pericolo reali (Stadi preliminari di difesa)". Nel primo capitolo parla della "Negazione in fantasia" e attinge, come esempi, al caso del piccolo Hans e ad altri due bambini da lei avuti in terapia. In conclusione, la Freud così riassume la funzione economica che la negazione in fantasia ha nei casi esposti:<<Nelle due fantasie inconsce del piccolo Hans e nelle fantasie di animali dei miei piccoli pazienti il metodo usato per evitare il dolore e l'angoscia del reale è molto semplice. L'Io del bambino si rifiuta di riconoscere una parte di realtà spiacevole, rifugge da

essa, la nega e la sostituisce con dei fatti immaginari totalmente opposti. Così il padre "cattivo" diventa in fantasia l'animale protettore, mentre il bambino indifeso si trasforma in padrone di potenti sostituti paterni. Se la trasformazione riesce e, attraverso le sue fantasie inconsce, il bambino diventa insensibile a quella parte di realtà, l'Io sfuggirà all'angoscia e non avrà bisogno di ricorrere a misure difensive contro i suoi impulsi istintivi né alla formazione di una nevrosi>> (p. 88). Il discrimine tra evoluzione normale e patologica nel ricorso alla negazione in fantasia sta, per Anna Freud, nell'età in cui questo meccanismo di difesa compare. Infatti, se <<questo meccanismo, che può considerarsi normale in un certo stadio dell'evoluzione dell'Io infantile>> compare in età più tardive <<è indice invece di gravi disturbi psichici>> (p. 88). La Freud fa l'esempio di alcuni stati confusionali acuti di tipo psicotico al riguardo. Il motivo addotto per questa affermazione è dato dal fatto che, sebbene <<la capacità dell'Io di negare la realtà è assolutamente incompatibile>> con <<la sua capacità di riconoscere e sottoporre ad un csamc critico la realtà degli oggetti>> (p. 89), tuttavia <<nella prima infanzia questa incompatibilità non ha ancora nessun effetto disturbante>>, anche se, ci tiene a precisare, che ciò non vuol dire che, almeno nei casi clinici esposti, la funzione della prova della realtà non fosse intatta. <<Il loro intelletto sapeva distinguere benissimo la realtà dalla fantasia. È nella sfera affettiva che avevano cancellato i fatti reali e spiacevoli e la fantasia inconscia opposta veniva sovraccaricata a tal punto che un piacere immaginario riusciva a trionfare su di un dolore reale>> (p. 89). E poi, nel parlare dei sogni ad occhi aperti che anche nell'adulto potrebbero, in teoria, assolvere una qualche funzione di difesa contro la paura reale, precisa meglio il suo pensiero in senso evolutivo: dopo la prima infanzia, <<è probabile che la facoltà di prova della realtà si trovi obbiettivamente rafforzata sì da mantenere la sua influenza anche nella sfera degli affetti; sappiamo che, in età più avanzata, il bisogno di sintesi dell'Io rende impossibile la coesistenza degli opposti; può anche darsi che l'attaccamento alla realtà sia in genere più forte nell'Io maturo che nell'Io infantile e di conseguenza le fantasie non sono più così apprezzate come nell'infanzia. È comunque cosa certa che, nella vita adulta, la gratificazione per mezzo della fantasia non è più così innocua. Quando sono coinvolte notevoli quantità di energie la fantasia e la realtà diventano incompatibili: c'è posto per una sola delle due. Sappiamo inoltre che, per un adulto, un impulso dell'Es che irrompa nell'Io e trovi gratificazione in un'attività allucinatoria, è il sintomo di una malattia psicotica>> (p. 90). Pur dichiarando che le sue affermazioni sono più che altro delle ipotesi, in attesa di conferme e future convalide, la Freud abbozza un qualche itinerario evolutivo, quando afferma che, se il ricorso alla negazione della realtà attraverso la fantasia è massiccio nell'età di latenza, si avrà uno sviluppo nel senso di un carattere anormale, mentre se si avvererà nell'età adulta, si avrà un quadro psicotico[12]. È però vaga nel precisare, poi, i rapporti tra la negazione in fantasia e la rimozione, in conclusione del capitolo.

Nel capitolo successivo, dedicato a "La negazione mediante parole ed atti", Anna Freud ribadisce la differenza sostanziale tra i comportamenti infantili menzionati e le nevrosi. In comune tra i due, <<alla

base del processo esiste sempre, come nella formazione dei sintomi nevrotici, qualche frustrazione, qualche delusione obbiettiva, ma il conflitto che ne deriva non viene interiorizzato, bensì conserva i suoi legami con il mondo esterno. Le misure difensive alle quali l'Io ricorre non sono dirette contro la vita istintiva, ma contro il mondo esterno che infligge la frustrazione. Analogamente a quanto avviene nel conflitto nevrotico dove la percezione di uno stimolo istintuale proibito viene respinta per mezzo della rimozione, l'Io infantile ricorre alla negazione per evitare la percezione di qualche cosa di doloroso che proviene dall'esterno>> (pp. 98-99). Come la negazione attraverso la fantasia, anche la negazione mediante parole ed atti può essere utilizzata solo finché essa può coesistere con la facoltà di usare la prova di realtà, ma secondo la Freud essa deve sottostare anche ad un'ulteriore restrizione, dato che essa è condizionata dalla misura in cui viene accettata dall'ambiente che circonda il bambino. Quindi molto dipende da quanto le figure di riferimento del bambino indulgono o stigmatizzano i comportamenti derivanti da qucsto tipo di negazione.

SVILUPPI POST-FREUDIANI: IL DINIEGO NELL'OTTICA DI MELANIE KLEIN E DEI POST-KLEINIANI

Per la Klein la più precoce forma di difesa dell'Io non è la rimozione ma l'espulsione, come ci ricorda anche Stein in "A new look at the theory of Melanie Klein" (in *International Journal of Psychoanalysis*, 71, 1994, pp. 499-511). Alla luce di questa premessa del tutto prioritaria all'opera della Klein, il diniego assume tutta la sua pregnanza esplicativa nei confronti della mania in "Psicogenesi degli stati maniaco-depressivi" (1935). Ma prima di quest'opera, di questa autentica pietra miliare dopo la quale nulla, e non solo relativamente al diniego, potrà restare come prima, quali sono i riferimenti alla negazione e al diniego nelle precedenti opere kleiniane? Ne "I principi psicologici dell'analisi infantile" (1926) compare il "rifiuto esagerato della realtà" (M. Klein, "Scritti 1921-1959", Bollati Boringhieri, 1978, p. 151) (*an exaggerated repudiation of reality,* p. 141 dell'edizione Hogarth di *Contributions to psychoanalysis*, 1950) che la Klein, partendo dal caso della bambina di 3 anni, Trude, riconosce alla base del bisogno dei bambini piccoli di proteggersi dalla realtà e dalle sue privazioni <<che essa impone loro quando sono molto piccoli>> (ibidem, p. 151). E così continua la Klein:<<Per proteggersene la rifiutano (*repudiating*), mentre è fondamentale, perché diventa poi la base di ogni loro futura capacità di adattarsi alla realtà, che essi riescano in una certa misura a tollerare le privazioni derivanti dalla situazione edipica>>. Melanie Klein che ha già pre-datato l'insorgere del complesso edipico all'epoca dello svezzamento[13] (alienandosi le prime antipatie da parte del fondatore della psicoanalisi già a partire dal 1924 quando all'8° congresso internazionale di Salisburgo Melanie presentò una sua comunicazione che verrà trasfusa nel secondo capitolo di "La psicoanalisi dei bambini"), ha trovato nella tolleranza a questa prima basilare frustrazione il fattore protettivo nei confronti di una condizione, caratterizzata dal diniego. <<Un rifiuto

(*repudiation*) esagerato della realtà>> prosegue la Klein <<(spesso mascherato sotto un'apparenza di "adattabilità" e di "docilità") è quindi, anche nei bambini piccoli, segno di nevrosi, e si differenzia dalla fuga dalla realtà dei nevrotici adulti solo per il modo in cui si manifesta>> (Klein M., ibidem, p. 151). È ancora di là da venire quella enfatizzazione del diniego basata sulla differenziazione di relazioni oggettuali (oggetto parziale vs. totale), e la Klein in "La personificazione nel gioco infantile" (1929) parla dei bambini schizofrenici che <<non sono capaci di gioco vero e proprio>> (Klein, M., "Scritti 1921-1958", p. 227). E così prosegue:<<Essi si limitano a ripetere monotonamente determinate azioni, ed è un'impresa veramente ardua cercare di penetrare per questa via nel loro inconscio. Quando ci si riesce, si trova che l'appagamento di desiderio connesso a tali azioni consiste soprattutto nella negazione (*negation*) della realtà e nell'inibizione della fantasia. In questi casi di estrema gravità la personificazione non ha luogo>> (Klein, M., ibidem, p. 227). Per converso, nei bambini nevrotici (Erna, George e Rita ne sono i testimoni) <<ha luogo un "compromesso": si ammette il riconoscimento di una porzione molto limitata della realtà contro la negazione della parte restante (*the rest is denied*)>> (Klein, M., ibidem, p. 235). La negazione e la rimozione (delle fantasie masturbatorie), combinandosi insieme, confluiscono nel determinare <<quell'inibizione al gioco e all'apprendimento che si rileva comunemente nei bambini nevrotici. I sintomi ossessivi (innanzitutto nel gioco) nei quali essi si rifugiano riflettono appunto il compromesso tra il blocco notevole della fantasia e il rapporto carente e

imperfetto con la realtà; questo compromesso consente fondamentalmente forme estremamente limitate di soddisfacimento>> (Klein, M., ibidem, p. 235). Dopo aver distinto i vari quadri clinici (parafrenia, paranoia, nevrosi) a seconda degli atteggiamenti nei confronti della realtà, il termine negazione ricompare in un lavoro dell'anno successivo, "Formazione dei simboli nello sviluppo dell'Io" (1930), a proposito del caso di Dick[14], un bambino la cui descrizione fa pensare ad un quadro di psicosi autistica. Quindi fin qui la Klein ha usato termini diversi – *repudiation, denial, negation* – per intendere il diniego della realtà esterna, nel senso della *Verleugnung* freudiana. Vedremo che questo è un problema lessicale che, lungi dall'essere risolto una volta per tutte nelle opere successive più mature, la Klein si porterà 'addosso' lungo tutta la parabola delle sue opere, e diventerà un'eredità problematica per i suoi allievi. Ne "Il primo sviluppo della coscienza morale del bambino" (1933) la Klein utilizza il verbo negare, invece, in modo questa volta più vicino alla *Verneinung* freudiana, quando scrive che gli sforzi, finora fatti dal genere umano per migliorarsi, sono tutti falliti <<perché ancora nessuno si era reso conto della profondità e della forza delle pulsioni aggressive innate in ciascun essere umano. Quegli sforzi non potevano cercare di fare altro che stimolare, incoraggiare le tendenze positive, benevole, dell'individuo e negare (*denying*) o reprimere nel contempo quelle aggressive (...)>> (Klein, M., ibidem, p. 291). Nel "Contributo alla psicogenesi degli stati maniaco-depressivi" (1935) si assiste ad un punto di svolta[15] anche rispetto alla questione della negazione e del diniego. Il primo termine non fa più alcuna comparsa nell'articolo, che ha invece nel diniego uno dei concetti centrali. Sin dall'esordio l'articolo fa equivalere il "diniego della realtà psichica" alla scotomizzazione (*scotomization, denial of psychic reality,* p.282 di *Contributions to psychoanalysis 1921-1945*, Hogarth Press, 1950), in questo la Klein differenziandosi dalla posizione di Freud. Il "diniego della realtà psichica" è una delle <<primissime difese nei confronti della paura dei persecutori, siano questi immaginati nel mondo esterno o interiorizzati>> (Klein, M., ibidem, p. 297). Quindi la "rivoluzione" che la Klein compie rispetto a Freud consiste nel riferire in modo più aderente al mondo interno questa 'scotomizzazione', unicamente dalla quale può derivare il diniego del mondo esterno di cui Freud si era maggiormente occupato - il "diniego della realtà psichica" <<può produrre una limitazione considerevole dei meccanismi dell'introiezione e della proiezione e tradursi in diniego (*denial*) della realtà esterna, una situazione che costituisce la base delle psicosi più gravi>> (Klein, M., ibidem, pp. 297-298). Il diniego è il meccanismo caratterizzante la mania; anche Helene Deutsch nel suo articolo del 1933 "Zur Psychologie der manisch-depressiven Zustände" ne aveva fatto il meccanismo fondamentale, ma la Klein ci tiene subito a discostarsi dalla sua interpretazione. Così scrive la Klein: <<(...) mentre essa sostiene che il "diniego" (*denial*) si riconnette alla fase fallica e al complesso di evirazione (per cui si ha nelle bambine il diniego dell'assenza del pene), le mie osservazioni mi hanno condotta a concludere che il meccanismo del diniego si origina in quella fase precocissima dello sviluppo nella quale l'Io ancora immaturo cerca di difendersi dalla più opprimente e più profonda delle angosce e cioè dalla paura dei persecutori interiorizzati e dell'Es. Ciò vuol dire che *prima di ogni altra cosa è denegata la realtà psichica*[16]; solo dopo di ciò l'Io può procedere a denegare quantità più o meno rilevanti della realtà esterna>> (p. 313). Quindi viene istituito un ordine genetico tra il diniego della realtà psichica (primitivo) e quello della realtà esterna (secondario), come già la Klein aveva accennato in precedenza (p. 297). Più oltre precisa che nella mania <<il diniego (*denial*) si accompagna a iperattività, anche se questa attività smodata, come ha precisato Helene Deutsch, perlopiù non ha alcuna congrua corrispondenza con nessuno dei risultati effettivi che consegue>> (p. 313). La Klein situa il diniego nel cuore di una comprensione della mania alla luce di una specificità delle relazioni oggettuali ivi presenti:<<(...) nello stato maniacale la fonte del conflitto risiede nel fatto che l'Io non vuole e non può rinunciare agli oggetti buoni interiorizzati e tuttavia cerca di sfuggire ai pericoli del suo dipendere sia da essi che dagli oggetti cattivi. Ma il tentativo di distaccarsi da un oggetto e contemporaneamente non rinunciare completamente ad esso non sembra possibile senza un accrescimento della forza dell'Io. L'Io riesce quindi a realizzare il compromesso *denegando* (*by denying*) *l'importanza*[17] tanto degli oggetti buoni quanto dei pericoli minacciati dagli oggetti cattivi e dall'Es. Ma al tempo stesso tenta incessantemente di *dominare e controllare*[18] tutti i suoi oggetti, e questo sforzo si manifesta nell'iperattività>> (p. 313). L'onnipotenza è la caratteristica essenziale della mania (p. 312), ma è la sua utilizzazione che è specifica <<al fine di *controllare e dominare*[19] gli oggetti>> (p. 313). Da un punto di vista genetico, la Klein si pone più avanti il problema se si possa ipotizzare un meccanismo generale di base da cui derivino le numerose forme assunte dalla difesa maniacale, e risponde affermativamente individuando <<un tale meccanismo (anche se le sue varianti sono infinite) appunto nel dominio dei genitori interiorizzati e nella contemporanea svalutazione e diniego dell'esistenza di questo mondo interno>> (p.314). E, poi, analizzando <<la brama di oggetti, così caratteristica della mania>>, la Klein afferma che essa <<indica che l'Io conserva uno dei meccanismi di difesa della posizione depressiva: l'introiezione di oggetti buoni. Ma nel maniaco si produce anche il *diniego* (*denies*)[20] delle varie forme di angoscia connesse all'introiezione (per esempio la paura di introiettare oggetti cattivi o quella di distruggere con il processo dell'introiezione gli oggetti buoni); il diniego (*denial*) non si riferisce soltanto agli impulsi dell'Es ma anche alla preoccupazione per la sicurezza dell'oggetto. Possiamo quindi fare l'ipotesi che il processo mediante il quale l'Io e l'ideale dell'Io vengono a coincidere (come Freud ha dimostrato che accade nella mania) sia il seguente. L'incorporazione dell'oggetto da parte dell'Io è un'incorporazione cannibalesca (il "festino", come lo chiama Freud nella sua spiegazione della mania), ma l'Io ricusa con il diniego di provare qualunque preoccupazione per l'oggetto>> (p.314) [<<(...) *but denies that it feels any concern for it*>> (p.299 della già citata edizione Hogarth). Poi, dopo aver accennato per la prima volta (p.321) in una nota a pié di pagina (in cui cita un lavoro della Isaacs del 1934) alla dicotomia seni buoni/cattivi, ed aver riferito al 4°-5° mese l'emergenza della posizione depressiva (p.321) con

<<l'ambivalenza, la quale (...) attiene alle relazioni oggettuali, riguarda cioè oggetti totali e reali>> (p.323), e <<le tendenze alla riparazione e al restauro, che svolgono una funzione di somma importanza nel processo normale del superamento della posizione depressiva infantile>> (p.324) attraverso i meccanismi di difesa ossessivi e quelli maniacali, verso la fine del lavoro il termine diniego compare ancora una volta. È a proposito dell'illustrazione di due modi <<con i quali l'Io cerca di porre fine a tutte le sofferenze collegate alla posizione depressiva. Questi modi sono: a) la "fuga nell'oggetto 'buono' interiorizzato" [*con un riferimento bibliografico che la Klein fa alla figlia Melitta, n.d.A.*]. [...] Conseguenza di questa fuga possono essere il diniego (*denial*) della realtà psichica ed esterna e la più grave delle psicosi; b) la fuga in oggetti "buoni" esterni a confutazione di qualsiasi angoscia, di origine interna o esterna>> (p.324) che è un meccanismo caratteristico delle nevrosi.

In due lavori successivi a "Contributo alla psicogenesi degli stati maniaco-depressivi" (1935), e cioè "Il lutto e la sua connessione con gli stati maniaco-depressivi" (1940) e "Il complesso edipico alla luce delle angosce primitive" (1945), assistiamo ad ulteriori sviluppi del concetto di diniego. In particolare, in "Il lutto e la sua connessione con gli stati maniaco-depressivi" (1940), accanto al precisarsi ulteriore dei meccanismi alla base delle difese maniacali nei confronti del lutto (oltre alle già menzionate idealizzazione, diniego, ambivalenza e onnipotenza, anche il trionfo ed il disprezzo), oltre al diniego della realtà esterna e della morte stessa (p.340) (<<*uncounciously*, *Mrs. A. strongly rejected the fact that her son had died>>*), e al diniego della realtà psichica[21], troviamo il diniego di sentimenti definiti e connessi specificatamente con l'elaborazione del lutto, come il diniego della pietà e dell'amore per la madre interna (p.341 e p.351) ("*compassion and love for the internal mother were denied*", p.325), e per gli oggetti d'amore in generale (p.352) ("*deny*", p. 336), del cordoglio e della nostalgia (p.352) ("deny", p.336), ma anche il rifiuto con il diniego degli oggetti cattivi (p.352) ("denied", p.336). Infine, la possibilità di superare il lutto in modo normale dipende dalla <<capacità di mantenere vivo, indirizzandolo ad altre mete, un po' dell'amore che rifiutano (diniego) all'oggetto perduto>> (p.353) (*<<capacity to keep alive in other directions some of the love which they deny to their lost objects>>*, p.337).

Tra gli autori molto vicini alla Klein ricorderò qui solo Bion, mentre di altri, come Elliott Jaques, parlerò a proposito del diniego nei gruppi terapeutici ed istituzionali. "Attacchi al legame", saggio che l'autore legge alla Società Psicoanalitica Britannica il 20 ottobre 1957 (in *IJP*, XL, 1959, p. 308) e quindi raccolto in "Second Thoughts" (Heinemann, 1967) (Trad.it. *Analisi degli schizofrenici e metodo psicoanalitico*, Armando, 1970), viene considerato come <<uno dei maggiori contributi dati dall'Autore all'espansione del pensiero di M. Klein>>, secondo le testuali parole del curatore dell'edizione italiana, Sergio Bordi. È significativo che un intero paragrafo di questo saggio è intitolato "Diniego dell'identificazione proiettiva normale" (*Denial of normal degrees of projective identification*) in cui per Bion, dopo aver parlato di un paziente che, allo scopo di negare le proprie fantasie, mantiene un certo contatto con la realtà esterna utilizzando la parola per dire “fatti irrilevanti” (<<*by isolated statements of fact which again seemed to be an attempt to preserve contact with external reality as a method of denial of his phantasies>>,* p. 97, *ed. Karnac Books, 1984*), il diniego si manifesta nel sentire, da parte del paziente, <<che le parti di sé che egli voleva mettermi dentro venivano da me rifiutate>> (p.157 dell’ediz. Armando) (<<*that the patient felt that parts of his personality that he wished to repose in me were refused entry by me*>>, p. 103). L’ampliamento del concetto di legame (*link*), che sta nel concepire questo come una funzione e non solo come l’oggetto (seno, pene) che veicola la funzione stessa, una funzione di tramite fra due oggetti, è anche dato dall’affermazione che <<il legame tra paziente e analista, o tra bambino e il seno, viene a consistere nel meccanismo dell’identificazione proiettiva>> (p.160), essendo nel primo caso il legame <<rappresentato dalla capacità dell’analista di introiettare l’identificazione proiettiva del paziente>> (p.161). Questo legame rappresenta quindi una base o un grado (*degree*) normale di identificazione proiettiva, tanto nella relazione analitica quanto in quella madre-bebè e, quando <<gli attacchi distruttivi contro questo legame provengono da una fonte esterna al paziente (o al neonato), vale a dire dall’analista (o dal seno)>>, <<ciò provoca (…) un incremento dell’identificazione aggressiva, che diviene eccessiva, ed il deteriorarsi dei suoi processi maturativi>> (p.160). Si veda come un altro ampliamento della teoria kleiniana qui operato da Bion consista nell’accenno posto sulla madre “reale”, la figura che realmente dispensa le cure, e quindi sulla "fonte esterna" di tali attacchi distruttivi, che rappresenta quel <<fattore acquisito più importante nel prodursi della personalità psicotica>> (p.160 dell'ediz. Armando) che, ben inteso, ha anche bisogno però di un fattore congenito (<<una predisposizione congenita all'aggressività, all'odio e all'invidia in misura eccessiva>>, p.161). Quindi identificazione proiettiva dal lato paziente (o bebè) e identificazione introiettiva dal lato analista (o caregiver) stabiliscono un equilibrio che, se resta all'interno di un *range* normale, permette una re-introiezione di ciò che è stato proiettato e, quindi, <<la possibilità di studiare le proprie sensazioni attraverso l'effetto che esse producono nella personalità in cui egli le ha proiettate>> (p.162). Se questo ricorso 'sano' all'identificazione proiettiva viene negato (p.162) (<<*Denial of the use of this mechanism*>>[p.106 dell'edizione Karnac]), <<o perché la madre è incapace di fungere da magazzino delle sue sensazioni [*fattore acquisito, nota dell'Autore*] o perché l'odio e l'invidia non permettono al soggetto che la madre eserciti tale funzione [*fattore congenito, n.d.A.*], (<<*either by the refusal of the mother to serve as a repository for the infant's feelings, or by the hatred and envy of the patient who cannot allow the mother* [...], p.106 dell'edizione Karnac) allora ciò che segue è la distruzione del legame tra neonato e seno e una grave compromissione della tendenza alla curiosità>> (p.162 dell'edizione Armando). Ossia della kleiniana funzione epistemofilica. In effetti, poi nella frase seguente, laddove Bordi traduce "blocco", Bion continua ad usare "denial": <<A seguito del blocco della strada principale

che il bambino ha a disposizione per far fronte ad emozioni troppo violente, vengono a crearsi i presupposti per l'abolizione di ogni vita emotiva>> (p.162 dell'edizione Armando) (<<*Furthermore, thanks to a denial of the main method open to the infant for dealing with his too powerful emotions, the conduct of the emotional life, in any case a severe problem becomes intolerable*>>, p.107 dell'edizione Karnac). Qui si vede come la traduzione alteri il significato "performativo" (si veda il contributo di Litowitz in questo libro) e quindi relazionale (si potrebbe dire persino intersoggettivo) del termine *denial* usato da Bion. Il diniego finisce per essere intimamente legato all'arresto di sviluppo cui una tale dinamica conduce. Scrive infatti Bion:<<Le alterazioni subite dalla tendenza alla curiosità, tendenza su cui poggia ogni futuro apprendimento, e il diniego del meccanismo attraverso il quale essa cerca la via di esprimersi, rendono impossibile uno sviluppo normale>> (p.164 dell'edizione Armando) (<<*The disturbance of the impulse of curiosity on which all learning depends, and the denial of the mechanism by which it seeks expression, makes normal development impossible*>>, p.108 dell'edizione Karnac).

Quindi, queste aperture che lo stesso traduttore riconosce a questo scritto di Bion nella direzione della "nurture" più che della "nature", vengono in parte annullate dalla sua stessa traduzione, laddove traduce con un termine più legato ad un modello energetico (blocco) un concetto che ha invece un'accezione indubbiamente relazionale (denial). Ancora una volta la storia del concetto di negazione e di diniego in psicoanalisi deve fare i conti, oltre che con la polisemia imputabile all'autore stesso, coi "bias" che dipendono dal traduttore.

Nel saggio "The imaginary twin" (sempre facente parte dei "Second thoughts") il termine *denial* compare una sola volta, ed anche qui, più che riferirsi alla *Verneinung* il suo significato è affine alla *Verleugnung*: <<La risposta che posso offrire è che il gemello immaginario risaliva alle sue primissime relazioni e rappresentava la sua incapacità di tollerare un oggetto che non fosse interamente controllato da lui (p.40 dell'edizione Armando) (<<*The answer I suggest is that the imaginary twin goes back to his very earliest relationship and is an expression of his inability to tolerate an object that was not entirely under his control*>>, p.19 dell'edizione Karnac). Vale a dire che la funzione del gemello immaginario consisteva nel negare una realtà diversa dal soggetto stesso (p.40) (<<*The function of the imaginary twin was thus to deny a reality different from himself*>>, p.19). Assieme al diniego della realtà esterna coesisteva una concomitante incapacità di tollerare le realtà psichiche interne e prima di ottenere una miglior tolleranza occorreva svolgere molto lavoro col quale raggiungere una diminuzione delle paure dei meccanismi psichici (p.40) (...)>> (<<*With this denial of external reality there co-existed his inability to tolerate the internal psychic realities and a great deal of work had to be done before any increase in tolerance occurred*>>, p.19). Nel saggio "Criteri differenziali tra personalità psicotica e non psicotica" (letto alla SPB nel 1955 e pubblicato sull'IJP nel 1957), in cui tra l'altro per la prima volta Bion parla di "attacchi al legame", Bion menziona il *denial* nel punto in cui analizza i vari livelli di complessità a cui ci può essere un attacco al legame nello schizofrenico: partendo dal pensiero primitivo (<<in quanto legame tra le impressioni sensoriali provenienti dalla coscienza e la realtà>>, p. 84 dell'edizione Armando), passando per il livello successivo in cui il pensiero è legame tra ideogrammi (l'attacco a questo livello compromette l'accesso alla formazione di simboli) fino allo stadio ulteriore in cui <<il descritto esito degli attacchi dissociativi viene a manifestarsi quando il paziente nega l'articolazione delle parole tra di loro; l'articolazione esprimerebbe infatti l'opera del principio di integrazione>> (p.84) (<<*At a still later stage the result of these splitting attacks is seen in the denial of articulation as a principle for the combining of words*>>, p.50 dell'edizione Karnac). Questo, ci tiene a precisare Bion, non significa che gli oggetti non possano essere messi insieme, come l'autore evidenzia quando più oltre parlerà degli agglomerati. E così prosegue:<<Inoltre, dato che il fattore che unisce è stato sia frammentato sia proiettato negli oggetti dove produce unioni che dànno luogo a oggetti bizzarri, il paziente si sente circondato da una massa di oggetti legati tra loro, i cui legami sono il bersaglio della distruttività; si assiste cioè ad un incessante legarsi, con uno stile crudele, degli oggetti tra loro>> (p.85 dell'edizione Armando). È indubbio che questo secondo uso del termine *denial* comporta uno slittamento semantico, per cui non si indica più un <<disconoscimento diretto di dati sensoriali>> (Gabbard, "Psichiatria Psicodinamica", 3° ed., Cortina, 2002, p.44) provenienti <<dalla realtà del mondo esterno, quando tale realtà viene sentita come terribilmente disturbante>> (Gabbard, ibidem, p.44).

Qui, invece, Bion sembra declinare il verbo *deny* in un senso più vicino al diniego del mondo interno, la cui comparsa nell'opera kleiniana, come abbiamo visto, aveva segnato un prima e un dopo, una sorta di spartiacque nel percorso teorico di Melanie Klein. Il "diniego dell'articolazione" è il diniego di un principio di combinazione delle parole tra di loro prima ancora che di integrazione (come traduce Bordi), ed ha a che fare con un rigetto di tale funzionamento, un diniego molto primitivo quindi che sradica dal suo installarsi un principio fondamentale con cui è possibile costruire i pensieri. Il pensiero verbale è quello su cui si concentrano gli attacchi al legame nello schizofrenico sia per la sua natura di <<smentita che esso comporta verso l'esistenza del seno ideale interno concepito come parte del sé, creatrice, onnipotente ed autosufficiente>> (come scrive Bordi nella sua premessa all'articolo precedente "Note sulla teoria della schizofrenia", in cui si adombra il concetto di attacchi al legame, p.45) sia perché <<la conquista del pensiero verbale è un avvenimento molto disgraziato perché è troppo connesso al disastro e ai dolori della depressione>> ("Note sulla teoria della schizofrenia", presentato nel 1953 al congresso IPA di Londra, p.58 dell'edizione Armando).

Questa accezione di *denial* è coerente con il senso che la parola ha successivamente quando Bion espone il caso clinico del paziente che si muove in modo particolare sul divano: <<*I had sometimes asked him what these movements were, and to these questions his reply had been, "Nothing". Once he had said, "I don't know". I had felt that "Nothing" was a thinly veiled invitation to me to mind my own business as well as a denial of something very bad*>> (p.53 dell'edizione Karnac), un qualcosa che si riferisce senza dubbio al mondo interno del paziente. E più avanti nella stessa vignetta clinica però cogliamo dal resoconto di Bion che quando parla di diniego del paziente rispetto alle interpretazioni dell'analista in un primo caso egli si rifà al senso della *Verneinung* freudiana (p. 89 dell'edizione Armando) e poi ad un "rifiuto" (così traduce Bordi, ma in realtà il termine usato da Bion è *rejection* e dà maggiormente l'idea della primitività di esso) più o meno completo (p. 91 dell'edizione Armando) col quale egli <<negava per gelosia>> la capacità di essere capito da parte dell'analista (p.91) (<<*The patient's responses to these interpretations were outright rejection as either quite inadmissible because wrong, or accurate but improperly arrived at in that I must have been using his mind (really his capacity for contact with reality) without his permission. It will be observed that he thereby expresses a jealous denial of my insight*>>, p.55 dell'edizione Karnac). Come vedremo seguendo la linea di sviluppo ipotizzata da Litowitz in questo libro, l'utilizzo da parte di Bion di *rejection* e di *denial* (non reso adeguatamente in italiano) permette di alludere a due modalità di funzionamento mentale del tutto diverse in termini di sviluppo. Nel saggio "L'allucinazione" (letto nel 1956 ad una riunione della BPS e pubblicato sull'IJP nel 1958) compare l'utilizzo della negazione nel senso della *Verneinung* a proposito del paziente che <<per quanto lo negasse, seguitava a supporre l'esistenza di un legame sessuale>> tra egli stesso e l'analista - in un contesto di più ampio attacco, attraverso la negazione, al legame rappresentato dalla relazione con l'analista – mentre più avanti, lo stesso sintomo allucinatorio viene da Bion interpretato come sostituto di un diniego, qui invece nel senso della *Verleugnung* [<<Tra parentesi debbo aggiungere che da quella seduta in poi in questo paziente potei riscontrare con regolarità che ogni volta che ricorreva un'interpretazione poco gradita egli si mostrava allucinato: si drizzava col capo sul divano come scrutasse verso l'angolo più lontano della stanza, secondo una modalità del tutto simile a quella che ho già descritto. Più tardi riprenderò l'argomento e farò alcune considerazioni sul significato di questo meccanismo sostitutivo del diniego>> (p.119 dell'edizione Armando)]. Sempre con lo stesso paziente Bion riporta un'interpretazione per cui gli sembrava che il paziente avvertisse di essere matto ogniqualvolta egli negasse le sue interpretazioni, <<mediante la loro ingestione seguita dalla loro espulsione>> (p.122 dell'edizione Armando). Infine, nella conclusione dello stesso articolo su "L'allucinazione", Bion ricapitola i caratteri distintivi correlati con l'attacco al legame (ricorso ad una fantasia onnipotente come strumento per amare l'oggetto; manifestazioni esteriori che interessano il mondo circostante e, nei casi più gravi, reazioni psicotiche da parte degli altri a queste manifestazioni esteriori, come espressione di collusione inconscia con le identificazioni proiettive; ricorso all'identificazione proiettiva invece che alla rimozione) e afferma che quest'ultimo ricorso <<implica una scarsa capacità di effettuare il diniego, il che è anche dimostrato dalla presenza di attacchi distruttivi contro l'apparato percettivo e dall'uso che viene fatto di tale apparato, adibito come mezzo di espulsione di

indesiderati stimoli ricevuti>> (p.130 dell'edizione Armando) (<<(…) *the resort to projective identification as a substitute for repression (...) implies a weakness of a capacity for denial, and this is shown by the resort to destructive attacks upon the perceptual apparatus, and by the use of perceptual apparatus, of which he is in fact unable to rid himself, for expulsion of unwanted stimuli as they are received*>>, p.85 dell'edizione Karnac). Nel saggio su "La superbia", in cui Bion lascia presagire una serie di sviluppi futuri (il concetto di cambiamento catastrofico e di identificazione proiettiva realistica, oltre che l'importanza per l'analista di "contenere" il paziente), compare nella conclusione il termine *denial*, ma con tutt'altro senso rispetto agli esempi precedenti: si tratta qui del negare al paziente un impiego normale dell'identificazione proiettiva che ha come risultato quello di provocare un disastro <<perché, con tale diniego, l'analista distrugge un legame di estrema importanza>>, con la conseguenza di far affiorare un Super-Io primitivo <<che impedisce di ricorrere all'identificazione proiettiva>> per cui ciò che evidenzia l'avvenuto <<disastro>> è dato <<dall'affioramento di tracce molto sparse di curiosità, superbia e stupidità>> (p.141 dell'edizione Armando) (<<*In some patients the denial to the patient of a normal employment of projective identification precipitates a disaster through the destruction of an important link. Inherent in this disaster is the establishment of a primitive superego which denies the use of projective identification. The clue of this disaster is provided by the emergence of widely separated references to curiosity, arrogance, and stupidity*>>, p.92 dell'edizione Karnac).

In conclusione, se l'uso del termine *denial* condivide in parte gli stessi problemi lessicali che abbiamo trovato nella Klein - pur essendo impiegato talora nel senso di *disavowal*, questo termine non è mai adoperato nei *Second Thoughts,* come anche *negation* peraltro -, questo ampio alone semantico di *denial*, se può ingenerare qualche problema interpretativo, ne arricchisce la portata esplicativa rispetto a quei fenomeni che via via Bion riconosceva all'opera nel descrivere la complessa psicopatologia del rapporto analista-paziente, specie in rapporto alla psicosi.

LA NEGAZIONE NEI GRUPPI TERAPEUTICI ED ISTITUZIONALI

Il termine *denial* ricorre tre volte in "Experiences in Groups and other papers" di Bion (Tavistock, 1961; ediz.it. Armando, 1971), mentre il verbo *deny* sette volte[22]. La prima volta il verbo *deny* sembra assumere il senso di un'affermazione negativa (*Verneinung* nel senso freudiano), quando Bion illustra le prime reazioni e le aspettative più o meno coscienti dei partecipanti alla nascita di un gruppo terapeutico da lui iniziato nel 1948 (cap.I dell'ediz. Armando)[23]. Così scrive Bion a proposito di questo momento di iniziale esplicitazione delle aspettative dei membri del gruppo:<<Quando faccio rilevare che queste idee mi sembrano basate sul sentito dire, è come se si stabilisse la sensazione che sto tentando di negare (*to deny*) la mia importanza come "direttore" di gruppi>> (p.36, ediz. Armando). Nel trattare nel cap.2 il problema dell'ostilità "paradossale" del gruppo verso il proprio compito, fatta di silenzi, di "inerzia" (p.55 ediz. Armando), di apatia e di indifferenza verso la sofferenza di un paziente (p.55 ediz. Armando), e di come <<tradurre tutto questo in una interpretazione>> (p.56 ediz. Armando), o sostenere una certa interpretazione in modo convincente (p.57 ediz. Armando), Bion scrive che <<chiunque abbia pratica della terapia individuale avrebbe potuto prevedere che un gruppo di pazienti si sarebbe opposto (*deny*) a qualunque interpretazione e che l'esistenza stessa del gruppo avrebbe costituito un'opportunità mandata dal cielo per poterla negare (*denying*) effettivamente. Mi viene in mente tuttavia che, se un gruppo offre delle ottime occasioni per l'evasione e per la negazione (*evasion and denial*), dovrebbe ugualmente fornire delle splendide opportunità per osservare il modo in cui queste evasioni e queste negazioni vengono realizzate>> (p.57, cap.2, ediz. Armando). Il gruppo può garantire anonimato al contributo del singolo, gettando così il gruppo <<le basi per un efficace sistema di evasione e di negazione (*denial*)>> (p.58 ediz. Armando). L'efficacia con cui il gruppo assicura l'anonimato al contributo di ogni singolo membro permette ad ognuno di essi di negare (*deny*) <<con assoluta sincerità di sentirsi ostile>> (p. 58 ediz. Armando). Questa considerazione permette a Bion di introdurre il concetto di "mentalità del gruppo" che viene così definito: <<un serbatoio comune a cui affluiscono anonimamente i contributi di tutti e che in esso si possono gratificare gli impulsi e i desideri che questi contributi contengono>> (p.58 ediz. Armando)[24] ma, precisa più avanti, al contempo il singolo trova nella mentalità di gruppo <<anche l'ostacolo maggiore per raggiungere gli obiettivi che si è posto con la sua

partecipazione al gruppo>> (p.60, ediz. Armando). <<Ora il punto essenziale che appare in tutti i gruppi di cui ho citato degli esempi>> prosegue Bion <<è che il sentimento prevalente sperimentato dal gruppo è un sentimento di frustrazione che costituisce una sorpresa molto sgradevole per l'individuo che sta cercando una gratificazione. Il risentimento che ne deriva può naturalmente esser dovuto a una ingenua incapacità di capire quello che ho precisato prima e cioè che il gruppo per sua natura non può che frustrare (*ma nell'edizione inglese il verbo è "deny", quindi negare,* N.d.A.) alcuni desideri, soddisfacendone altri>> (pp.61-62 dell'ediz. Armando nella traduzione di Corrao e Muscetta). Bion descrive il "voltafaccia" (così i traduttori italiani traducono il "tuning point" dell'edizione inglese) di un gruppo i cui membri dapprima ignorano gli interventi del conduttore (Bion) che poi, però, diventa un oracolo o un dio, e la cultura di gruppo assume i connotati di una teocrazia. E così Bion descrive le modificazioni nei rapporti tra mentalità individuale, mentalità di gruppo e cultura: <<Prima del voltafaccia che ho descritto, la mentalità del gruppo era di natura tale che i bisogni individuali potevano venir negati (*denied*) con successo provvedendo a creare un rapporto molto amichevole tra i pazienti ed un atteggiamento ostile e scettico nei miei confronti>> (p.64, ediz. Armando). Nel cap. 4, Bion, dopo che nel capitolo precedente ha introdotto gli "assunti di base" (attacco-fuga, di accoppiamento, di dipendenza), e dopo aver introdotto il concetto di *preconception*[25], il termine *denial* compare a proposito della trattazione dell'assunto di base di dipendenza. In un tale gruppo il potere non deriva dalla scienza ma dalla magia (p.92

ediz. Armando), il capo è visto come un mago ed <<i silenzi sono quindi, da un lato, un modo per esprimere la determinazione di negare (*deny*) al capo il materiale che gli serve per un'indagine scientifica, e quindi di evitare gli sviluppi che potrebbero minare l'illusione di sicurezza che deriva dal sentirsi affidati alle cure di un mago; d'altra parte sono un'espressione di devozione e di rispetto per il capo in quanto mago e quindi il silenzio che spesso segue a una mia interpretazione è più un tributo di timore misto a venerazione che una pausa per riflettere>> (pp.92-93). Significativamente, Bion, subito dopo questo passaggio, passa al paragrafo "Il rifiuto di apprendere dall'esperienza" in cui tratta del rapporto tra i bisogni dell'individuo e le necessità imposte dallo sviluppo personale rispetto agli assunti di base del gruppo: in particolare, Bion afferma che se l'individuo <<fosse disposto ad affrontare le sofferenze dello sviluppo e tutto ciò che esso comporta di sforzo per apprendere, potrebbe liberarsi del gruppo di dipendenza. Ma il fatto che egli desideri, nonostante l'esistenza di impulsi non soddisfatti dal gruppo di dipendenza, uno stato in cui, senza subire le sofferenze della crescita, possa essere perfettamente attrezzato per la vita di gruppo, si trasforma in una spinta verso il gruppo strutturato per l'accoppiamento o per l'attacco-fuga>> (p.99).

Infine, vorrei citare un ultimo ricorso del diniego in "Dinamica di gruppo: una revisione" (inserito nel libro *New Directions in Psycho-analysis*, Tavistock, 1955) in cui Bion parla della "cattiveria del gruppo" rispetto ad una paziente che cerca di avere per sé una cura: in tal caso gli altri membri del gruppo non solo <<hanno negato di soffrire di tutti i disturbi della paziente, ma,

affinché questo meccanismo resti valido, essi si sono esposti alla necessità di liberarsi da ogni senso di responsabilità verso la donna. Essi fanno ciò scindendo le parti buone dalla loro personalità e ponendole nell'analista>> (pp.203-204 dell'ediz. Il Saggiatore, *Fantasmi, gioco e società*, a cura di F. Fornari, 1966). Il trattamento che gli individui allora riceveranno da un tale gruppo, dominato dall'assunto di base di dipendenza, sarà, da una parte, affine ad una "perdita di individualità" e, dall'altra, ad una depersonalizzazione, quale si incontra negli psicotici.

Gli sviluppi del pensiero bioniano sui gruppi ha trovato successivamente psicoanalisti che hanno proposto nuovi assunti di base, come Riccardo Romano con il suo "Assunto di base di Omertà" ("L'assunto di base di omertà" in *Omertà. Mafie, terrorismi, sette segrete*, in Pubblicazione, 2006). <<L'adb Omertà si evidenzia quando il gruppo funziona come se ci si riunisse allo scopo di mantenere un segreto, il gruppo esiste in quanto si ritiene che esista un segreto da mantenere>> (Romano, op.cit.,pp.22-23).<<Non che ci sia un segreto>> prosegue Romano <<o meglio non si sa con certezza se c'è un segreto, ma in tutti c'è la convinzione che ci debba essere, visto l'andamento della dinamica di gruppo>> (p.23). Espressione del gruppo basato su questo assunto di base è il non dire, che non sempre significa silenzio, ma piuttosto ha il significato di censurare, di sorvolare, di evitare, di non raccontare, di non denunciare, di non testimoniare. Il segreto e la collusione regnano in un tale gruppo: qualsiasi comportamento trasgressivo rispetto alle consuete regole del setting gruppale, così come ogni altro comportamento che segnali circostanze delicate della vita del gruppo (l’uscita di un membro o l’entrata di uno nuovo) viene coperto dall’omertà. <<Il gruppo di omertà utilizza diversi meccanismi psichici: soprattutto l’isolamento (…), ma anche lo spostamento (…) e la negazione (…)>> (p.27). Secondo Romano, il gruppo utilizza questo assunto di base soprattutto nei momenti critici di passaggio, di crisi di un altro assunto di base forte. <<(…) uno dei bisogni nascosti più forti, coperto dall’omertà è il bisogno narcisistico, l’interesse individuale che se dovesse prevalere sfascerebbe il gruppo>> (p.24). Pertanto il leader del gruppo di omertà deve restare nascosto, e se si dovesse manifestare dev’essere subito eliminato in quanto <<è venuta meno la condizione fondamentale dell’adb Omertà che è il non mostrare>> (p.24). Il leader del gruppo di omertà è l’assassino che, secondo Romano, assolve ad una funzione diversa rispetto al gruppo di dipendenza: nell’assunto di base Omertà l’assassino, infatti, <<non è in contrasto con il gruppo anzi incarna la cultura predominante purché rimanga celato>> (p.24).

Uno psicoanalista di area kleiniana che si è occupato di analisi dei fenomeni sociali è stato Roger Money-Kyrle. Nel suo saggio “Psicoanalisi ed etica” (pubblicato da Tavistock nel libro *New directions in psycho-analysis* nel 1955 e poi tradotto in Italiano da “Il Saggiatore” nel 1966), in un paragrafo intitolato “L’umanesimo come attributo dell’insight”[26], distingue dei gruppi di individui a seconda del genere di atteggiamento morale manifestato, assumendo che gli individui dotati di *insight* abbiano delle peculiari caratteristiche morali. Gli individui con questo genere di atteggiamento verso la morale <<sembrano affatto

sprovvisti di morale. Essi non avvertono consciamente in se stessi né l'una né l'altra forma di rimorso, e considerano ipocriti o deboli coloro che asseriscono di sottostare a vincoli o scrupoli morali>> (p.145 ed. Il Saggiatore, *Fantasmi, gioco e società*, a cura di F. Fornari, 1966). E prosegue Money-Kyrle:<<Ma ciò avviene perché essi negano la loro colpa inconscia, non perché non ne abbiano una da negare. Si vantano di essere ultranormali; ma in realtà sono degli ipomaniacali, perché si svincolano dall'ansia e dalla depressione solo sacrificando la loro capacità di comprendere se stessi>> (p.145). A questo gruppo di individui ne viene contrapposto un altro, quelli <<che sono, al tempo stesso, compiaciuti della loro virtù e inclini a censurare. Il loro senso di colpa è rivolto solo all'esterno. Essi lo negano in se stessi, ma lo vedono molto chiaramente negli altri, sui quali proiettano anche il loro. Così vivono in uno stato d'indignazione morale contro i capri espiatori delle loro stesse colpe. Anche essi credono di essere persone normali, che, anzi, superano gli altri in quanto a virtù; ma in realtà non sono che ipoparanoidi e vivono nel terrore di scoprire la verità su se stessi>> (p.145).

Un altro psicoanalista di area kleiniana che si è molto dedicato ai gruppi ed all'analisi delle istituzioni, non solo terapeutiche, è Elliott Jaques. Nel suo saggio "Sistemi sociali come difesa contro l'ansia persecutoria e depressiva. Contributo allo studio psicoanalitico dei processi sociali" (all'interno del volume *New Directions in Psychoanalysis*, Tavistock, 1955, edizione italiana Il Saggiatore, *Fantasmi, gioco e società*, a cura di F. Fornari, 1966) introduce il concetto di “meccanismo di difesa socialmente organizzato” che riprende la distinzione kleiniana tra meccanismi sociali di difesa in grado di fronteggiare le ansie paranoidi e gli altri capaci di far fronte alle angosce depressive. Il diniego (talora tradotto “negazione” in italiano) può rientrare appieno sia nel primo che nel secondo ruolo. Ad esempio, Jaques applica il concetto di negazione agli aspetti fantasmatici connessi all’istituzione militare nel contesto delle “Difese contro l’ansia paranoide” (p.219): il gruppo dei compagni d’arme, in particolare, assicura loro di liberarsi delle ansie persecutorie (il nemico cattivo e sadico) e depressive, grazie alla negazione dei propri impulsi sadici ottenuta attribuendo la loro aggressività all’osservanza del dovere, <<cioè esprimendo gli impulsi aggressivi raccolti e introiettati da tutta la comunità>> (p.220). E così prosegue:<<E anche i membri della comunità possono evitare il rimorso introiettando l’odio, socialmente sanzionato, verso il nemico. Tale sanzione introiettata rafforza il diniego dell’odio e degli impulsi distruttivi inconsci contro oggetti buoni ammettendo la possibilità di una espressione conscia di questi impulsi contro un nemico reale, esterno, comune e pubblicamente odiato>>. La deviazione è un “meccanismo di difesa socialmente organizzato” molto ben studiato da Jaques che, insieme all’”assorbimento” permette <<che non tornino sul piano della fantasia i cattivi e fantastici oggetti e impulsi proiettati>> (p.221). Sotto la voce “Difese contro l’ansia depressiva” (p.222) troviamo invece il diniego all’opera nei confronti delle minoranze con l’attribuzione ad esse del ruolo di capro espiatorio. Jaques si pone la questione del perché certe minoranze vengano “preferite” ad altre in tale ruolo e ne individua la risposta nella collusione sul piano fantasmatico che si viene a creare tra persecutori e perseguitati, per cui questi ultimi, procurandosi disprezzo e sofferenza per alleviare un rimorso inconscio, mediante la giustificazione sociale di sentimenti di disprezzo e odio verso un persecutore esterno, alleviano la propria ansia depressiva, il proprio rimorso e rafforzano il <<diniego per la protezione di oggetti buoni interni>> (p.223). Il diniego può essere anche adoperato, sempre come difesa socialmente organizzata contro le ansie depressive, in un modo maniacale nei confronti di impulsi distruttivi e oggetti buoni distrutti e concorrere, insieme all'idealizzazione di gruppo, al rafforzamento di impulsi ed oggetti buoni (p.223). Quest'ultima modalità di impiego sociale del diniego la troviamo ad esempio nelle cerimonie funebri. <<(...) la creazione dei sistemi sociali>> prosegue Jaques <<a livello della fantasia ha valore di sopravvivenza per il gruppo, oltre ad offrire protezione all'individuo contro l'ansia. Così, per esempio, nel caso della cerimonia funebre, l'idealizzazione sociale e il diniego maniacale rendono possibile a chi è colpito da un lutto l'attenuare il caos interno, il sopportare l'improvviso e violento trauma della morte e l'entrare nella fase di un lutto interno maturo, ciascuno con un personale ritmo e modo. Ma si ha anche un vantaggio sociale generale, in quanto tutti gli associati nella cerimonia funebre possono alimentare il loro dolore interno e proseguire nella elaborazione, che dura quanto la vita, dei conflitti insoluti della posizione depressiva infantile>> (p.225).

Nel libro di Elliott Jaques "Lavoro, creatività e giustizia sociale" (Heinemann, 1970; ed.ital. Boringhieri 1978), il diniego e la negazione compaiono in svariati lavori in cui il pensiero psicoanalitico viene coniugato con i campi tradizionalmente di competenza della psicologia sociale. Ad es. in “Le conseguenze umane dell’industrializzazione” utilizza i termini con cui la Klein aveva analizzato i meccanismi posti a riparo delle angosce psicotiche (inclusa la “negazione”, così traducono i traduttori italiani tra cui Luigi Pagliarani) per illustrare il “peso psicologico” a cui è sottoposta la “zona intermedia” (cioè i quadri dirigenziali) di qualsiasi azienda di dimensioni industriali[27]. In “Colpa, coscienza e comportamento sociale” Jaques si pone un problema analogo a quello del già menzionato saggio di Money-Kyrle: <<Cos’è che rende possibile un comportamento sociale civilizzato?>> (p.193). Dopo aver questa volta illustrato lo sviluppo del Super-Io a partire dalle vicissitudini della posizione depressiva infantile, a proposito della personalità psicopatica Jaques scrive che in essa la <<caratteristica principale è l’incapacità a progredire oltre lo stadio dei meccanismi di scissione e proiezione. L’aridità affettiva tipica del criminale psicopatico non è tanto questione di aridità quanto di incapacità a valersi delle pulsioni d’amore contro la sua ostilità e distruttività. Mantenendo la separazione, non si sviluppa la capacità di sentire la colpa, dato il totale disinteresse per l’oggetto del suo odio. Il suo amore è stato scisso e negato o diretto altrove>> (p.201). Verso la fine dello stesso saggio, risponde alle altre questioni imperniate sull’importanza del quadro legislativo di una società nel favorire la coesione sociale invertendo le conclusioni rispetto a quanto determinate correnti di pensiero avevano formulato: non sono le leggi, le pressioni esterne a rendere possibile la convivenza sociale, ma, a seguito dell'ambivalenza insita nelle relazioni oggettuali primitive e <<del conflitto primitivo sviluppiamo precocemente un senso primitivo di interesse per i nostri oggetti e per quello che facciamo loro. In breve l'essere umano si preoccupa spontaneamente del prossimo e non deve aspettare che glielo si insegni con pressioni dall'esterno. La base dell'interesse sociale sta nella capacità di provare il senso di colpa che risulta dal conflitto interno. Mossi dal senso di colpa e dall'interesse, cerchiamo aiuto all'esterno per i nostri buoni impulsi sociali e costruttivi; lo troviamo dapprima nelle attenzioni materne, poi viene ricercato in entrambi i genitori, in seguito negli insegnanti, nella legge e in altre figure parentali sostitutive>> (p.204). Se <<validi rapporti sociali in una legislazione ben fondata sono elementi essenziali per la salute mentale e il benessere psicologico dei membri di una società>>, al contrario <<quando leggi e codici non hanno dei fondamenti validi, come ad esempio nelle differenze di paga e rinumerazione, non vengono solo giudicati ingiusti, ma provocano imponenti sensi di colpa proiettati e persecuzione. La società stessa o i suoi capi vengono sentiti non solo cattivi e inadeguati, ma persecutori senza possibilità di miglioramento. Le tendenze paranoidi ne sono rafforzate e si esprimono sotto forma di scissioni politiche, pregiudizi, xenofobia e, in momenti di affievolimento del senso sociale, di sommosse e caos>> (pp.205-206). In "Ansie psicotiche e senso di giustizia" i meccanismi psicologici del nutrire la doglianza e del bisogno inconscio di caos esterno vengono considerate le forze psicologiche che <<ostacolano e distorcono l'azione dell'equità nella

vita sociale>> (p.222). E così prosegue Jaques:<<L'autogiustificazione annega la giustizia. Si può anche dire, al contrario, che equità e giustizia vengono percepite come minaccianti il ricorso alla negazione tramite l'autogiustificazione usata difensivamente contro le ansie persecutorie e depressive>> (p.222). In "La psicoanalisi e l'attuale crisi economica" l'autore parla del fatto che una <<grande negazione (che costituisce una specie di psicopatologia su scala nazionale, un processo psicotico di massa a cui tutti inconsciamente partecipiamo) inibisca la possibilità di riconoscere scientificamente questa realtà circa le relazioni di lavoro e le motivazioni dell'individuo>> (p.228). Jaques si riferisce al fatto, cioè, <<che ciascuno di noi sappia inconsciamente non solo il vero livello delle sue capacità di lavoro, ma anche fino a che punto gli vengono affidate responsabilità proporzionate alle capacità, nonché quale sia la retribuzione corrispondente alle suddette responsabilità (...)>> (p.228). Attraverso collusioni inconsce nelle relazioni di gruppo noi introduciamo nelle relazioni di gruppo quelle parti non desiderate della nostra vita inconscia individuale, per cui <<gli aspetti della realtà vengono negati da tutti, per cui la risultante confusione permette a dirigenti e lavoratori (...) di vedersi reciprocamente come persecutori e perseguitati, colpevoli e vittime>> (p.237). Nelle conclusioni, l'autore ribadisce, tra l'altro, che solo riconoscendo tali collusioni sociali inconsce di massa possiamo prevenire il crescere degli stati psicotici, <<stati che ben presto reclamano i propri leader psicotici>> (p.242). Infine, in "Contributo a una discussione su 'Psicologia delle masse e analisi dell'Io' di Freud" nel parlare del gioco tra fattori della realtà del mercato e fattori di "irrealtà" nel fissare il prezzo di una data merce, Jaques afferma: <<le percezioni basate sull'irrealtà dipendono secondo me principalmente dal gioco che ha l'onnipotenza inconscia, cioè dalla fantasia secondo cui qualunque cosa una persona crei debba essere buona e di valore. Qui c'è negazione, favorita da tutto il gruppo, del fatto che è perfettamente possibile creare articoli senza alcun valore e non desiderati dal pubblico. C'è un altro esempio dato da Freud: le ragazze e il loro idolo del cinema. Qui, negando la loro reciproca gelosia, esse tutte diventano uguali. In questo caso c'è, sostenuta da tutto il gruppo, la negazione delle reali differenze esistenti fra di loro>> (p.246). È evidente che, avendo i traduttori italiani, in tutti gli esempi che ho portato di questo libro di Jaques, utilizzato il termine "negazione", esso non si debba confondere con la *Verneinung* freudiana, ma esso si riallaccia al complesso concetto di "diniego" (*denial*) della Klein ed alla dialettica da lei introdotta tra il diniego della realtà esterna e quello della realtà psichica.

Nella psicoanalisi istituzionale francese i temi del diniego (*déni*) e della negazione sono stati affrontati da numerosi autori, basti ricordare la ricorrenza del termine *déni* in un classico come "Le psychanalyste sans divan" (Payot, 1970) curato da Racamier. Qui vorrei menzionare il contributo originale di René Kaës con il suo concetto di "patto denegativo". Esso lo troviamo menzionato nell'ambito delle alleanze inconsce intersoggettive[28] (organizzatori metapsichici della strutturazione dello psichismo) che l'autore distingue in strutturanti (primarie: *alleanze di accordatura primaria, di piacere-dispiacere condiviso, d'illusione creatrice, narcisistiche, d'amore* e *di odio,* e secondarie: il patto fraterno, il contratto di rinuncia alla realizzazione diretta delle mete pulsionali, il contratto con la funzione paterna, il contratto narcisistico) che contengono i principi organizzatori dello psichismo, (meta)difensive (il patto denegativo, il diniego in comune, il contratto perverso, e le alleanze denegatrici) ed offensive (l'alleanza psicopatica, la gang, la banda, o la setta)[29]. Tra le difensive, l'autore comprende, appunto, il patto denegativo, ma anche dei derivati alienanti e patologici, come la comunità del diniego ed il contratto perverso. Kaës propone questa definizione per le alleanze inconsce: sono <<delle formazioni psichiche comuni e condivise che si annodano alla congiunzione dei rapporti inconsci che intrattengono i soggetti di un legame tra loro e con l'insieme al quale sono legati essendone parte interessata e parte costitutiva>> (Kaës, "Le alleanze inconsce", 2010, p.57). Esse assicurano un interesse comune attraverso un'azione comune, perseguendo un obbiettivo preciso, in particolare sotto forma di difese per trattare certe forme del negativo, che ciascuno dei contraenti non potrebbe per conto suo raggiungere isolatamente. Il diniego-disconoscimento costituisce insieme alla forclusione-rigetto uno dei due grandi tipi di operazioni difensive costitutive delle alleanze inconsce, insieme alla rimozione, anzi ne definiscono la specificità della loro appartenenza al campo analitico, permettendone la differenziazione da alleanze di pertinenza extra-analitica (si veda l'antropologia sociale, il diritto, la religione, ecc.)[30]. Il negare, nelle sue varie declinazioni (negazione, diniego o rigetto) diventa quindi, per Kaës, fondativo di una definizione psicoanalitica del concetto di alleanza inconscia[31]. L'introduzione del negativo ha trasformato la clinica psicoanalitica del gruppo, in quanto questo non può più essere considerato unicamente il luogo della realizzazione di desideri inconsci individuali, <<(vedi Anzieu: il gruppo è un sogno), ma diventa luogo di attuazione "di sogni, di desideri non realizzati" di altri>> (Kaës R., "Le alleanze inconsce", 2010). Il negativo, quindi, <<non è solo ciò che manca e che per questo segna il legame con il sigillo dell'impossibile, ma anche ciò che deve essere rigettato, cancellato (...). Per realizzare questa operazione è necessario il concorso dell'altro, di più-di-un-altro>> (ibidem). Ci troviamo quindi qui in contatto con uno dei benefici fondamentali che la mente individuale ricava dall'appartenere ad un gruppo: scacciare via, inconsciamente, ciò che è penoso, o disdicevole, o comunque incompatibile con l'ideale dell'Io. È questa terza topica, quella della dimensione intersoggettiva[32], che coopera alla formazione dell'inconscio, a consentire di far emergere in un luogo "ectopico" o "extratopico" queste formazioni inconsce basate sul diniego e sulla negazione, le alleanze inconsce, allo scopo di trattare il negativo, e cioè l'odio, la distruzione, la morte, l'impensabile[33]. Le alleanze inconsce uniscono ed escludono. Escludono dallo spazio interno: affinché il legame si costituisca, rappresentazioni, pensieri o affetti devono essere rimossi, altri negati, rigettati o cancellati, relegati in quelle "cripte" extratopiche di cui hanno parlato Abraham e Torok ("La scorza e il nocciolo", Borla, 1993). Ipotizzare una terza topica, come fa Kaës, <<quella dello spazio psichico comune e condiviso>>

(p.27) ci espone ad una questione molto impegnativa: <<come si costituiscono e come si articolano queste topiche se, sotto l'effetto della rimozione, del diniego o del rigetto, alcuni contenuti psichici dei soggetti del legame sono esportati o depositati nello spazio del legame?>> ("Le alleanze inconsce", 2010, p. 28). La risposta è complicata dal fatto che le alleanze inconsce sono delle invarianti antropologiche: <<le loro forme, le parole che le designano, le loro finalità, si declinano differentemente a seconda delle culture, della storia, delle società e delle configurazioni di legami>>[34] (p.32). Ma sono anche un'invariante in quanto sono sensibili alle trasformazioni sociali e culturali: <<sono sensibili>>(...) <<ai movimenti profondi della società e, più ancora, alle sue rotture brutali>> (p.28). L'attuale fiorire di negazionismi può essere allora un segno di certe mutazioni della società e della cultura, o meglio, per dirla con Kaës, di quei garanti metasociali[35], di quelle <<grandi strutture di inquadramento e di regolazione della vita sociale e culturale>> (p.36, 2010), per cui viviamo il fallimento delle grandi matrici di simbolizzazione (la cultura, la religione, l'arte, ecc.)? Direi, però, che il negazionismo, espressione di alleanze inconsce, patogene ed alienanti, ha bisogno di un qualcosa in più per potersi strutturare: il confronto con una catastrofe della cultura umana, della civiltà, nel senso freudiano, della *Kulturarbeit*. Il negazionismo costituisce <<una risposta a una situazione catastrofica che fissa e congela, senza trasformazione, le componenti traumatiche associate alla catastrofe>> (Kaës, "Le alleanze inconsce", 2010, p.53). E di fronte alla catastrofe del "lavoro della civilizzazione" il negazionista reagisce con il suo credo ideologico e paranoico a queste questioni insormontabili:<<come identificarsi a ciò che diventa la comunità umana quando sopraggiunge questo disastro? E come giustificarlo?>> (Kaës, ibidem, p.54). I negazionisti devono al contempo denegare l'identificazione impensabile con questa ideologia di sterminio di massa, minimizzare la distruzione impensabile ed addossare alle sole vittime tutta la responsabilità storica e morale della falsificazione storica. "No, non posso odiare fino a tal punto" sembrano dire a se stessi "sono gli altri che odiano e che, di conseguenza, meritano il castigo". Ancora una volta è all'opera la "logica del paiolo bucato"[36].

Rispetto alle alleanze inconsce, naturalmente queste possono essere anche non sincroniche (coinvolgendo solo i contemporanei), ma anche diacroniche, e quindi assicurando una trasmissione di "oggetti" (incluso silenzi, omertà) tra diverse generazioni. È anche vero, però, che il legame e le alleanze inconsce attuali e sincroniche fissano o trasformano i contenuti inconsci trasmessi attraverso le alleanze inconsce diacroniche e transgenerazionali. <<Oggi possiamo cominciare a comprendere come si effettua – o non si effettua – la trasmissione dei movimenti di vita e di morte tra le generazioni. Cominciamo a comprendere, a livello del soggetto, della famiglia, del gruppo e delle società, gli effetti di ciò che è rimasto inelaborato nel processo di trasmissione, come degli oggetti enigmatici e dei silenzi si sono trasmessi in occasione di dinieghi collettivi o di rotture del contratto narcisistico>> (Kaës, "Le alleanze inconsce, 2010, p.100).

LA NEGAZIONE NELL'INFANT RESEARCH

Prima di accennare agli studi che si situano sulla linea di intersezione tra psicoanalisi ed "infant research", vorrei menzionare il lavoro di Bonnie Litowitz, per la prima volta tradotto in italiano all'interno di questo libro, il quale ha inteso riformulare, seguendo la psicolinguistica dello sviluppo, quei <<precursori evolutivi per i giudizi>> che Freud, nel suo lavoro sulla *Negazione* del 1925, <<affermava fossero inerenti alle affermazioni negative proferite dai suoi pazienti>>. L'autore intende presentare <<delle evidenze per una sequenza evolutiva di tipologie di negazione, tra le quali Freud non operò alcuna distinzione>> ed esplorare delle tipologie di negazione, più precoci della *Verneinung* freudiana. Queste sono il rigetto ed il rifiuto che vengono padroneggiati alla fine del primo anno di vita, mentre la negazione (nel senso del "no" e della capacità di negare un'enunciazione) lo è solo alla fine del secondo anno di vita, dato che è unicamente dipendente dalle capacità verbali, ossia la negazione (*Verneinung*) può essere espressa solo verbalmente (al contrario del rigetto e del rifiuto che possono anche espressi in modo non verbale, ad es. attraverso i gesti). È apprezzabile lo sforzo di Litowitz di dimostrare come, alla luce delle acquisizioni della psicolinguistica dello sviluppo, la distinzione tripartita di Freud tra *Verneinung*, *Verleugnung* e *Verwerfung* venga sostanzialmente confermata, essendo sovrapponibile la seconda al "rifiuto" (refusal) e la terza al "rigetto" (reject).

Passando ora a parlare degli autori che più propriamente si rifanno all'"infant research", partendo da una prospettiva intersoggettiva, essi hanno finora, a mio parere, ben poco trattato delle forme di negazione e ancor meno articolato loro sia con la distinzione tripartita di Freud sia con gli apporti della psicolinguistica dello sviluppo (si veda oltre nello scritto di Litowitz). D'altronde questi teorici partono da premesse, sia in ambito epistemologico sia della pratica clinica, ben diverse da quelle della psicoanalisi classica (per una disamina si veda Beebe B. e Lachmann F.M., *Infant research e trattamento degli adulti*, Cortina, 2003, ma anche in *Psychoanalysis and Infant Research* di Joseph D. Lichtenberg, Routledge, 1991, trad. it. Astrolabio, 1988). Significativamente questi autori non si occupano della negazione (negation), in quanto l'*infant research* illumina la psicoanalisi rispetto allo sviluppo pre-linguistico del bambino, e quindi troveremo in questi autori l'utilizzo soprattutto del termine *denial*, talora di *disavowal*, ma con un significato completamente diverso da quello freudiano, in quanto applicato ad un approccio sistemico-diadico (Beebe e Lachmann, op. cit., 2003). Lichtenberg (op. cit., 1991) nel quarto capitolo tratta dei mezzi disponibili nel primo anno di vita per fronteggiare gli stimoli distonici e per questi (riflesso di Moro, pianto, il ritirarsi nel sonno, lo spingere attivamente qualcosa via da sé, l'abituazione, il distogliere lo sguardo, e segnali che indicano il "no") si pone la domanda: <<sono queste operazioni che si verificano al livello biologico-neurofisiologico-comportamentale di organizzazione, i soli mezzi disponibili nel primo anno di vita? Oppure, come si è in genere ipotizzato, i meccanismi di difesa sono anch'essi una parte delle capacità funzionali del bambino? Tale questione riguarda specialmente quei

meccanismi di difesa a sviluppo precoce come il diniego (denial), la proiezione, l'introiezione, l'incorporazione e la scissione>> (Lichtenberg, 1991, op. cit., p. 81). Secondo Lichtenberg, <<(...) finché il lattante non può essere pensato come funzionante in modo definitivo su un livello simbolico, è più appropriato parlare di misure difensive biologico-neurofisiologico-comportamentali e di guardare i *meccanismi* di difesa come componenti del generale avanzamento verso un mondo psichico simbolico-rappresentazionale. In altre parole, la concezione dei meccanismi di difesa e di un'organizzazione difensiva non può essere studiata isolandola dai problemi irrisolti della rappresentazione psichica del sé e degli oggetti e del vasto sviluppo delle organizzazioni della regolazione percettivo-cognitiva-affettiva ad un livello simbolico>> (p. 83). Per contro nel libro di Lichtenberg non troviamo mai la parola *negation* né *disavowal*, sebbene solo una volta egli adoperi il verbo *to disavow* riferendosi al commento sul sogno di un paziente in analisi. Eppure, il mancato riconoscimento (disavow) dello stress del lattante da parte della madre è stato studiato da questi autori, si pensi soprattutto alla Beebe.

LA NEGAZIONE NELLE NEUROSCIENZE

Il 5° Congresso di Neuro-Psicoanalisi, tenutosi a Roma dal 2 al 5 settembre 2004, aveva come titolo, significativamente, "Splitting, denial and narcissism: neuro-psychoanalytic perspectives on the right hemisphere". In quel convegno ha assunto assoluta centralità l'equiparazione tra diniego (denial) e asomatoagnosia, una sorta di revival della stessa equiparazione che molti anni prima aveva operato Laforgue (1928), identificando il diniego con la scotomizzazione. Alcuni partecipanti al convegno, come M. Solms e Todd Feinberg, lavorano con pazienti affetti da esiti neurologici di ictus cerebro-vascolari, come la asomatoagnosia, che costituisce un sintomo-ponte, secondo tali autori, tra concetti derivanti dalla neurologia e concetti (come il diniego) di derivazione psicoanalitica. Nonostante una forzatura epistemologica notevole, che è alla base di questa equiparazione – che non va confusa con un più rispettoso atteggiamento di dialogo tra psicoanalisi e neuroscienze (si vedano le opere di Mauro Mancia) - ci sembra interessante proporre il pensiero di questi autori, premettendo una cautela epistemologica. Il diniego e l'asomatoagnosia possono essere concetti che, derivanti da ambiti disciplinari allo stato attuale incommensurabili, possono essere accostati – valutando attentamente la capacità euristica di entrambi i concetti di fecondare l'un l'altro -, ma non vanno equiparati *tout court*. Todd Feinberg dell'"A. Einstein College of Medicine" di New York, in quel congresso ha svolto il tema "*Right hemisphere pathology and the self: Asomatognosia, confabulation and delusional misidentification*". Mostrando dei video che ritraevano pazienti affetti da lesioni cerebrali (prevalentemente esiti di "strokes"), l'autore ha dapprima tentato una classificazione e definizione dell'asomatoagnosia, delle confabulazioni e dei falsi riconoscimenti deliranti, illustrando la sindrome di Capgras (rispetto alla persona, rispetto alla casa, rispetto ai propri effetti e documenti personali), la sindrome di Fregoli, la "*phantom child syndrome*", sindromi che egli ha potuto riscontrare nei pazienti mostrati in video. In termini di interpretazione dei sintomi, l'autore ha poi ipotizzato il ruolo del diniego nella loro genesi. In tutte queste sindromi con falsi riconoscimenti deliranti l'autore ha trovato, nella propria casistica, una maggiore frequenza di lesioni all'emisfero destro anziché al sinistro. Afferma Feinberg, interpretando questo dato, che <<*the right damage creates a disturbance in Ego functions that disrupts the normal mediation between the Self and the world*>>. In seguito ad una domanda dal posto di un partecipante che chiedeva se queste costruzioni deliranti avessero alla base un aspetto motivazionale nel senso che il paziente desidera modificare, anche stravolgendola, la propria percezione di sé e del mondo affinché il mondo sia per lui più piacevole, Feinberg rispose che a suo parere non tutte le confabulazioni hanno un "bias" motivazionale, un bias positivo: infatti, ci sono pazienti che dicono che sono stati ricoverati in ospedale perchè sono stati vittima di un'esplosione (anzichè dire che hanno subito uno "stroke"), e non si può pensare che dicano ciò desiderando di aver subito un'esplosione ambientale. Né, d'altronde, per Feinberg questi sintomi deliranti si possono spiegare solo con una menomazione cognitiva, ma dobbiamo considerare la personalità premorbosa del paziente (ruolo dei meccanismi di difesa).

Mark Solms nello stesso congresso presentò una relazione dal titolo "*Psychoanalytic observations on anosognosia*". L'autore a Londra si occupa di trattamento psicoanalitico di pazienti che a seguito di lesioni cerebrali hanno sviluppato anosognosia. Nel suo intervento Solms espose cinque casi, partendo dai quali cercò di interpretarne la sintomatologia ricorrendo ai concetti psicoanalitici freudiani, in specie quelli di diniego, di narcisismo, e di elaborazione normale e patologica del lutto. Ma prima di esporre la casistica, Solms si soffermò sulle lesioni dell'emisfero destro, in particolare del lobo frontale che possono dare i seguenti sintomi: 1) disturbi della percezione spaziale; 2) disturbi della sfera emotiva e dell'espressione facciale; 3) 'neglect'; 4) anosognosia; 5) misoplegia (atteggiamento emotivo di odio 'ossessivo' per la parte del corpo menomata). In particolare, è interessante che la stessa area lesionale, frontale destra, possa dare anosognosia (meccanismo sottostante: diniego) oppure misoplegia (odio ossessivo). È quindi necessario, si chiedeva Solms, ammettere un fattore dinamico per spiegare come mai una stessa area lesionale possa dare sintomi di segno opposto?

Quindi l'autore passò in rassegna le principali teorie sulla specializzazione emisferica. La prima ipotizza che l'emisfero destro si specializzi nel riconoscimento spaziale, mentre il sinistro nel linguaggio. Una seconda teoria integra la prima, affermando che l'emisfero destro si specializza nei processi attentivi (in particolare l'insula di destra), e quindi quando l'emisfero destro viene danneggiato si produrrebbe il 'neglect'. Ma queste due teorie hanno un limite: non spiegano gli aspetti emotivi e motivazionali. Una terza teoria, quella di Davidson, concepirebbe l'emisfero destro come quello specializzato nelle emozioni 'negative'. Una quarta teoria è quella di Ramachandran ed ammette che l'emisfero destro si specializzerebbe nella identificazione delle discrepanze, per cui le incongruenze anche cognitive vengono regolate da questo emisfero. In questo modo verrebbe spiegato il perchè lesioni dell'emisfero destro, anzichè del sinistro, producano anosognosia e confabulazione. Ed infine una quinta teoria, quella semantica di Damasio, ammette che l'emisfero destro non è solo importante per il riconoscimento della parte sinistra del corpo, ma anche per la percezione di tutte le caratteristiche spaziali del corpo in rapporto al mondo esterno. Per Solms tanto nell'anosognosia che nella misoplegia (che possono anche alternarsi tra di loro nello stesso paziente) vi è una ridefinizione dei confini del proprio corpo (ad es. il paziente si chiede 'il braccio fa parte o no del mio corpo?', e questo interrogativo è vissuto con ambivalenza), dei confini del Sé che sono acquisiti nel corso dello sviluppo e che avrebbero la loro sede neuroanatomica nell'emisfero destro. L'ipotesi di Solms è che un danno a tale emisfero determinerebbe una regressione narcisistica del paziente, per cui ci sarebbe un ritiro narcisistico dei confini del Sé, per cui il braccio, ad es., il paziente non lo sente più come proprio, ma come un corpo estraneo, su cui ha proiettato tutta la sua distruttività, parte del corpo che può essere morsa o amputata perchè non fa più parte del Sé. Ma dove sta il narcisismo in tale dinamica? Rifacendosi a "Lutto e melanconia" di Freud, Solms ipotizza che questi pazienti, per difendersi contro la perdita (ad es. della mobilità di un arto), contro il sentimento di vulnerabilità e di dipendenza, utilizzando meccanismi di introiezione e proiezione analoghi a quelli della situazione di lutto patologico, regrediscano ad un'organizzazione narcisistica (diniego della perdita) al fine di preservare il resto del corpo (quello non menomato) dalla perdita dell'immagine ideale del Sé. Così il braccio paralizzato diventa cattivo, e viene espulso, rimosso, perciò non esiste come parte del Sé, appartiene ad un altro individuo, o al contrario il paziente ritiene che sia perfettamente funzionante, come prima dello "stroke". Tuttavia Solms ammette che questa sua teoria così articolata e complessa non è stata ancora testata e messa alla prova. Questa ammissione di onestà intellettuale fatta da colui che ha fondato la rivista di Neuro-Psicoanalisi ci sembra degna di nota nel chiarire il rischio di errori epistemologici che possono nascere dall'"unificare" il campo della psicoanalisi con quello delle neuroscienze, o forse meglio sarebbe dire dall'"annettere" la psicoanalisi al dominio delle neuroscienze. Nel suo intervento, già citato, al congresso di neuro-psicoanalisi, Petterlini riassumeva in modo davvero efficace la questione cruciale: quando si pensa di collocare su basi più solide la psicoanalisi, significa andare oltre i limiti di una correlazione fino a porre una forma più o meno mascherata di causalità (dal neuro- alla psico-analisi) oppure si tratta di due lingue diverse il cui confronto reciproco non tocchi la solidità dell'uno (neuroscienze) o dell'altro (psicoanalisi) campo?

CONCLUSIONI: IL PARADOSSO DEL NEGARE

Quello che ci sembra una caratteristica imprescindibile del concetto psicoanalitico della negazione, e che ancora le neuroscienze non riescono ad "afferrare", è l'"ineliminabile paradosso" ad essa correlato. Anzi, si potrebbe dire, con Stanley Cohen, che <<il concetto di diniego ha un qualche significato solo nel caso che esista, o si sospetti, questo stato contraddittorio>>(Cohen, 2002, p.54). In "Feticismo" (1927) Freud descrive due ragazzi che negano la morte del padre: ma la mancanza di riconoscimento di essa coesisteva con un'altra tendenza, che prendeva atto del fatto. Il lavoro di Freud sul feticismo introdusse la nozione di un nesso tra diniego e scissione dell'Io, che riproporrà, come abbiamo visto, fino alle sue opere più tarde, "Compendio di psicoanalisi" (1938) e "La scissione dell'Io nel processo di difesa" (1938)[37]. Il feticista nega la percezione della mancanza del pene femminile e, al contempo, *riconosce* tale assenza e l'ansia che questo comporta. La negazione è sempre integrata dal riconoscimento per Freud[38]. Allora come possiamo rispondere alla domanda che ci siamo posti all'inizio: è possibile pensare il paradosso del "diniego della memoria"? E la negazione non coesiste sempre con il riconoscimento, anziché essere il suo opposto logico? E se usciamo dal setting strettamente analitico, come pensare questa embricazione tra diniego e riconoscimento? Se il terapeuta sa (se il paziente veramente sa o sapeva ciò che viene negato), perché "vede" i sintomi, i sogni, i *lapsus* e gli agiti del paziente, nelle istituzioni oppure in un gruppo di vittime o di testimoni di una violenza collettiva, <<come faccio a sapere che loro "devono" aver visto quel che pretendono di non aver visto?>>[39]. Qui non è il caso di appellarsi al "contratto col testimone", per cui non bisogna mai metacomunicare su quello che egli dice, valido in altri ambiti come quello della storiografia. E, ancora, secondo paradosso: <<perché, allora, è un "paradosso" che il diniego ci dia sollievo da un'angoscia immediata, ma noi si debba "rinunciare" al suo conforto per rimanere vigili contro i pericoli a lungo termine?>>[40].

Edipo è il più grande denegatore della storia[41], forse il primo negazionista. La brillante rilettura del suo mito da parte di John Steiner[42] risulta illuminante per queste intricate questioni. Forse è possibile che attraverso questo altalenare tra bisogno inconscio di non sapere, spinte, anche attraverso i sintomi, al far emergere ciò che è inquietante, ripresa di resistenze e nuove emergenze, abbia in fondo in fondo ragione Bollas quando scrive che <<ognuno di noi è consapevole in se stesso dei meccanismi del diniego, del nostro bisogno di essere innocenti di un inquietante riconoscimento>>[43].

Note dell'Autore:

1 Cfr. la voce "Trasformazione" curata da Fernando Riolo di "Psiche. Dizionario storico di psicologia, psichiatria, psicoanalisi, neuroscienze", Einaudi, Torino 2007.

2 <<Il Sé rifiuta l'idea insopportabile insieme al suo affetto associato e si comporta come se l'idea non fosse assolutamente mai venuta in mente alla persona>> (Freud S., *Le neuropsicosi da difesa*, in *Opere*, vol.2, Boringhieri, Torino 1968).

3 Laplanche J., Pontalis J.-B., *Vocabulaire de la psychanalyse*, Presses Universitaires de France, Paris 1967 (trad.it. Laterza, Roma-Bari 1968, p.123).

4 <<Sappiamo come i bambini (cioè i maschi) reagiscono alle loro prime impressioni dell'assenza del pene. Negano questa mancanza e credono di vedere nonostante tutto un membro>> (Freud S., *L'organizzazione genitale infantile*, in *Opere*, vol.9, Boringhieri, Torino 1977).

5 In *Opere*, vol.10, Boringhieri, Torino 1978.

6 <<Il destino della bambina è quello di trasformare quell'improvvisa scoperta in invidia – che lei non possiede questo grosso, visibile, ed ovviamente superiore, organo. A differenza del bambino che nega immediatamente, "o non vede niente", la bambina assegnerà importanza psichica alla sua scoperta solo molto più tardi. Ma anche sul momento si comporta in modo diverso. In una frazione di secondo esprime un giudizio:"Lo ha visto, sa di non averlo e vuole averlo" (Freud, 1925). Freud ci dice che questa speranza di ottenere un pene e il desiderio, malgrado tutto, di diventare un uomo può perdurare fino ad un'età incredibilmente avanzata e può diventare il motivo di azioni strane ed altrimenti inspiegabili. "O, ancora, può intervenire un processo che vorrei chiamare 'diniego', un processo che non sembra essere né raro né molto pericoloso nella vita psichica dei bambini, ma che nell'adulto sarebbe il punto di partenza di una psicosi" (Freud, 1925). "Così – continua Freud – una bambina può rifiutare di affrontare la realtà della castrazione, può irrigidirsi nella convinzione che *possiede* un pene e può successivamente sentirsi costretta a comportarsi come se fosse un uomo" (Freud, 1925)>> (Cohen S., *Stati di negazione*, 2002, p.52).

7 Freud S., *Feticismo*, in *Opere*, vol.10, Boringhieri, Torino 1978. Questo è anche il motivo per cui Freud respinge il modello della scotomizzazione per spiegare il diniego (si veda oltre).

8 <<*Verleugnung* (…) si riferisce all'idea; *Verdraengung*, che significa "rimozione", deve essere riservato all'affetto>> (Cohen S., *Stati di negazione*, 2002, p.53).

9 Laforgue R., "Überlegungen zum Begriff der Verdrängung", *Internationale Zeitschrift für Psychoanalyse*, vol. XIV, 1928, p. 371 sg..

10 Conrotto F., voce "Negazione" di "Psiche. Dizionario storico di psicologia, psichiatria, psicoanalisi, neuroscienze", Einaudi, Torino 2007.

11 Trunnel E. Eugene, Holt E. William, "The concept of denial or disavowal", in *Journal of the American Psychoanalytic Association*, 22, 1974, p. 771 (citato da Cohen S., *Stati di negazione*, 2002, p.54).

12 Interessanti sono i rimandi fatti da Anna Freud ad una serie di opere oggi difficilmente accessibili sul tema della negazione: di Helene Deutsch menziona "Zur Psychologie der manisch-depressiven Zustände, inbesondere der chronischen Hypomanie", in *Internationale Zeitschrift für Psychoanalyse*, vol. XIX, 1933, p. 371, e Bertram Lewin "Analyse und Struktur einer passageren Hypomanie", in *Internationale Zeitschrift für Psychoanalyse*, vol XX, 1934, p. 83, come anche di Anny Angel „Einige Bemerkungen über den Optimismus", nella stessa rivista, vol. XX, p. 1934... significativamente „negando" qualsiasi contributo su questo tema da parte di Melanie Klein!

13 In una nota di questo stesso scritto "I principi psicologici dell'analisi infantile" (1926) così scrive la Klein: <<In numerose analisi di bambini ho riscontrato che nelle femmine la scelta del padre come oggetto d'amore consegue allo svezzamento. Questa privazione, seguita dall'educazione al controllo degli sfinteri (un processo che rappresenta per la bimba una nuova e dolorosa sottrazione d'amore), allenta il legame con la madre e attiva l'attrazione eterosessuale. Quale oggetto d'amore, inoltre, il padre assolve in primo luogo a fini di soddisfacimento orale. Nel lavoro [inedito] che lessi al Congresso di Salisburgo nell'aprile del 1924 ho fornito vari esempi che dimostrano come i bambini concepiscano e desiderino inizialmente il coito come atto orale. Nei *maschi*, credo che l'azione di queste privazioni sullo

sviluppo del complesso edipico sia a un tempo inibitoria e agevolatrice. L'azione *inibitoria* si osserva nel fatto che il bambino ricade, in seguito, nella situazione traumatica propria di tali privazioni ogni volta che cerca di sottrarsi alla fissazione alla madre, e ciò rafforza il suo atteggiamento edipico invertito (…)>> (Klein M., ibidem, p. 151).

14 <<Dick si era tagliato fuori (*cut off*) dalla realtà e aveva bloccato la vita di fantasia quando l'aveva arrestata rifugiandosi nell'unica fantasia del corpo buio e vuoto della madre. In tal modo egli era riuscito a distaccare il suo interesse anche dai vari oggetti del mondo esterno, che rappresentavano i contenuti del corpo materno: il pene del padre, le feci, i bambini. Il suo stesso pene, in quanto organo strumentale del sadismo, e i suoi escrementi erano stati quindi eliminati (negati [*denied*]) nella misura in cui erano simboli di oggetti pericolosi e aggressivi>> (Klein, M., "Formazione dei simboli nello sviluppo dell'Io", p. 258).

5 Per la prima volta si parla di "posizioni" (depressiva e paranoica) in modo consapevolmente contrapposto a "stadi" o "fasi", e per la prima volta pone un nesso genetico tra le due posizioni (<<lo stato depressivo ha per base lo stato paranoide, e ne deriva geneticamente>>, p. 311), fanno il loro esordio le due polarità (introiezione/proiezione, oggetto buono/cattivo) e assistiamo, in nuce, al concetto di "seno buono/cattivo" come precursore dell'oggetto buono/cattivo. Anche la dialettica oggetto parziale/totale si chiarifica in questo scritto e la riparazione per la prima volta viene con una tale enfasi messa al servizio della salvaguardia degli oggetti buoni. Anche l'idealizzazione, seppure non ancora denominata così, fa il suo ingresso come meccanismo in grado di tenere ben separati e distinti l'oggetto buono e l'oggetto cattivo.

6 Corsivo della Klein.

7 Corsivo della Klein.

8 Corsivo della Klein.

9 Corsivo della Klein.

20 Corsivo della Klein.

2 <<Senza un diniego (denial) parziale e temporaneo della realtà psichica l'Io non potrebbe sopportare la catastrofe dalla quale si sente minacciato quando la posizione depressiva giunge al culmine>> (p.332). Come anche troviamo una precisazione del rapporto tra diniego e disprezzo:<<L'ipomaniaco non può fare a meno di denegare (deny) il suo impulso a fare restauri più ampi e più minuziosi perché deve denegare (deny) la ragione originaria del restauro, e cioè il danno arrecato all'oggetto nonché le sofferenze e il senso di colpa che ne sono conseguiti>> (p.335).

22 Da precisare che in tutto il libro il ternine "negation" non compare nessuna volta, mentre il verbo "disavow" compare una sola volta ma non nel senso adoperato nella Standard Edition.

23 <<Ai più è stato detto che io avrei "diretto" il gruppo; qualcuno dice che godo fama di saperne molto sui gruppi; qualcuno ritiene che dovrei dire che cosa ci accingiamo a fare; qualcuno ha pensato che si trattasse di qualcosa come un seminario o una conferenza>> (p.36 dell'ediz.Armando).

24 La "mentalità del gruppo" viene distinta più avanti dalla cultura del gruppo": <<In altri termini, è in quest'area, che per il momento ho definito "mentalità di gruppo", che propongo di cercare le cause per cui il gruppo non riesce a offrire all'individuo la possibilità di una vita più completa. Si può pensare che questa situazione sia paradossale e contraddittoria, ma non intendo fare alcun tentativo di risolvere queste contraddizioni proprio ora. Dò per scontato che il gruppo sia potenzialmente capace di assicurare all'individuo la gratificazione di un certo numero di bisogni della sua vita

mentale, che possono essere soddisfatti solo da un gruppo. (...) Ritengo che il potere del gruppo di soddisfare i bisogni dell'individuo sia ostacolato dalla mentalità di gruppo. Il gruppo affronta questo ostacolo elaborando una caratteristica cultura di gruppo. Uso l'espressione "cultura di gruppo" in modo molto estensivo: vi includo la struttura che il gruppo raggiunge nei vari momenti, le attività che svolge e l'organizzazione che adotta>> (p.62, ediz. Armando). Nel capitolo successivo tale distinzione viene ad essere meglio definita:<<Questo termine ("la mentalità di gruppo") viene da me usato per descrivere quella che penso sia l'espressione unanime del volere del gruppo, alla quale i singoli individui contribuiscono in maniera anonima. Ho detto di ritenere che questo fenomeno della vita mentale del gruppo provochi all'individuo delle difficoltà nel perseguimento dei suoi obiettivi. Il mio terzo e ultimo postulato è stato quello della "cultura di gruppo", termine che ho usato per descrivere quegli aspetti del comportamento del gruppo che sembrano nascere dal conflitto tra la mentalità di gruppo e i desideri del singolo>> (pp.67-68).

25<<Nel paragrafo precedente ho detto che i pazienti si univano al gruppo avendo in mente un presupposto (*preconception*) che serviva ottimamente come base di una struttura intesa ad aiutare il gruppo a mantenere il proprio comportamento vincolato ad un livello razionale. Questo presupposto è che il gruppo è formato da un medico e dai suoi pazienti>> (p.85).

26 <<(...) la coscienza umanistica appartiene a coloro – e solo a coloro – che sono relativamente immuni da pregiudizi e capaci di sentire che cosa c'è in loro. Essi superano tutti gli altri gruppi in quanto a *insight*, che, da un lato, attenua le loro irrazionali ansie persecutorie e, dall'altro, permette loro di sentir dolore se danneggiano o abbandonano ciò che amano. Così uno spostamento dal tipo di coscienza autoritaristica verso quella umanistica è l'effetto morale di qualunque progresso in quel genere di sapienza che consiste nell'*insight* o nella conoscenza di sé>> (p.147).

27 <<Il lavoro nella zona intermedia non è sicuro, la prestazione non è mai perfettamente valutata, la retribuzione è ingiusta, la possibilità di partecipazione minima>> (p.22). <<Il turbamento provocato da questa situazione di lavoro nella zona intermedia è duplice. In primo luogo esiste un senso di incertezza e insicurezza basato sulla realtà; in secondo luogo, c'è l'agitarsi di ansie psicotiche inconsce, residuo non risolto della situazione emotivamente perturbata della prima infanzia>> (p.22). E a proposito delle angosce della posizione schizo-paranoide infantile:<<L'ambivalenza viene risolta con la scissione. L'oggetto o viene vissuto come persecutorio, e quindi odiato, o come buono e quindi amato. Ma i due sentimenti rimangono separati. Naturalmente, il prezzo che si paga per la scissione è la perdita della realtà attraverso la negazione: negazione dei sentimenti opposti, cosicché odio e persecuzione non possono essere mitigati dall'amore>> (p.23).

28 <<Ho chiamato alleanza inconscia una formazione psichica intersoggettiva costruita dai soggetti di un legame per rinforzare in ciascuno di essi certi processi, certe funzioni, o certe strutture scaturite dalla rimozione, dal diniego o dalla negazione. Ciascuno di essi trae dall'alleanza un beneficio in modo tale che il legame che li unisce assume per la loro vita un valore decisivo. L'insieme così legato (il gruppo, la famiglia, la coppia) trac la sua realtà psichica dalle alleanze, dai contratti e dai patti che i suoi soggetti concludono e che il loro posto nell'insieme li obbliga a mantenere. L'idea di alleanza inconscia implica quella di un obbligo e di un assoggettamento. Le alleanze inconsce si inscrivono così in modo fondamentale nella formazione psichica del legame intersoggettivo: il concetto dell'intersoggettività può trovarvi la sua materia e la realtà psichica del legame la sua consistenza. Le alleanze inconsce producono i loro effetti al di là dei soggetti, delle circostanze e del momento che le hanno rese necessarie e che le hanno plasmate: esse sono l'agente e la materia della trasmissione della vita psichica tra generazioni e tra contemporanei. Le alleanze inconsce creano una parte dell'inconscio di ogni soggetto: ognuno di noi è soggetto dell'inconscio per effetto di tali alleanze>> (Kaës R., "Il disagio

del mondo moderno, i fondamenti della vita psichica ed il quadro metapsichico della sofferenza contemporanea" in *Id-entità mediterranee. Psicoanalisi e luoghi della memoria*, a cura di Giuseppe Leo, Edizioni Frenis Zero 2010, pp. 40-41). E più avanti:<< Che siano strutturanti, offensive o difensive, o che sfocino in intralci alienanti e psicopatologici, le alleanze inconsce sono il cemento della materia psichica che ci lega gli uni agli altri nello spazio psichico comune e condiviso dai membri di una famiglia, di una coppia, di un gruppo o di una istituzione. Esse preesistono al neonato ed esse si annodano e si riannodano con tutti i contemporanei. Le alleanze inconsce sono delle organizzazioni *metapsichiche*: esse contribuiscono alla strutturazione della psiche nella sua organizzazione narcisistica ed oggettuale, nelle sue modalità di realizzazione del desiderio, nelle sue formazioni difensive o alienanti. Esse sono sensibili alle strutture profonde della vita sociale e culturale. Le funzioni metapsichiche di queste alleanze fondamentali si trovano quando esse sono in crisi o risultano fallire>> (pp.41-42).

29 Le alleanze inconsce offensive <<suggellano l'accordo di un gruppo per portare a termine un attacco, un'impresa o esercitare una supremazia>> (Kaës R., ibidem, p.41).

30 <<(…) quali che siano le loro fondamenta, le loro funzioni e le loro finalità, le alleanze inconsce creano legami, tutti i legami intersoggettivi, trans-soggettivi e sociali, tanto quelli che legano tra loro le generazioni quanto quelli che legano tra loro i contemporanei. Ma li creano attraverso giochi e secondo modalità specifiche, differenti da quelli che organizzano le alleanze alle quali s'interessano l'antropologia sociale, la religione, la filosofia politica o il diritto. Il concetto di alleanza inconscia si specifica per un suo campo specifico: questo descrive come, e secondo quali processi, le alleanze interne e le alleanze nel legame si annodano in modo tale che alcuni dei loro contenuti e alcuni dei loro oggetti, alcune delle loro mete e alcune delle loro poste in gioco, divengano e restino inconsci per i soggetti legati in quell'alleanza>> (Kaës R., "Le alleanze inconsce", Borla, 2010).

3 Si veda anche a p.6 la prefazione di Massimiliano Sommantico del libro di Kaës "Le alleanze inconsce" (Kaës, Borla, 2010).

32 La terza topica attiene alle <<condizioni intersoggettive della formazione dell'inconscio e del soggetto dell'inconscio>> (Kaës R., "Le alleanze inconsce", 2010).

33 Scrive Kaës (ibidem, p.129): <<Con l'evolvere delle mie ricerche, il negativo mi è apparso come una delle componenti costanti delle alleanze inconsce>>. Naturalmente il narcisismo si oppone al <<pensare che il legame si fondi su del negativo>> (p.130, ibidem). Kaës distingue tre forme di negativo: la negatività d'obbligo, quella relativa e quella radicale. Per una disamina delle differenze tra questi concetti, si rimanda al già citato libro "Le alleanze inconsce" (Borla, 2010).

34 Ma, continua Kaës, <<tutte hanno in comune, che siano al cuore del religioso, del politico e del sociale, della coppia, del gruppo o della famiglia, e al di là delle formulazioni manifeste, la produzione di zone d'ignoto, d'incertezza, di oscurità>> (p.32).

35 Kaës ha ripreso il concetto di "garanti metasociali" dal sociologo A. Touraine (1965) <<per rendere conto delle cornici che legittimano, in ultima istanza, i patti, i contratti, i giuramenti e le alleanze attraverso i quali si mantengono e si legittimano i legami sociali e le loro organizzazioni>> (Kaës, "Le alleanze inconsce", 2010, p.51).

36 Si veda, come già accennato, la storiella del paiolo bucato menzionata da Freud ne *L'interpretazione dei sogni* (1900) e ripresa da P.A. Rovatti nel libro *Il paiolo bucato. La nostra condizione paradossale*, Cortina, 1998.

37 In *Opere,* vol.11, Boringhieri, Torino 1979.

38 <<Essi persistono fianco a fianco per tutta la loro vita, senza influenzarsi reciprocamente. Ecco cosa può essere correttamente

definito una scissione dell'Io>> (Freud S., *Compendio di psicoanalisi*, in *Opere*, vol.11, Boringhieri, Torino 1979).

39 Cohen S., *Stati di negazione*, Carocci, Roma 2002, p.55.

40 Cohen S., *Stati di negazione*, Carocci, 2002, p.58.

4 Cohen S., *Stati di negazione*, Carocci, 2002, p.59.

42 Steiner J., *Turning a blind eye: the cover up for Oedipus,* in *International Journal of Psychoanalysis*, 12, 1985, p.163.

43 Bollas Ch., *Being a character. Psychoanalysis and self experience*, Routledge, London 1993, p.167 (trad.it. *Essere un carattere. Psicoanalisi ed esperienza del* sé, Borla, Roma 1995).

UNA LINEA DI SVILUPPO AMPLIATA PER LA NEGAZIONE: RIGETTO, RIFIUTO, DINIEGO

di Bonnie E. Litowitz

Nel suo articolo del 1925 sulla negazione Freud presentò dei precursori evolutivi per i giudizi che egli affermava fossero inerenti alle affcrmazioni negative proferite dai suoi pazienti. Freud comprese queste affermazioni negative come dei mezzi per mezzo dei quali i desideri inconsci potevano evitare la rimozione. In questo lavoro suggerisco che quci precursori evolutivi, come Freud li delineò, sono troppo generali ma anche troppo schematici, e che non c'è nulla nella spiegazione di Freud che tenga conto in modo specifico del modo in cui si sviluppi la capacità di esprimere la negazione. Presenterò delle evidenze per una sequenza evolutiva di tipologie di negazione, tra le quali Freud non operò alcuna distinzione. Esplorare tipologie più precoci della negazione, io credo, può aumentare la nostra comprensione di ciò che i pazienti stanno comunicando, e fornisce prospettive aggiuntive sulla resistenza e su varie forme di difesa.

Procedendo verso questa conclusione, questo lavoro porta con sé insieme tre corpus di conoscenze. Il primo deriva dalla psicoanalisi, in particolare dall'affermazione di Freud sulla negazione, che è descritta in termini di logica (ossia, di giudizi di attribuzione e di esistenza), ma spiegata nei termini della sua teoria generale degli istinti e dello sviluppo dell'Io. Il secondo corpus di conoscenze deriva dalla psicolinguistica dello sviluppo: si tratta di dati provenienti dagli stadi infantili delle acquisizioni nel padroneggiare l'espressione della negazione. Utilizzo delle prove provenienti dalla psicolinguistica dello sviluppo sull'acquisizione della negazione per dimostrare che Freud era davvero perspicace nelle sue conclusioni nell'affermare che la negazione (come egli la descrive) è un punto di arrivo dello sviluppo precoce, ma che, mancandogli i dati della psicologia dello sviluppo di cui oggi disponiamo, egli non era riuscito ad articolare le prime modalità in cui la negazione si manifesta. Alcune di esse sono state in seguito individuate da altri psicoanalisti, come Spitz, che aveva studiato lo sviluppo normale. Il terzo corpus di conoscenze deriva dalla filosofia del linguaggio, che ci permette di esplorare sia la base logica delle affermazioni di Freud sia le differenze tra i tipi di negazione. In particolare, sarà rilevante la distinzione tra negazione proposizionale e negazione performativa.

Molti aspetti, più interessanti di quanto io possa individuare in questo lavoro, emergono dall'intersecarsi di queste tre aree. Comunque, nel delineare i tre tipi di negazione bisognerà prestare una certa attenzione alle difficoltà di scelta lessicale e di traduzione, così come al problema di usare modelli epigenetici di sviluppo in psicoanalisi. Comincerò con il notevole lavoro di Freud sulla negazione.

FREUD SULLA NEGAZIONE

Il breve lavoro di Freud del 1925 sulla negazione è degno di nota per svariati motivi, non ultimo per il suo dubbio, posto sin dall'inizio, sulla possibilità che l'analista possa accedere al mondo interno dei pazienti basandosi su quanto da loro presentato. Che l'analista debba esordire con una buona dose di dubbio riguardo alla capacità dei pazienti di conoscere la propria mente, era già un marchio della psicoanalisi come conseguenza della sua concezione dell'inconscio. Nel suo lavoro del 1925, comunque, Freud va oltre un generico scetticismo per individuare in modo esplicito un tema che corre lungo tutto il suo scritto: non c'è alcun "no" nell'inconscio (Freud, 1900); i significati antitetici vengono connotati con la stessa parola primordiale nel nostro ancestrale *Ursprache* e così restano non differenziati nel nostro inconscio (Freud, 1910); un elemento nel contenuto manifesto di un sogno può essere un sostituto per il suo opposto nel desiderio latente (Freud, 1916-1917); e le affermazioni negative dei pazienti dovrebbero essere interpretate in forma positiva.

Perciò, l'affermazione di Freud sul funzionamento mentale era ampia e generalizzata: le negazioni, le antinomie e le inversioni denotano sempre i loro opposti (sebbene egli notasse che il contrario di questa affermazione non è vera: i positivi non implicano i loro negativi). È precisamente questo sovvertire la negazione che gli oppositori della psicoanalisi come scienza colgono al volo, dato che la scienza si basa su forme di inferenza logica per cui un "no" sicuro è essenziale.

Con la sua tipica eleganza retorica, Freud comincia il suo lavoro del 1925 con esempi di ciò che intende spiegare - i fenomeni clinici dei pazienti che fanno affermazioni come le seguenti: <<Ora lei penserà che io voglia dire qualcosa di offensivo, ma in realtà non avevo una tale intenzione>>, <<Lei domanda chi possa essere questa persona del sogno. Non è mia madre>>, << Mi è venuta una nuova idea ossessiva. Ho pensato lì per lì che potesse significare esattamente questo... Ma no, questo non può certo essere vero, altrimenti non mi sarebbe potuto venire in mente>> (Freud, 1925, p.197 dell'edizione Bollati Boringhieri). Le note a piè di pagina lungo lo scritto alludono a simili esempi tratti da altre fonti.

Tutti gli esempi sono linguistici: affermazioni verbali che contengono un esplicito segno di negazione ("non", "no"). Queste affermazioni, dice Freud, sono giudizi, ed il giudizio include <<due decisioni da prendere. Deve concedere o rifiutare una qualità a una cosa e deve accordare o contestare l'esistenza nella realtà a una rappresentazione>> (Freud, 1925, p.198 dell'edizione Bollati Boringhieri). Perciò, Freud ha ridescritto i suoi esempi in termini filosofici. In filosofia spesso ci si riferisce a queste due decisioni come ad un predicato (attributo) e ad un referente (esistenza).

I filosofi vedono le affermazioni, come gli esempi di Freud, in termini di dare corpo ("embodying") a delle proposizioni e di esprimere delle verità (ossia, un'affermazione positiva) oppure delle falsità (ossia, un'affermazione negativa) riguardo a quelle proposizioni. Una proposizione può essere rappresentata nella stenografia logica come P, che può essere riformulata nelle espressioni del calcolo proposizionale (cioè della logica simbolica) o come P, che è vera, o come – P, che è falsa. Inoltre, siccome P è essa stessa un'espressione stenografica che sta per un predicato (f) ed il suo argomento (x), P o –P può essere riformulata nel calcolo predicativo come: f(x) oppure –f(x). Un esempio che include l'esistenza potrebbe essere: "è madre" [f(x)] o "non è madre" [-f(x)]; di attribuzione: "la madre è buona" o "la madre non è buona". Ma le proposizioni possono anche essere così complesse come: "Intendo dire qualcosa di insultante".

Nella notazione simbolica, la proposizione sottostante è sempre positiva, poiché la negazione è uno del piccolo sistema di operatori (booleani) che modificano le proposizioni ma non sono parti delle proposizioni stesse[1]. Di conseguenza, non è per nulla il caso che un'affermazione negativa significhi il suo opposto; piuttosto, più correttamente, la prima implica la seconda. Un'affermazione negativa comporta sempre la sua proposizione positiva (ma non viceversa) poiché un'affermazione negativa è un'affermazione di una proposizione (per definizione positiva) più un operatore negativo: <<un giudizio di non esistenza ha necessariamente lo status formale di un giudizio di esistenza… quindi la negazione è innanzitutto accettazione>> (Benveniste, *Problems in General*

Linguistics, 1971, p. 73 dell'edizione inglese). Perciò, ciò che Freud dice negli esempi che porta è vero, e nella logica ciò è chiamato diniego (denial). Infatti, il nome nel titolo originale del lavoro di Freud del 1925 – *Die Verneinung* – è più comunemente tradotto come "diniego" proprio in questo senso logico (Ricoeur, *Freud and Philosophy: an Essay on Interpretation*, 1970, p. 314 dell'edizione inglese). Questioni di scelta lessicale e di traduzione pervadono le discussioni su questo argomento, e me ne occuperò di nuovo in seguito.

Mentre tornerò di nuovo sull'argomento della logica nel discutere i contributi provenienti dalla filosofia del linguaggio, basti dire a questo punto che Freud sta qui individuando delle proprietà formali di proposizioni che sono sottostanti alle affermazioni che contengono un segno negativo. Nell'articolare le due decisioni necessarie per fare i giudizi, egli nota che P o i suoi componenti, f e x, possono essere affermati (ossia asseriti) o meno (ossia denegati). Una conseguenza del fatto che un operatore negativo non appartiene alla proposizione, ma ha il suo ambito di azione oltre la proposizione è il fatto che la negazione può essere trasposta all'interno della proposizione. Ad esempio, se prendiamo la sottostante proposizione "il cigno è nero" [nero (cigno)] e aggiungiamo un operatore negativo (-), allora si può generare "il cigno non è nero" [-nero (cigno)]. Ma siccome la negazione può essere trasferita all'interno della proposizione, si può anche generare "non è il cigno che è nero" [nero (-cigno)]; oppure "non è (il caso) che il cigno sia nero" [-(nero (cigno))]; e così via. Dato che si spande per tutto il linguaggio, la negazione può essere espressa indirettamente ed in modi complessi al di là della sintassi – ad esempio, attraverso la morfologia, come i prefissi delle parole (ad es., a-, in-, dis-), e persino attraverso la prosodia (Lyons, *Semantics*, 1977, p. 775 dell'edizione inglese). Perciò si può vedere quanto molteplici possano essere le espressioni della negazione proposizionale. A questo riguardo, la negazione proposizionale contrasta con la negazione performativa, come vedremo.

Avendo presentato degli esempi di affermazioni che egli vuole spiegare ed una descrizione della loro struttura logica, Freud passa a fornirne una spiegazione. In questo egli si basa sulle sue teorie degli istinti e dello sviluppo dell'Io. Egli comincia con la fase orale: ciò che viene preso dentro è buono ed interno, mentre ciò che viene sputato è cattivo ed esterno. Il principio di piacere che domina questa fase, comunque, dà il via al principio di realtà della fase successiva nel momento in cui il bambino ha bisogno di definire se la cosa che prende dentro di sé e che è buona è là <<nel mondo esterno, di modo che ci si possa impadronire di essa secondo il proprio bisogno>> (Freud, "La negazione", p. 199 dell'ediz. italiana Bollati Boringhieri). In questo modo, Freud spiega il modo in cui ciò che è stato preso dentro di sé o sputato via, essendo diventato buono o cattivo ed interno o esterno, ora divenga soggettivo o oggettivo. Egli afferma: <<Il contrasto fra soggettivo e oggettivo non esiste sin dall'inizio>> (Freud, ibidem, p. 199). Questo giudizio sulla realtà esterna è uno <<sviluppo dell'inclusione nell'Io o dell'espulsione dall'Io, che in origine avvenivano secondo il principio di piacere>> (Freud, ibidem, p. 201). Ed è a questo punto – tipi di conoscenza che è in realtà là fuori – che il lavoro sulla negazione si connette a quelli sul feticismo e sulla scissione dell'Io nella nevrosi e nella psicosi.

Freud osservò in "Feticismo" (1927) che due premesse contrarie vengono espresse dal feticista: egli vede che una donna non ha un pene ma rinnega (disavows) (*verleugnen*) tale realtà, avendo bisogno di credere che lei ce l'ha al fine di mitigare la propria angoscia circa la propria castrazione. In una serie di lavori Freud aveva esplorato le differenze nelle difese che risultano da questo tipo di scissione nell'Io (ossia, verso la realtà), ed in che modo ciò differisca dalla più familiare scissione all'interno dell'apparato psichico che definisce la rimozione. Nel "Compendio di Psicoanalisi" (1940a) il diniego (disavowal) viene esteso oltre le psicosi per applicarsi ad <<altri stati che assomigliano piuttosto alle nevrosi, e in definitiva per le nevrosi stesse>>(Freud, 1940a, p. 629 dell'edizione italiana Bollati Boringhieri). In "La scissione dell'Io nel processo di difesa" (1940b) Freud estese il diniego oltre il feticismo nella direzione di una reazione generale presente nei bambini piccoli nei confronti della minaccia di castrazione. Infine, il diniego è "normalizzato" quando Freud lo posiziona come una difesa generale dell'infanzia: <<Riallacciamoci alla nostra tesi dell'Io infantile che, sotto il dominio del mondo esterno reale, liquida le pretese pulsionali sgradite mediante le cosiddette rimozioni. La completiamo ora con l'ulteriore constatazione che l'Io, in questo stesso periodo della vita, si trova abbastanza spesso nella condizione di doversi difendere da una richiesta penosa che il mondo esterno gli pone, ciò che gli riesce con il rinnegamento delle percezioni che gli rendono nota questa pretesa della realtà. Tali

rinnegamenti si verificano molto spesso, non solo nei feticisti, e ogniqualvolta riusciamo a studiarli si rivelano mezze misure, tentativi incompiuti di operare il distacco dalla realtà. Al ripudio si accompagna tutte le volte un riconoscimento, sempre si instaurano due impostazioni contrastanti e tra loro indipendenti, le quali producono il dato di fatto di una scissione dell'Io>> (Freud, 1940a, pp. 630-631 dell'ediz. italiana Bollati Boringhieri).

Un tratto comune alla rimozione ed al diniego, quindi, è che <<un carattere generale delle nevrosi>> consiste nel fatto che <<in relazione a un determinato comportamento esistano due impostazioni nella vita psichica della persona, tra loro contrastanti e indipendenti>>; nel caso delle nevrosi, <<una di esse appartiene all'Io, e l'altra, essendo rimossa, all'Es>> (Freud, 1940a, p. 631 dell'edizione italiana Bollati Boringhieri). Perciò, la rimozione rappresenta una scissione orizzontale nell'apparato psichico (tra Io ed Es): "So e non so ciò". Al contrario, il diniego rappresenta una scissione verticale nell'Io vis-à-vis della percezione della realtà: "Vedo ciò e non lo vedo". Il diniego, quindi, fornisce un mezzo per evitare la rimozione nella forma di "Io dico ciò [che è rimosso] e non lo dico"; o, in modo più adeguato, "È vero e non è vero".

Nello spiegare il modo in cui la capacità di diniego si sviluppa, Freud usa la sua teoria generale delle linee di sviluppo psicosessuale. Nella sua descrizione, questi precursori orali al livello oggettuale culminano e sono superati (*sublated*) nei giudizi finali della negazione: decisioni circa il possesso di un attributo e di esistenza nella realtà[2]. Ho usato il termine "superati" (*sublated*) come viene definito nella terza edizione del Dizionario Internazionale Webster: <<cancellare ma anche preservare ed elevare un elemento in un processo dialettico come elemento parziale in una sintesi>>. È la traduzione comune di *Aufhebung* nella dialettica di Hegel, che significa sia abolire, annullare, abrogare sia correggere, mantenere, preservare. Perciò, per Freud le originarie dialettiche del corpo (dentro-fuori) vengono superate (*sublated*) nelle attribuzioni di buono-cattivo, che sono a loro volta superate a livello dell'oggetto dalle dialettiche di soggettivo-oggettivo. Queste, quindi, vengono cancellate, ma anche si preservano e si elevano nei dinieghi verbali dei suoi esempi.

Nel discutere le differenze tra *Verneinung* e *Verleugnung* incorriamo in un problema fondamentale di traduzione: ogni lingua contiene un sistema di termini per un dominio o campo semantico-concettuale, ma questi sistemi non stanno in una corrispondenza uno ad uno tra di loro. Laplanche e Pontalis ("Enciclopedia della psicoanalisi", 1968) commentano a proposito di questo problema di traduzione: <<Nella coscienza linguistica comune, non esistono sempre per ogni lingua distinzioni nette tra i vari termini che indicano l'azione di negare e tanto meno esistono corrispondenze biunivoche tra i diversi termini da una lingua all'altra>> (p. 327 dell'edizione italiana Laterza). Conseguentemente, i traduttori devono fare delle scelte. I curatori della Standard Edition fecero la scelta seguente nel tradurre l'articolo di Freud del 1925, intitolato in tedesco "*Die Verneinung*": <<Il verbo qui usato è *verneinen,* reso con "negare" (*to negate*) [invece che con il più comune "*to deny*"], al fine di evitare ogni confusione con "rinnegare" o "disconoscere"

(*verleugnen*)>> (Freud, 1925, p. 198, nota 2 dell'edizione italiana Bollati Boringhieri) [che è stato reso anche in passato con "*to deny*"]. Nella Standard Edition "*to disavow*" è stato in generale usato per tradurre la seconda parola tedesca. Se fosse stato tradotto come *denial*, la stretta connessione qui notata tra l'argomentazione di Freud e ciò che la filosofia del linguaggio chiama negazione proposizionale forse sarebbe stata più evidente. Purtroppo *denial* era stato già usato come traduzione di *Verleugnung*.

Laplanche e Pontalis (1968) notano un'ulteriore confusione dovuta ai significati multipli di *Verneinung*: <<In tedesco *Verneinung* designa la *negazione* nel senso logico o grammaticale del termine (non esistono i verbi '*neinen*' o '*beneinen*'), ma anche la *smentita* (*denial*) nel senso psicologico (rifiuto di una affermazione che ho enunciato o che mi si attribuisce, per esempio, "No, non l'ho detto, non l'ho pensato". *Verleugnen* (o *leugnen*) si avvicina a *verneinen* inteso in questo secondo senso: rinnegare, rifiutare, sconfessare, smentire>> (p. 327 dell'edizione italiana Laterza). In questi esempi, l'operatore negativo si è spostato fuori dell'affermazione proposizionale (-P), verso un'affermazione epistemica più alta della proposizione: "Non ho conosciuto ciò (P)". Freud conclude il suo lavoro sulla negazione con i seguenti esempi: <<Non c'è testimonianza più lampante che siamo riusciti nel nostro intento di scoprire l'inconscio del momento in cui l'analizzato reagisce alla nostra scoperta con la frase: "*Questo non l'ho pensato*" oppure: "*A questo non ho (mai) pensato*">> (Freud, 1925, p. 201 dell'edizione italiana Bollati Boringhieri; si veda anche Freud "Frammento di un'analisi di un caso di isteria", 1905, p. 57 della Standard Edition; Freud, "Costruzioni nell'analisi", 1937b, p. 263 della Standard Edition). In altre parole, mentre un'affermazione negativa (negazione) inconsciamente evita la rimozione grazie sia al dire che al non dire ciò che è noto ma anche non noto, in questa prova più forte di analisi riuscita il paziente in modo conscio riconosce il processo della rimozione, che nasconde ciò che è noto da parte di una parte della mente (Es) ad un'altra parte (Io).

I resoconti di casi clinici descrivono pazienti che spesso rispondono "Non so" ad interpretazioni o richieste di associazioni precedendo appena l'emergenza di materiale rimosso. Può darsi che queste sono forme ellittiche di negazione, in cui il contenuto della proposizione è stato cancellato: "Non so (P)". Queste affermazioni al presente possono allora essere i precursori di quelle riflessioni al passato sul processo della rimozione menzionati prima e descritti da Freud lungo tutta la sua carriera.

Nel setting clinico, la negazione (denial) appare in molte forme. Ad esempio, un mio paziente in analisi si mise in silenzio a lungo dopo un'interpretazione che avevo fatto. Quando gli chiesi a cosa stesse pensando, egli rispose "Non sto pensando a qualcosa!" (*"I'm not thinking of something!"*). Nel contesto di una negativa, ci si sarebbe aspettato un viraggio da un quantificatore indeterminato (*some*) ad uno indefinito (*any*) (Klima e Bellugi, "Syntactic regularities in the speech of children", in *Studies of child language development*, a cura di C. Ferguson e D. Slobin, Holt, Rinehart e Winston, 1973): *"I'm not thinking of anything!"*. L'assenza di questo viraggio nel quantificatore, insieme al segno negativo (*not*), indicherebbe che questa è una negazione (denial): c'è davvero qualche cosa (pensata) denegata (denied), ma nondimeno comunicata attraverso la negazione. L'associazione immediatamente seguente di questo paziente è stata che sua moglie aveva fatto recentemente un commento, ma egli non si era sentito criticato; che era compiaciuto di essere riuscito a tenere separato ciò e a non essere adirato con lei. Così, questa era la cosa che egli "non" stava pensando: la mia interpretazione assomigliava ad una critica, ed egli era ferito ed arrabbiato nei miei confronti.

In contrasto con queste negazioni (denials) più ellittiche, ci sono quelle negazioni (denials) proposizionali descritte da Freud nel suo lavoro sulla negazione. Ad esempio, una paziente, una casalinga, mi riportò un sogno nella sua analisi, una porzione del quale la ritraeva mentre lei era stanca di occuparsi del marito, mentre lei lo abbandonava e mentre lui veniva picchiato. In risposta al mio tentativo di connettere il sogno alla rabbia della paziente verso il marito riguardo alle prestazioni sessuali di costui, la paziente esclamò "Ma io non l'ho battuto!". La sua negazione (denial) sia nasconde sia rivela la sottostante proposizione – "Io lo (voglio) picchio (picchiare)"- così permettendo che tale pensiero eviti la rimozione.

Nella serie di lavori che Freud scrisse distinguendo la negazione (*denial*) dal diniego (*disavow*) (e lungo il suo scritto), egli cercò di legare le negazioni (denials) verbali alla rimozione ad ai conflitti intercorrenti, e di opporre queste difese intrapsichiche alla difesa percettiva del diniego (disavowal) come risposta ad un pericolo esterno. Riguardo a *verleugnen* (to disavow),

Laplanche e Pontalis (1968) così scrivono: <<Nell'uso freudiano, sembra si possano legittimamente distinguere due usi diversi per *verneinen* e *verleugnen. Verleugnen* tende infatti, verso la fine dell'opera di Freud, a essere riservato per designare il rifiuto della percezione di un fatto che si impone nel mondo esterno; in inglese gli editori della Standard Edition, che hanno notato il senso specifico che assume in Freud *Verleugnung,* hanno deciso di tradurre questo termine con *disavowal*>> (p. 327 dell'edizione italiana Laterza). Purtroppo, comunque, la distinzione non resta chiara, persino per Freud, che ha anche usato la parola diniego (disavowal) per descrivere la disgiunzione dell'idea dall'affetto, dove l'affetto viene rimosso [*Verdrängung*] ma l'idea viene denegata (disavowed, *Verleugnung*) (Freud, "Feticismo", 1927, p. 153 della Standard Edition). In alternativa, altri autori hanno usato la parola diniego (disavow) per descrivere un affetto/idea scisso in cui l'affetto è denegato (disavowed). Per complicare le cose ancora di più, *verleugnen* può anche significare "rinnegare" (disown) come quando si percepisce la realtà esterna e si può anche sperimentare l'affetto ma si sente che ciò non ci è proprio (dis-own) (ad es., esso appartiene ad un altro, come nella proiezione).

Basch ("The perception of reality and the disavowal of meaning", *Annual of Psychoanalysis*, 1983, 11, pp. 125-153) discute le difficoltà nel tradurre gli usuali verbi tedeschi nei testi freudiani (*leugnen, verneinen*) quando Freud ha creato sostantivi (*Verleugnung, Verneinung*) per l'uso in un vocabolario specializzato. Basch fornisce una rassegna molto accurata della storia del concetto di diniego (disavowal, *Verleugnung*) nell'opera di Freud (come anche nella letteratura successiva) e conclude che non è la realtà percettiva di per sé, ma solo il suo significato ad essere ripudiato nel diniego. In senso evolutivo, Basch ("Psychoanalytic interpretation and cognitive transformation", *IJP*, 1981, 62, pp. 151-175) fa eco all'affermazione di Freud secondo cui il diniego (disavowal) è una difesa precoce ubiquitaria, ma poi aggiunge che esso è più precoce della rimozione, che deve aspettare la risoluzione del complesso edipico.

Nel corso degli anni, la negazione (denial) come meccanismo di difesa è stato molto discusso ed elaborato[3]. In un ben noto esempio, Anna Freud ("L'io e i meccanismi di difesa", 1936) discute la negazione (denial) mediante la fantasia, la negazione con le parole e con le azioni. Comunque, come Basch (1981) fa notare, sebbene la parola sia tradotta con *denial*, ella in realtà usa la *Verleugnung* dell'originale tedesco. Familiare anche a molti lettori di psicoanalisi è la discussione ad opera di Jacobson ("Denial and repression", in *JAPA*, 1957, 5, pp. 61-92) in cui la psicoanalista sottolinea la distinzione strutturale fatta da Freud tra questa forma di negazione (denial) (ad es., la negazione della realtà) e la rimozione: <<in ognuno di loro troviamo due idee o atteggiamenti contraddittori. [Nella prima] entrambe restano nell'Io, causando perciò una scissione nell'io; [nella seconda] uno esiste nell'Io e l'opposto nell'Es>> (Jacobson, 1957, p. 77). Altri autori (ad es., Stewart, "The split in the ego and the mechanism of disavowal", in *Psychoanalytic Quarterly*, 1970, 39, pp. 1-16, e Dorpat, *Denial and Defense in the Therapeutic Situation*, Aronson, 1984) hanno in modo analogo collassato il diniego (disavowal) e la negazione (denial) sotto il secondo termine, in opposizione con la rimozione, ed esteso sotto forma di una difesa maggiore. Perciò, quando il "Kris Study Group" affrontò l'argomento in una monografia, *The mechanism of denial*, c'era apparentemente una vivace discussione, ma ben poco accordo sulla definizione o sulle distinzioni, ad esempio rispetto al diniego (disavowal) (si veda Fine, Joseph e Waldhorn, *The mechanism of denial*, 1969, Int. Universities Press).

Conseguentemente, non si può essere sicuri quando si legge se il termine *denial* si riferisce a quegli esempi verbali discussi da Freud, ad esempi rilevanti per le distinzioni riguardanti il diniego (disavowal), oppure se ci si riferisce ad una difesa generale che copre più di un solo tipo di scissione. Questo stato di cose deriva in parte da problemi di traduzione ed in parte da viraggi nel tempo nell'uso di questi termini da parte degli autori di psicoanalisi. Voglio ora ritornare agli esempi originari di Freud di negazione (denial) verbale o logica per esaminare i precursori della capacità di esprimere questa forma di negazione (denial).

PSICOLINGUISTICA DELLO SVILUPPO

In modo degno di nota, la spiegazione che Freud offre nel suo lavoro del 1925 percorre in modo parallelo lo sviluppo delle capacità di esprimere la negazione come descritto dall'odierna psicolinguistica dello sviluppo. I ricercatori in questo campo condividono con Freud un apprezzamento delle decisioni che sottostanno ai giudizi come la forma più matura di negazione – ossia la negazione (denial) logica. Comunque, quello che aggiungono alla descrizione di Freud è un resoconto della storia di come si sviluppi la capacità di esprimere la negazione logica, dimostrando che anche gli stadi precursori hanno forme proprie di espressione negativa. Il negare (denial) è stato un importante focus dello studio psicolinguistico, e può essere di aiuto una breve rassegna della linguistica dell'epoca moderna per spiegarne il perché. La rivoluzione nella linguistica inaugurata dall'opera "Syntactic Structures" (1957) di Chomsky fece leva su descrizioni grammaticali prese in prestito dall'antropologia e su descrizioni di linguaggi specifici e, alla ricerca di strutture universali, creò connessioni tra la linguistica e formule matematiche di logica simbolica e di filosofia analitica. La psicolinguistica dello sviluppo emerse come disciplina quando i ricercatori tentarono di dimostrare in che modo la competenza in particolari lingue sia "acquisita" (mai "appresa", come i comportamentisti avrebbero detto) in bambini che erano nati ("hardwired") con un'innata capacità linguistica che può essere descritta da una grammatica universale (UG). Questa innata capacità viene considerata specie-specifica (cosa che ha portato ad un'esplosione di esperimenti nei primati); in particolare, certe capacità vengono considerate in maniera unica come umane poiché sono possibili solo con il linguaggio. La negazione (denial) è una di queste. Perciò, dal suo inizio come disciplina negli anni '60, la psicolinguistica dello sviluppo ha cercato dei dati per dimostrare l'acquisizione di questa capacità solamente umana di negare (to deny).

Come risultato di questo interesse, la negazione (negation) è stata studiata in modo esteso dal punto di vista grammaticale, semantico e pragmatico in bambini che acquisivano differenti lingue: inglese, italiano, francese, tedesco, giapponese, ebraico, finnico, samoano, luo (una lingua nilotica dell'Africa orientale), e persino l'inglese appreso come seconda lingua (da un bambino di madre lingua finlandese) e la lingua dei segni americana (McNeill e McNeill, 1968; Bloom, 1970; Brown, 1973; Ferguson e Slobin, 1973; Bowerman, 1973; Volterra e Antinucci, 1979; Keller-Cohen, Chalmer e Remler, 1979; Hoffmeister e Wilbur, 1980).

I risultati di questi e di altri studi possono essere riassunti in tre scoperte fondamentali. La prima di queste era ben nota a Freud: ossia, che il nucleo della negazione (negation) è il negare (to deny) una corrispondente enunciazione affermativa (implicita o esplicita) (Volterra e Antinucci, "Negation in child language: A pragmatic study", in *Developmental Pragmatics*, a cura di E. Ochs e B. Schieffelin, Academic Press, 1979, p. 283); la negazione comporta un'enunciazione affermativa (ma non viceversa). Inoltre, esaminando le evidenze nel campo linguistico provenienti da bambini in un'ampia varietà di circostanze, è diventato chiaro che ci sono svariati tipi di negazione espressa da loro in stadi successivi in vista della padronanza della corretta forma sintattica. Infine, i ricercatori hanno trovato che questa forma sintattica subisce un cambiamento sistematico, ma uniforme nelle varie lingue: dall'operatore negativo prima della frase alla negazione contrassegnata all'interno della frase (la trasposizione della negazione all'interno della proposizione)[4]. Ciò che è interessante per il presente lavoro sono i tipi di negazione (negation) ed i successivi stadi che conducono al diniego (denial). Svariati tipi di negazione sono stati presupposti nei primi studi (Brown, 1973; Pea, 1980) basati sulla loro funzione comunicativa: per esprimere rigetto (rejection); per esprimere rifiuto; non esistenza, sparizione, o attese non soddisfatte; e per esprimere una smentita (denial). Non esistenza, sparizione, ed aspettativa non soddisfatta erano tipologie importanti per la psicolinguistica per la loro implicazione nella negazione funzionale alla verità o per il diniego (denial) che <<esprime giudizi sull'uso del linguaggio da parte degli altri per enunciare (to predicate) proprietà e l'esistenza di cose>> (Pea, "The development of negation in early child language", in *The social foundations of language and thought*, a cura di D.R. Olson, Norton, 1980, p. 182; si veda Freud in precedenza)[5]. Il rigetto (rejection) ed il rifiuto, comunque, sono stati considerati come le prime forme di espressione negativa, duramente padroneggiate alla fine del primo anno di vita. Al contrario, altre forme vengono padroneggiate nel secondo anno, ed il diniego solo alla fine di questo anno (Pea, op. cit, 1980)[6]. Il diniego (denial) è l'ultimo ad essere acquisito poiché è unicamente dipendente dalle capacità verbali; cioè, il diniego (denial) può essere espresso solo verbalmente. Al contrario, i tipi più precoci di negazione possono essere espressi sia verbalmente che non verbalmente, ossia per mezzo di espressioni gestuali[7].

Sto qui suggerendo che queste forme precoci di negazione – rigetto e rifiuto – restano attuabili ed appaiono nelle nostre interazioni cliniche coi pazienti, indicative di difese negative che all'inizio sono comparse nello sviluppo per risolvere dei problemi che il bambino doveva affrontare nel primo anno di vita. Poiché questi termini sono meno familiari in questo contesto, viene fatto qualche commento sulla relazione tra rigetto e rifiuto.

Nella sua accurata esplorazione di come si sviluppi la negazione nell'infanzia normale, Spitz (1957) nota il passaggio dall'affermativo al negativo nel movimento da lato a lato della testa del lattante (ossia, "rooting"). Lo stesso movimento che il lattante usa per trovare il seno, in seguito diventa un modo per evitare o allontanarsi voltandosi dal cibo: <<Il 'pattern' motorio esiste; questo 'pattern' ha una funzione: prima di raggiungere il cibo, poi di evitarlo>> (Spitz, *The first year of life: a psychoanalytic study of normal and deviant development of object relations*, International Universities Press, 1965, p. 193 dell'edizione inglese). In un terzo stadio, a quindici mesi, il bambino si volterà via da un'altra persona, cosa che Spitz chiama "no semantico". Questo passaggio dal rigettare il cibo al rifiutare un'altra persona è accompagnato da strumenti di identificazione, che Spitz considera come una difesa, e specialmente – prendendo a prestito da Anna Freud – dall'identificazione con l'aggressore[8].

Spitz (1957) afferma che questi sono i passi iniziali verso ciò che Freud descrive nel suo lavoro sulla negazione: <<Il "rooting" aveva la funzione di trovare il capezzolo; il comportamento di evitamento significa rifiuto del capezzolo [ossia, rigetto, *rejection*]. Proprio lo stesso movimento, quando riappare nel secondo anno di vita come il gesto del 'no', è dotato del significato di comportamento di evitamento (ossia, rifiuto)>> (*No and yes: on the genesis of human communication*, International Universities Press, 1957, p. 94

dell'edizione inglese). Egli nota: <<Quando guardiamo ciò dall'esterno, in questa situazione il suo comportamento di rotazione della testa esprime rifiuto. Ma questo rifiuto non è diretto ad una persona; è senza oggetto ed ancora solo la manifestazione dello stato psicofisiologico del bambino>> (Spitz, 1965, p. 193 dell'edizione inglese). Solo allo stadio del "no semantico" esso è indicativo di <<relazioni d'oggetto elementari reciproche>>, ma <<ognuna delle prime due fasi contribuisce alla terza>> (Spitz, 1957, p. 94 dell'edizione inglese; cfr. "sublation" in precedenza). Quindi, il bambino passa dal cercare il seno al rigettarlo, e poi al rifiutare un'altra persona[9].

Lo studio di Spitz suggerisce che il rigetto, come espressione più precoce di espressione della negazione, comprende una risposta all'ambiente, ma non a persone/oggetti nell'ambiente. Il rigetto (rejection) – letteralmente, spingere o gettare dietro - può anche essere connesso affettivamente con "il disgusto"[*dismell*, puzzare, N.d.T.] che Tomkins (*Affect, Imagery, Consciousness*, Springer Verlag, 1962-1963) elenca come uno degli affetti primari innati, basato sul suo ruolo evoluzionistico di proteggere gli organismi dal cibo cattivo. L'essere capace di evitare ciò che viene percepito come cattivo, quindi, deve essere qualcosa di molto vecchio e basilare in senso evoluzionistico. In un certo senso, evitare ("voltare da un'altra parte il naso") o sputare fuori ciò che è cattivo è anche un tipo di rifiuto (ossia un rifiuto di mangiare). Ma il rifiuto vero e proprio, sono d'accordo con Spitz, coinvolge un'altra persona – in modo specifico, l'ordine impartito da un'altra persona (Volterra e Antinucci, 1979, p. 288). In questo caso non si tratta di rigettare il cibo o il seno, ma di porsi in opposizione ai desideri di un altro. Il rifiuto è quindi un tipo più tardivo di negazione rispetto al rigetto, sebbene sia aperta la questione se esso vada datato contemporaneamente al "no semantico" di Spitz (quindici mesi) oppure no. Così come il rifiuto coinvolge il comando di un'altra persona, non ancora coinvolge l'enunciazione di una proposizione in dialogo con un'altra persona (ossia il diniego, denial). Tornerò su questa distinzione nella sezione sulla logica e sulla filosofia del linguaggio, in cui discuto la distinzione tra negazione performativa e negazione proposizionale.

La linea di sviluppo ampliata dell'espressione della negazione che sto proponendo corrisponde alle linee di sviluppo proposte in termini di istinti e di sviluppo psicosessuale da parte di teorici della psicoanalisi, a cominciare da Freud, incluso Spitz che ha aggiunto un punto di vista tipico della psicologia dell'Io. Dalla prospettiva dello sviluppo del Sé, gli stadi di Stern di Sé nucleare, di Sé soggettivo e di Sé verbale (1985, si veda soprattutto a p. 272 dell'edizione in inglese Basic Books) possono essere visti ripercorrere parallelamente la sequenza già proposta della negazione: rigetto, rifiuto, diniego. Come fa Freud, i successivi autori di psicoanalisi ipotizzano stadi che sono epigenetici, ognuno fondamentale al successivo e quindi incorporato in esso. Tali sequenze di sviluppo sollevano alcune questioni basilari circa i modelli epigenetici in psicoanalisi, preannunciate nei miei commenti iniziali sulla "sublation".

La questione più importante è se le forme più precoci persistano nello sviluppo successivo e, se così fosse, in quale forma. I modelli epigenetici, come la teoria dello sviluppo di Piaget, sono stati adottati da svariati autori di psicoanalisi. Questi modelli ipotizzano una sequenza di stadi in cui ogni stadio successivo è dipendente dagli esiti di tutti quelli precedenti e in cui ogni stadio seguente integra quelli passati ad un nuovo livello di organizzazione e di regolazione (Gedo e Goldberg, *Models of the Mind*, University of Chicago Press, 1973, p. 12 di questa edizione inglese). A differenza di tali teorie dello sviluppo, comunque, la teoria psicoanalitica ha necessità di dimostrare l'incremento dell'organizzazione logica (ad es., la capacità dell'Io di adattarsi alla realtà, lo sviluppo del processo secondario), mentre si mantengono anche le strutture più primitive (cioè temporalmente e logicamente antecedenti) disponibili per spiegare la regressione sia patologica (ad es. i sintomi) sia normale (ad es., i sogni). Perciò, Gedo e Goldberg assumono la posizione secondo cui <<le capacità funzionali più precoci persistono sempre, sia nelle loro forme 'primitive' sia nellc varie forme progressivamente più mature, che esse possono raggiungere. Lo sviluppo procede per addizioni progressive di nuove strutture che operano in parallelo con quelle più precoci e chc permettono la maturazionc delle seconde, una maturazione designata da Hartmann (*Ego psychology and the problem of adaptation*, International Universities Press, 1939) come 'cambiamento di funzione'>> (Gedo e Goldberg, op. cit., 1973, p. 156 dell'edizione inglese).

Alcuni autori evitano il problema dell'epigenesi. Matte Blanco (*The Unconscious as infinite sets: an essay in Bilogic*, Duckworth, 1975), ad esempio, postula l'esistenza di due forme di logica (perciò, "bi-logica") che coesistono a livello mentale, con una (asimmetria) che predomina in ciò che generalmente si chiama pensiero del processo secondario e l'altra (simmetria) che predomina in ciò che in genere viene chiamato pensiero del processo primario. Per Matte Blanco, entrambe queste forme sono presenti nell'infanzia (p. 120 dell'edizione londinese sopra citata), evitando così le questioni di come la regressione abbia luogo in un sistema che si evolve dal punto di vista strutturale. La negazione o la contraddizione esistono nella logica asimmetrica, ma non in quella simmetrica. Di fatto, "mancanza di mutua contraddizione" ed "assenza di negazione" sono caratteristiche che definiscono la logica simmetrica, insieme allo spostamento, alla condensazione, all'assenza di spazio e di tempo, e alla sostituzione della realtà esterna con quella psichica. Il nostro tema qui, una sequenza di sviluppo che si muove verso la logica asimmetrica (o, tradizionalmente, simbolica), non viene affrontato da Matte Blanco, e così non è chiaro se ci sia un luogo per le forme più precoci di negazione nella sua bi-logica. Egli comunque parla di "traduzione" dalla logica simmetrica alla asimmetrica, cosa che può essere una parafrasi nel suo sistema bilogico dell'osservazione di Freud, nel suo lavoro del 1925, che la negazione permette l'espressione di ciò che è stato rimosso.

Dalla prospettiva della psicolinguistica dello sviluppo, molte strutture e funzioni linguistiche cambiano nel corso dell'acquisizione, sollecitando Slobin ("Cognitive prerequisites for the development of grammar", in *Studies of Child Language Development*, a cura di Ferguson e Slobin, Holt, Rinehart e Winston,

1973) a sottolineare che nello sviluppo <<le nuove forme dapprima esprimono vecchie funzioni, e le nuove funzioni sono dapprima espresse dalle vecchie forme>> (p. 184; si veda anche Hartmann, nell'opera già citata, e l'esempio di Spitz del movimento della testa del lattante). Ad esempio, Blank (1975) ha scritto sull'uso da parte dei bambini piccoli del "perché" allo scopo di contrassegnare un turno nei dialoghi con gli adulti – una funzione pragmatica – prima che esso venga usato per contrassegnare una richiesta di informazione riguardante il mondo – una funzione semantica o sintattica. Quindi, la forma semantica o sintattica da sola non può predire la funzione pragmatica; solo il contesto interattivo dell'uso può determinare ciò.

In modo simile, la presenza del "non" o del "no" non indica automaticamente grazie alla sua forma il particolare tipo di negazione oppure, in senso psicologico, la sua funzione di sviluppo: per rigettare (to reject) qualcosa di cattivo; rifiutare la ripercussione di un'altra persona; negare un'enunciazione (cfr. Ver Eecke, 1984). Inoltre, le forme più precoci di negazione possono essere espresse in modo non verbale attraverso i gesti e l'azione. Ad esempio, Rizzuto (1988) descrive pazienti con bulimaressia come sofferenti di difetti nell'uso precoce comunicativo (ossia, presimbolico) del linguaggio e come conseguenza di <<patterns di mentalizzazione precoce correlata all'incorporazione e all'espulsione orale>> (Rizzuto A. M., "Transference, language and affect in the treatment of bulimarexia", in *IJP*, 69, 1988, pp. 369-387). Molti di questi pazienti hanno sofferto di deprivazioni e di abuso nei loro primi anni, e tendono a passare molte sedute a vomitare una litania di lamentele e di insulti subiti dagli altri, compreso il terapeuta. Ci si ricorda del suggerimento di Melanie Klein che la prima modalità dell'Io di difendersi non è la rimozione ma l'espulsione (Stein, "A new look at the theory of Melanie Klein", in *IJP*, 71, 1994, pp. 499-511). Per pazienti con interazioni gravemente patologiche con le figure dispensatrici di cure già molto presto nella loro vita, l'uso di un'altra persona per stabilire delle relazioni soggetto-oggetto, come nel rifiuto, può essere stato problematico.

Novick (1990), ad esempio, descrive una paziente gravemente abusata e sfruttata che passò il suo primo anno e mezzo di analisi <<a rimproverarmi costantemente e a criticare il processo terapeutico, urlando accuse in cui diceva che io la criticavo e la giudicavo, oppure che catalogavo amaramente la sua rassegnazione ed il suo rimprovero che io non fossi di alcuna utilità per lei… Dopo una pausa del trattamento di una settimana, dovuta a sue vacanze, [la paziente] introdusse un argomento riguardante il setting del trattamento e mi sollecitò a notare, come avevo fatto in passato, il modo in cui lei si lamentava del fatto che io creassi delle regole, ma che lei ritenesse de facto di controllare attraverso, per esempio, il suo rifiuto di usare il divano>> (Novick K. K., "Access to infancy: different ways of remembering", in *IJP*, 71, 1990, pp. 335-349). In risposta, la paziente si gettò con rabbia sul divano e <<dopo qualche iniziale discorso su come fosse impossibile parlare a qualcuno in quella posizione, entrò in un silenzio carico di un livello straordinario di tensione>> (Novick, op. cit., p. 346).

Novick spiega questo comportamento in termini di tematiche di attaccamento e di separazione: l'analista e la paziente <<sembravano sospesi in un'attualizzazione

transferale del momento dello sviluppo in cui la bambina che ha appena imparato a camminare sta lottando per definirsi come separata dalla madre, ma non si può sentire a proprio agio come un essere intero coerentemente con se stessa>> (Novick, 1990, p. 346). Un altro modo per interpretare questo materiale in termini di linee di sviluppo della negazione sarebbe quello di considerare il setting analitico come contenente le introiezioni materne maligne che sono state rigettate, sputate via, e di vedere che il rifiuto di questa ragazza di usare il divano è un passo avanti nello sviluppo, reso possibile dal lavoro analitico precedente. Ci si chiede se il prezzo del resistere all'analista di cui si ha bisogno sia la remissività, arrendendosi prematuramente dal fare un passo necessario nell'uso della negazione per mettersi in una condizione di dialogo significativo in cui, in ultima analisi, il diniego (denial) potrebbe essere possibile.

Persino per coloro, comunque, che hanno raggiunto questa possibilità, le forme più precoci di negazione possono emergerc nel trattamento. Ad esempio, Shapiro (1979) descrive un paziente in analisi che presentava un sogno e che <<correva attraverso le sue associazioni, ovviamente passando ad un contenuto che portava una scarsa relazione individuabile con il contenuto manifesto del sogno. Quando gli si chiese di fare ulteriori associazioni al sogno, egli si dimostrò riluttante>>. Shapiro interpretò la resistenza del paziente come <<un qualcosa di parallelo ai suoi sentimenti nei confronti del matrimonio per cui più a lungo stava con sua moglie, più si sentiva intrappolato da ciò che gli altri si aspettavano da lui. Egli negò (denied) questo con scarsa affettività e procedette lungo

un'altra pista. Dopo, egli si schiaffeggiò la testa e notò che aveva detto 'No', come egli aveva fatto così frequentemente con sua moglie e sua madre, poiché egli poteva sentirsi libero e autonomo solo quando si opponeva agli altri. Egli avvertiva che ciò che dicevano la madre e la moglie oppure l'analista erano delle sfide ed erano quindi cose da negare (to be denied)>> (Shapiro T., *Clinical Psycholinguistics*, Plenum Press, 1979, pp. 15-116).

Questo è un esempio di ciò a cui mi riferisco quando prima ho parlato di rifiuto (refusal): non un diniego (denial) del contenuto proposizionale dell'interpretazione (ossia, qualsiasi cosa a cui, secondo il suo analista, egli vorrebbe dire no), ma un rifiuto di soddisfare i requisiti performativi del dialogo analitico. Questa distinzione tra negazione proposizionale e negazione performativa proviene da autori della filosofia del linguaggio, ed è a loro che ora mi rivolgo.

LOGICA, LINGUISTICA E FILOSOFIA DEL LINGUAGGIO

Una delle più interessanti esplorazioni delle implicazioni logiche della negazione è stata operata da Anthony Wilden (1972, 1984). Assumendo un approccio basato sui sistemi informatici, Wilden (*System and Structure: Essays in Communication and Exchange*, Tavistock, 1972, p. 188) afferma che il rigetto (reject), il rifiuto (refusal) ed il diniego (disavowal) dovrebbero essere distinti dalla negazione (denial) sulla base della differenza tra sistemi analogici e sistemi digitali. I sistemi analogici sono di un tipo logico più alto, ma di un più basso ordine di complessità rispetto a quelli digitali. I gesti, come scuotere la testa, sono continui (anziché discreti) e permettono livelli di intensità che possono essere catturati nel linguaggio, che è digitale, solo per mezzo degli aspetti prosodici della parola come ad es. il suo volume e la sua tonalità. Wilden (1972) riferisce questa distinzione a Freud ed al concetto di rimozione: <<Ipotizziamo, con Freud e con gli ecologisti, che è l'analogo processo che governa gli obiettivi del sistema nel suo complesso, e che il sistema secondario è il suo strumento (digitale). Se così stanno le cose, allora i messaggi che fluiscono liberamente appartenenti al processo primario devono costantemente andare incontro ad un processo di traduzione, in termini freudiani, in messaggi del sistema secondario. Questa traduzione è chiaramente il prerequisito della rimozione>> (Wilden, 1972, p. 453; si veda anche Matte Blanco, 1975).

Secondo Wilden (1972), il "non" introduce i sistemi digitali all'interno di quelli analogici ed è <<una condizione necessaria (ma forse non sufficiente) per il linguaggio naturale>> (p. 188). Per questa ragione, altre specie possono, ad esempio, rigettare il cibo e rifiutare un amico, ma non possono negare (deny/negate). Proprio così, i neonati della specie umana, che sono sin dall'inizio sintonizzati con e padroneggiano le caratteristiche analogiche del linguaggio (ossia la comunicazione prosodica), possono rigettare il cibo e rifiutare la madre con o senza forme di linguaggio digitalizzate, ma essi non possono negare i propri o gli altrui pensieri senza il "non" (o i suoi equivalenti).

Comunque, non appena vengono padroneggiate nuove forme di linguaggio, queste possono essere al servizio di vecchie funzioni (come Slobin nota nel passo già menzionato), e tutte le forme di negazione possono in ultima analisi essere espresse verbalmente.

È generalmente accettato che i suoni, le parole e le frasi del linguaggio sistematico emergano da un contesto performativo di interazioni bambino-caretaker (Bruner, 1983). Tra i filosofi del linguaggio, i contesti performativi sono stati esaminati sotto la prospettiva della teoria degli atti linguistici. Questa teoria è stata introdotta da Austin (1962) ed ampliata da Searle (1969) in un tentativo di descrivere le modalità in cui <<le espressioni non servono solo ad esprimere proposizioni, ma anche a eseguire delle azioni>> (Levinson, *Pragmatics*, Cambridge University Press, 1983, p. 243 dell'edizione londinese)[10]. Come abbiamo visto, nel predicato o nel calcolo proposizionale la negazione è un operatore il cui campo d'azione si estende su una proposizione o sul predicato di una proposizione (considerate come equivalenti allo scopo di delimitare l'ambito degli operatori). Comunque, seguendo il lavoro di Austin e di Searle, i filosofi ed i linguisti sono giunti a considerare le proposizioni come incorporate in particolari atti linguistici, da cui esse sono dipendenti per l'interpretazione. Gli atti linguistici sono un modo conveniente e convenzionale di catturare gli scambi comunicativi in cui sono incorporati gli enunciati proposizionali. Le caratteristiche più importanti degli atti linguistici sono date dal fatto che il soggetto è sempre colui che parla ("l'io"); essi sono indirizzati ad un interlocutore ("tu"); ed essi sono al tempo presente, contrassegnando il soggetto ed il tempo dell'enunciazione. Ad esempio, la proposizione P può essere incorporata nei seguenti atti linguistici, i cui verbi (in corsivo) indicano l'azione eseguita o la "forza illocutiva":

Asserzioni: Io *dico* a te (P, ad es., "il cigno è nero")
Comandi: Io ti *dico* (P)
Richieste: Io ti *chiedo* (P)

Lyons (1977) nota che sono necessarie almeno due negative: una negativa performativa ed una negativa modale o proposizionale; il calcolo proposizionale o predicativo, egli spiega, può aver a che fare con la negazione solo al livello proposizionale, non al livello illocutivo o performativo degli atti linguistici (Lyons J., *Semantics*, Cambridge University Press, 1977, p. 773 dell'edizione inglese). Le negative performative negherebbero non la proposizione, ma piuttosto il verbo performativo: "Io non dico a te (P)"; "Io non ti dico (P)"; "Io non ti chiedo (P)". Con la negazione performativa (chiamata anche negazione "neustica"), Lyons afferma, <<esprimiamo il nostro rifiuto o la nostra incapacità a eseguire l'atto illocutivo di asserire, promettere, o qualsiasi cosa potrebbe essere. Ma fare questo è in se stesso eseguire un atto illocutivo: un atto di non impegno. Gli atti di non impegno devono essere distinti, da una parte, dal non dire nulla e, dall'altra, dal fare degli enunciati descrittivi>> (p. 770). Il mio punto di vista è che tali atti di non impegno sono eseguiti come rifiuti (acts of nonengagement) verso la fine del primo anno di vita e possono emergere più tardi in questa forma.

La relazione tra un atto linguistico e la sua proposizione incorporata illustra ciò che Watzlawick, Beavin e Jackson (1967) differenziavano ne *La pragmatica della comunicazione umana* rispettivamente in "comando" ed in "resoconto". I comandi come atti linguistici individuano la pragmatica della situazione linguistica: la relazione tra colui che parla e colui che ascolta in cui sono incorporate enunciazioni ("resoconti") formati in modo sintattico. Di conseguenza, Austin, Searle e gli altri chiarirono che il valore di verità dell'enunciato dipende dalla natura dell'atto linguistico e non può essere deciso sulla base della sola proposizione. In altre parole, il contesto comunicativo determina in che modo la proposizione sarà interpretata. Questo ordinare la comunicazione che precede la grammatica è precisamente ciò che hanno descritto gli studiosi dello sviluppo: ossia, che la sintassi emerge all'interno di una competenza pragmatica già ben stabilita (Bruner, 1975b; Bruner, 1983). E quando questo non avviene, come nell'autismo o nella psicosi, ciò è contrassegnato da un'incapacità di padroneggiare i segni performativi "Io-che parlo mi indirizzo a-te-che ascolti" e negativi (Shapiro e Kapit, 1978; Shapiro, 1979; Litowitz e Litowitz, 1983; Ver Eecke, 1984).

Nel posizionare la linea ampliata di sviluppo della negazione, quello che sto suggerendo è che mentre le negazioni (denials) negano la proposizione, i rifiuti sono negazioni a livello performativo precedente: "Io rifiuto di essere comandato da te a (P)". Poiché sto affermando che la capacità di negare al livello performativo (rifiuto, refusal) precede la negazione proposizionale (denial), ci si può chiedere se questa ipotesi abbia senso dal punto di vista dello sviluppo. Credo di sì, poiché sappiamo che i bambini sono sintonizzati al livello performativo da un’età molto precoce. Persino quelli di due anni capiscono domande di superficie come ordini indiretti: “Chi si sta addormentando?” significa “È tempo di andare a letto!” Bambini piccoli interpretano correttamente l’atto linguistico prima che essi abbiano la piena padronanza delle proposizioni incorporate; in questo modo essi passano dalla comunicazione al linguaggio (Bruner, 1975a; Bruner, 1983; Bates, 1976). Quello che sto suggerendo è che i bambini padroneggiano le capacità di negazione al livello illocutivo prima che padroneggino le complicazioni della negazione proposizionale: che dopo il rigetto, essi rifiutano di impegnarsi al livello di “io” e “tu”; e solo dopo, impegnati come un “io” verso un “tu”, essi fanno dei giudizi sulla verità o la falsità delle proposizioni, ad es. “Non è mia madre”.

Nel suo articolo sui pronomi personali di prima persona, Rizzuto (1993a) nota che l’<<”io” e il “tu” sono entrati nel campo analitico nel primo secondo in cui il campo analitico è stato creato>> (Rizzuto A.M., “First person personal pronouns and their psychic referents”, in *IJP*, 74, 1993a, p. 536), ma che l’atto linguistico venne perso con l’aggiunta dell’articolo (“*das Ich*”) quando “io” divenne l’Io (p. 537). Citando il classico lavoro di Benveniste (1971) sui pronomi e sulla soggettività, la psicoanalista descrive le proprietà uniche di queste forme linguistiche che, come un segno negativo, sono presenti in ogni lingua (si veda anche Litowitz e Litowitz, 1983). Rizzuto considera gli atti linguistici come radicati nei primissimi scambi affettivi madre-bambino: i <<legami e le esperienze libidiche di soddisfazione nei dialoghi corporei>> che <<cosituiscono il vasto mare di referenti>> da cui derivano tutti i successivi scambi dialogici (sia tra sé e altro sia tra sé e sé), e che formano la base per i primi ricordi e per le prime rappresentazioni di sé e dell'oggetto (Rizzuto, op. cit., 1993a, p. 544). Nel processo con cui si stabiliscono i ricordi e le rappresentazioni il bambino utilizza molti meccanismi, come l'<<incorporazione, l'introiezione e l'identificazione come anche manovre difensive di evitamento, di proiezione, di ritiro o altri movimenti difensivi>> (Rizzuto, 1993a, p. 543), compreso, suggerirei, il rifiuto.

Nel suo maggior studio filosofico sulla funzione della negatività nella costituzione del soggetto, Ver Eecke (1984) giunge ad un'analoga conclusione. Cercando una sintesi di Hegel e Freud attraverso un'esplorazione della dialettica della negazione, Ver Eecke comincia col lavoro di Freud del 1925 ed arriva ad una complessiva conclusione analoga a quella qui presentata: ossia, che un'attenta lettura del classico lavoro di Freud rivela più di un solo tipo di negazione, con implicazioni per lo sviluppo. Ver Eecke conclude, sebbene ciò non sia stato esplicitamente affermato da Freud, che non ci sia una sola, ma due negazioni da distinguersi nel lavoro del 1925: il "no" (non) ed il "non" (ne-pas). Seguendo l'uso di Lacan e di Hyppolite (1956) di *dénégation* e di *négation*, Ver Eecke chiama la prima diniego (denial), e la seconda negazione (negation). Della *dénégation* egli dice:<<Nel diniego (denial) la persona che parla è un prigioniero dell'espressione che ha usato. Egli non può mutare il suo giudizio negativo; non può neanche dare

un contenuto positivo a ciò che egli vuole per chiarire o per difendere dalla sua proposizione negativa. Infine, si irrita quando viene contraddetto. Egli non sa mettere a confronto il suo punto di vista con quello degli altri. L'altro è per il soggetto di un diniego non un partner, ma un outsider>> (Ver Eecke W., *Saying "No"*, Duquesne University Press, 1984, p. 152). Riguardo alla *négation*, la "negazione del contenuto", egli afferma:<<La negazione (negation) normale è fondata su un confronto con l'altro, per cui colui che parla cerca di difendere intersoggettivamente una personale visione della realtà. Una tale negazione è chiamata negazione simbolica. Una tale negazione può essere vera, poiché colui che parla è preparato a difendere essa intersoggettivamente, e l'intersoggettività è il regno della verità>> (Ver Eecke, 1984, p. 153).

La distinzione che Ver Eecke qui articola (sebbene con una terminologia confusiva, dalla nostra prospettiva) è direttamente parallela alle differenze che ho descritto tra i primi tipi di negazione (negation) e la negazione (denial) logica o funzionale alla verità. Seguendo Lacan, Ver Eecke riferisce la *Verneinung* o *négation* a relazioni triadiche con il padre, comprendendo la situazione edipica e la castrazione, mentre la più precoce *Verwerfung*, tradotta forclusione (si veda Lacan), è la forma di negazione connessa alle relazioni diadiche con la madre. Comunque, per Ver Eecke non c'è che una forma più precoce: la *dénégation* o il no (*non*). Ver Eecke interpreta l'ansia per l'estraneo di Spitz come la fase finale dello stadio dello specchio di Lacan e (ancora seguendo Lacan) esamina lo psicotico come confinato nella forclusione, incapace di liberarsi da una diade simbiotica con la madre (immaginaria), incapace di muoversi verso la negazione simbolica (*Verneinung*) in relazione al padre. Perciò, lo spostarsi attraverso la *dénégation* verso la *négation* equivale ad abbandonare l'attaccamento indifferenziato e simbiotico alla madre, e rinunciare al principio di piacere per il principio di realtà. Il non fare ciò definisce la psicosi[11].

Si dovrebbe notare che *Verwerfung* può essere tradotta anche come "ripudio" (repudiation) (Standard Edition) o come rigetto (rejection), uno stadio che io ho posto prima del rifiuto. Credo che la suddivisione della negazione, precedente quella che è funzionale alla verità, in rigetto ed in rifiuto sia utile clinicamente, permettendo il mantenimento del "rigetto" (rejection) come tipo più precoce di negazione, che si manifesta nell'espellere fuori, caratterizzato dalla proiezione o nella richiesta di contenimento (Bion, 1967). Il singolo stadio più precoce di Ver Eecke sembra davvero incorporare aspetti sia del rigetto che del rifiuto (Ver Eecke, 1984, pp. 144, 186).

Ver Eecke conclude che le strutture della negazione, che egli definisce, ed i successivi conflitti che il bambino deve risolvere, prima con la madre e poi con il padre, sono simili. Quindi egli si chiede se <<uno studio comparativo sulla negazione linguistica e sui conflitti nell'infanzia potrebbero rivelare la priorità del linguaggio oppure della vita emozionale>> (Ver Eecke, 1984, p. 115). Mentre la interrelazione tra queste due aree non è completamente compresa, ci sono probabilità che la semplice causalità nell'una o nell'altra direzione non sia sufficiente. È dubbio se si possa trovare che il linguaggio semplicemente induca questi cambiamenti psicologici nella soggettività oppure se codifichi cambiamenti che hanno avuto luogo nello sviluppo dell'Io o nel senso del Sé senza alcun riguardo per il linguaggio. Piuttosto, l'acquisizione del linguaggio procede di pari passo con lo sviluppo della personalità del bambino, ed alcune capacità – la negazione (denial) logica ne è una – e specifiche funzioni dell'Io sembrano essere tra loro interdipendenti.

Vale la pena di richiamare l'enfasi di Freud (in *Analisi terminabile e interminabile*) sulla funzione protettiva dell'Io attraverso le difese, e specialmente la loro funzione normativa nella crescita dell'Io: <<I meccanismi di difesa servono allo scopo di tenere lontani i pericoli. È incontestabile che raggiungono questo risultato e c'è da dubitare che l'Io possa, nel corso dello sviluppo, rinunciare completamente ad essi; ma è altresì certo che questi stessi meccanismi possono trasformarsi in pericoli. Talora risulta che l'Io ha pagato un prezzo troppo elevato per i servizi che questi gli hanno reso. (…) Inoltre questi meccanismi, dopo che hanno aiutato l'Io nei difficili anni del suo sviluppo, non vengono messi da parte>> (Freud, 1937a, p. 520 della edizione Bollati Boringhieri). Freud prosegue dicendo che il prezzo che l'Io paga per i servizi resi dalle difese consiste nel fatto che esse <<si fissano nel suo Io, diventano abituali modalità di reazione del suo carattere(…)>> (Freud, 1937a, p. 520). La linea di sviluppo della negazione qui esposta non vuole suggerire la predicibilità di tali "modalità regolari" o fissazioni. Piuttosto, durante il trattamento, l'una o l'altra può predominare per certi periodi, scomparire o riapparire. La comprensione di queste differenze può aiutare il clinico a determinare ciò da cui il paziente si sta difendendo e a quale livello di sviluppo la sua lotta interna in atto si sta agitando. Mentre tutte le forme di negazione possono essere considerate come resistenze, un vantaggio del vederle anche da una prospettiva di sviluppo è di vedere ciò che il paziente sta facendo – ossia, in che modo le forme di negazione possono essere usate per stabilire un senso del Sé di fronte ad un altro.

Dal punto di vista clinico, i tipi di negazione che ho delineato qui forniscono fonti di informazione riguardanti la natura della relazione nei confronti dell'analista/terapeuta che il paziente sta evocando per ragioni difensive, che si consideri la difesa come qualcosa che si pone contro i desideri, l'angoscia, la frammentazione, la perdita dei confini o qualsiasi altra cosa. Stabilire una linea di sviluppo della negazione individua ciò che credo fosse l'intento originario di Freud nello scrivere il lavoro sulla negazione – vale a dire, esplorarla come un tipo di difesa e delineare la sua relazione con e la sua differenza dalle altre difese (rimozione, diniego [disavowal], allucinazioni psicotiche, ecc.). Per Freud il problema era intrapsichico: forze che spingono per l'espressione o tenute sotto controllo, entità mentali scisse o in opposizione (Jacobson, 1957). Comunque, questa visione ampliata aggiunge una prospettiva interpsichica o intersoggettiva, giungendo come ciò che viene dallo sviluppo del linguaggio attraverso cui i soggetti sono sia costituiti sia connessi agli altri. Per riformulare queste idee nel linguaggio delle teorie delle relazioni oggettuali, ciò che è rigettato (rejected) è dato dalle parti "cattive" degli altri o di se stesso; ciò che viene rifiutato è la ripercussione del comando di un altro; ciò che viene negato (denied) è un'enunciazione proveniente da un altro separato. Nondimeno, in tutti i casi, Sé ed altro sono rappresentazioni intrapsichiche[12].

CONCLUSIONE

Diversi autori hanno sottolineato l'importanza del linguaggio nella fondazione della psicoanalisi (Litowitz e Litowitz, 1977; Forrester, 1980; Rizzuto, 1989; Rizzuto, 1993b). Altri hanno suggerito che gli analisti in modo implicito usano la propria competenza linguistica nel leggere i segni presentati loro dai loro pazienti (Edelson 1975). Shapiro (1979) e Makari e Shapiro (1993) hanno attirato la nostra attenzione sui molti aspetti del linguaggio che possono segnalare stati psicologici, suggerendo che noi usiamo questi segnali quando lavoriamo coi pazienti. Rizzuto (1992) ha anche scritto sull'ascolto analitico come dotato di uguale importanza rispetto all'atto del dire (ossia all'interpretazione mutativa); ascolto del "discorso spontaneo" e del suo essere incorporato in un atto linguistico - <<gli atti vivi del discorso nella situazione analitica, che vanno oltre la semantica per divenire atti psichici tra due persone>> (Rizzuto A.M., Review of *The other side of language: a philosophy of listening* [di G. C. Fiumara], in *Psychoanalytic Quarterly*, 1992, 61, p. 126). Già nel 1977, in una postfazione ai lavori di Victor Rosen, Shapiro notava che gli atti linguistici <<ed un concorde interesse per l'intenzionalità vengono sempre più a stretto contatto con implicazioni

analitiche>> (Rosen V., *Style, character and language*, Aronson, New York 1977, p. 359).

Il presente lavoro continua nel solco di quella tradizione, tentando di usare intuizioni provenienti dallo studio del linguaggio – in questo caso, il linguaggio infantile – per espandere il nostro ascolto psicoanalitico. Ho iniziato con il breve lavoro del 1925 di Freud, notevole nella sua prospettiva capace di maneggiare il tema complesso della negazione. Egli era consapevole di tutto ciò che era implicato nella negazione (denial) logica delle proposizioni ed era interessato a spiegare l'emergenza di questa capacità di operare dei giudizi come risultato di stadi di sviluppo più precoci. Sin dai tempi di Freud abbiamo imparato molto di più su come il bambino acquisisca la capacità di negare. Ho cercato di mostrare che i dati provenienti dalla psicolinguistica dello sviluppo forniscono una spiegazione che è coerente con gli stadi di sviluppo secondo Freud, ma che anche li espande. Questo articolo tenta un riesame della negazione alla luce di questi dati successivi, ed esplora le distinzioni provenienti dalla filosofia del linguaggio per suggerire i modi in cui la negazione performativa entra negli scambi psicoanalitici. La mia conclusione è che una linea ampliata di sviluppo per la negazione – comprendente il rigetto (rejection), il rifiuto così come la negazione (denial) – fornisce modalità aggiuntive di ascolto e di lettura delle variegate e mutevoli posizioni difensive incontrare nelle interazioni cliniche.

Note dell'Autore:

1) Gli altri sono la congiunzione, la disgiunzione, l'implicazione materiale e l'implicazione bicondizionale. Peirce ha asserito che tutti e cinque possono essere definiti in termini di due componenti primitive: congiunzione e negazione (Sowa 1984, p. 386).
2) Un presupposto di questo argomento è che nel corso dello sviluppo i giudizi di attribuzione (buono-cattivo) precedono quelli di esistenza. Questa visione dello stato iniziale indifferenziato del bambino di fronte alla sua figura dispensatrice di cure o al suo ambiente non è così universalmente accettata dagli psicoanalisti dopo Freud (Stern, "The interpersonal world of the infant", 1985). Inoltre, il lavoro di Freud del 1925 include affermazioni sulla percezione e sulla rappresentazione nell'infanzia, come anche estrapolazioni su Eros e Thanatos, una critica del quale ci farebbe andare troppo lontano. Le letture testuali molto accurate della "Negazione" da parte di Hyppolite (1956) e di Ver Eecke (1984) non hanno trovato inoltre questi punti utili rispetto all'argomento principale, ma i lettori interessati possono consultare queste fonti per un loro giudizio critico.
3) Una completa discussione di questi termini (meccanismi di difesa) è oltre lo scopo di questo lavoro. Ver Eecke ("Saying No", 1984, pp. 2-11) fornisce una sintetica rassegna critica dei più importanti lavori in psicoanalisi ed in filosofia che si correlano con il lavoro del 1925 di Freud.
4) Ad esempio: [si riportano le frasi dell'originale inglese] "No cookie; No want cookie; No Sally want cookie; Sally no/not want cookie; Sally/I doesn't/don't want a cookie". I dati raccolti negli stadi caratterizzati da espressioni consistenti in una o due parole richiedono necessariamente una "interpretazione ricca".
5) Ad esempio: McNeill e McNeill (1968) hanno distinto non esistenza/sparizione/diniego (denial) sulla base di un

criterio di implicazione logica, e Volterra e Antinucci (1979) hanno considerato tutte le forme come forme essenzialmente di diniego (denial) di proposizioni o di loro presupposti.

6) C'è un tipo aggiuntivo di negazione, "l'auto-proibizione" che appare intorno ad un anno-un anno e mezzo e che, secondo Pea, è contingente con l'esperienza da parte del bambino delle proibizioni da parte della figura dispensatrice di cure. Le auto-proibizioni vengono mostrate dal bambino nel suo protendersi verso un fornello caldo, quando dice a se stesso "No", e si ferma. Queste sono chiaramente delle sanzioni internalizzate, prima espresse dagli adulti, e che poi sono diventate degli auto-comandi. Mentre non mi occupo qui di questa forma di negazione, essa chiaramente merita ulteriori esplorazioni nelle sue relazioni sia con la funzione di auto-regolazione del linguaggio interno (Vygotsky, 1934) sia con lo sviluppo del nascente Super-Io, in particolare rispetto all'affermazione di Spitz (1957, 1965) di un'"identificazione con l'aggressore" come precursore del Super-Io. Una visione alternativa è offerta da Lichtenstein (1971) che distingue due forme di risposta negativa da parte degli adulti data al bambino: "il no che guida" e il "no maligno". I loro effetti sul bambino sono radicalmente differenti. La prima promuove la crescita nell'Io infantile e la sua capacità di negare (to negate), e forma una parte del Super-Io protettivo. La seconda viene sperimentata come una negazione dell'esistenza stessa del bambino, che produce una incrementata risposta pulsionale di tipo aggressivo e sessuale. Lo sviluppo dell'Io si deforma in risposta al "no maligno", portando a ciò che successivi teorici descriveranno come disturbi narcisistici. In questo lavoro, comunque, non intendo occuparmi delle ramificazioni delle risposte negative che il bambino incontra nell'ambiente.

7) Nondimeno, si deve essere cauti dall'aspettarsi che i gesti siano più "naturali" delle parole, ossia invarianti ed interpretabili in modo iconico. Come ha osservato

Darwin (1872) un centinaio di anni fa, persino lo scuotere la testa in senso negativo è meno universale di quanto ci si aspetterebbe, ed i gesti di affermazione sono ancora più variabili.

8) Quando il bambino diventa più mobile, suggerisce Spitz (1965), le risposte delle figure di accudimento passano dal compiacimento alla proibizione. Il bambino può restare connesso all'oggetto libidico, mentre si difende contro i propri impulsi, come anche dall'aggressività dell'altro, identificandosi con le proibizioni della figura di accudimento/aggressore (p. 186; cfr. Lichtenstein, 1971).

9) Con questi termini incontriamo ancora una volta lo stesso dilemma di scelta lessicale che ha dovuto affrontare Freud: ossia, come prendere le parole dal linguaggio comune e dotarle di significati particolari per la nostra disciplina. Ho scelto di restare coi termini proposti nella psicolinguistica dello sviluppo. L'aggiunta di "rigetto", penso, è utile nel distinguere tra le due forme di Spitz di rifiuto: il voltarsi via o l'espellere cibo/cose (rigetto) ed il rifiuto di un'altra persona.

10) Derrida (1988) è stato esplicitamente critico nei confronti di questo teorico degli atti linguistici, vedendo in essi le follie del programma strutturalista inerente alla filosofia anglo-americana; in particolare, egli ha criticato l'affermazione che si possa catturare la verità delimitando i contesti e le condizioni della sua interpretazione, specialmente mediante insiemi di opposizioni binarie o liste di tipologie di atti linguistici. Al contrario, Derrida considera il linguaggio come un campo aperto, in cui il significato si può solo perseguire (mai catturare) nel gioco della *différance*. Perciò, egli mette in questione se si possa sempre pienamente conoscere cosa si voglia dire ossia l'intenzionalità propria di un soggetto. Una descrizione completa delle varie tradizioni filosofiche che incrociano questo dibattito è ben oltre lo scopo di questo testo (si veda Madison, 1993). Per ciò che mi propongo, non importa quale posizione si assuma in questo dibattito,

dato che gli atti linguistici sono qui utilizzati meramente come strumenti per parlare dei contesti comunicativi in cui ha luogo l'espressione e che mantengono le possibilità della loro interpretazione. Se si crede che quei contesti possono essere sempre descritti in modo definito o si crede (con Derrida) che le possibilità dell'interpretazione sono pragmaticamente determinate in situazioni rigidamente definite, "ad esempio, discorsive – sintattiche o retoriche – ma anche politiche, etiche, ecc." (Derrida 1988, p. 148), non è questo in questione. Neppure è importante se si segua o piuttosto si sposi la "pragrammatologia" di Derrida considerata come "l'intersezione di una pragmatica e di una grammatologia" (p.159). Con questo nuovo termine Derrida tenta di creare una pragmatica libera dai presupposti metateorici (ad es., chiusura, certezza, astrazione) della tradizione anglo-americana. Tuttavia, egli non ovvia al bisogno di ciò a cui si indirizza la teoria degli atti linguistici: egli semplicemente non è d'accordo su come procedere riguardo a ciò, sul potenziale di successo, ecc. (1988, p.150). Per la mia tesi, ci sono due punti importanti: 1) i fenomeni, che sono esplorati come appartenenti alla pragmatica in vari modi da parte di differenti tradizioni filosofiche, vengono padroneggiati dai bambini prima della grammatica; ciò vuol dire che la competenza sintattica viene acquisita nel contesto di una già ben stabilita competenza retorica; e che 2) la negazione è anche possibile a questo livello pragmatico, laddove io la chiamo "rifiuto"("refusal") (in opposizione al "diniego" ["denial"] del livello grammaticale).

11) Lo studio di Ver Eecke non comprende i dati della psicolinguistica dello sviluppo su come i bambini acquisiscano complessi sistemi di negazione, sebbene egli si riferisca a dati clinici provenienti da bambini e da adulti psicotici nel descrivere la fissazione alla *dénégation*. La distinzione tra negazione proposizionale ed illocutiva, che ritengo abbia importanti implicazioni per lo sviluppo, non viene da lui individuata. Inoltre,

credo che basare un'analisi sulle forme della negazione disponibili in una particolare lingua (*non* e *ne-pas* in francese) renda oscura la complessa relazione tra forma e funzione che è una conseguenza della natura complicata delle espressioni negative, come si è accennato negli esempi clinici dimostrabili già menzionati.

12) In questo articolo non esploro le relazioni tra tipi di negazione e tipi di meccanismi di scissione comunemente descritti nelle teorie delle relazioni oggettuali – ad esempio, in che modo il rifiuto (refusal) o il rigetto (rejection) potrebbero essere correlati con la scissione di oggetti parziali o totali, o loro rappresentazioni (Lichtenberg e Slap, 1973; Lustman, 1977).

BIBLIOGRAFIA

AUSTIN, J.-L. (1962), *How to do things with words*, Oxford University Press, Oxford [Trad. it. *Come fare le cose con le parole*, Marietti, Genova 1987].

BASCH, M. (1981), "Psychoanalytic interpretation and cognitive transformation", *International Journal of Psychoanalysis*, 62, pp.151-175.

BASCH, M. (1983), "The perception of reality and the disavowal of meaning", *Annual of Psychoanalysis*, 11, pp.125-153.

BATES, E. (1976), *Language in context: the acquisition of pragmatics*, Academic Press, New York.

BENVENISTE, E. (1971), *Problems in general linguistics*, University of Miami Press, Coral Gables [Trad. it. *Problemi di linguistica generale*, Il Saggiatore, Milano 2010].

BION, W. (1967), *Second Thoughts*, Aronson, New York [Trad. it. *Analisi degli schizofrenici e metodo psicoanalitico*, Armando, Roma 1970].

BLANK, M. (1975), "Mastering the intangible through language", in *Developmental Psycholinguistics and Communication Disorders*, a cura di A. Aaronson & R. Rieber, New York Academy of Sciences, New York, pp.44-58.

BLOOM, L. (1970), *Language development: form and function in emerging grammars*, MIT Press, Cambridge.

BOWERMAN, M. (1973), *Early syntactic development: a cross-linguistic study with special reference to Finnish*, Cambridge University Press, London.

BROWN, R. (1973), *A first language*, Harvard University Press, Cambridge.

BRUNER, J. (1975a), "From communication to language", *Cognition*, 3, pp.255-287.

BRUNER, J. (1975b), "The ontogenesis of speech acts", *Journal of Child Language*, 2, pp.1-19.

BRUNER, J. (1983), *Child's talk: learning to use language*, Norton, New York [Trad.it. *Il linguaggio del bambino*, Armando, Roma 1987].

CHOMSKY, N. (1957), *Syntactic structures*, Mouton, The Hague [Trad. it. *Le strutture della sintassi*, Laterza, Roma-Bari 1980].

DARWIN, C. (1872), *The expression of the emotions in man and animals*, ristampa University of Chicago Press, Chicago 1965.

DERRIDA, J. (1988), *Limited Inc.*, Northwestern University Press, Evanston [Trad. it. Cortina, Milano 1997].

DORPAT, T. (1984), *Denial and defense in the therapeutic situation*, Aronson, Northvale, NJ.

EDELSON, M. (1975), *Language and interpretation in psychoanalysis*, Yale University Press, New Haven.

FERGUSON, C. & SLOBIN, D. (a cura di) (1973), *Studies of child language development*, Holt, Rinehart & Winston, New York.

FINE, B., JOSEPH, E. & WALDHORN, H. (a cura di) (1969), *The mechanism of denial*, International Universities Press, New York.

FORRESTER, J. (1980), *Language and the origins of psychoanalysis*, Columbia University Press, New York

[Trad. it. *Il linguaggio e le origini della psicoanalisi*, Il Mulino, Bologna 1984].

FREUD, A. (1936), *The Ego and the mechanisms of defense*, International Universities Press, New York 1953 [Trad. it. *L'io e i meccanismi di difesa*, Martinelli, Firenze 1967].

FREUD, S. (1900), *The interpretation of dreams*, in *Standard Edition*, a/5 [Trad. it. *L'interpretazione dei sogni*, in *Opere*, vol.3, Bollati Boringhieri, Torino 1989].

FREUD, S. (1905), *Fragment of an analysis of a case of hysteria*, in *Standard Edition*, 7, pp.1-122 [Trad. it. *Frammento di un'analisi d'isteria*, in *Opere*, Bollati Boringhieri, Torino 1989].

FREUD, S. (1910), *The antithetical meaning of primal words*, in *Standard Edition*, 11, pp.155-161 [Trad. it. *Significato opposto delle parole primordiali*, in *Opere*, vol.6, Bollati Boringhieri, Torino 1989].

FREUD, S. (1916-1917), *Introductory lectures on psycho-analysis*, in *Standard Edition*, 15/16 [Trad. it. *Introduzione alla psicoanalisi*, in *Opere*, vol.8, Bollati Boringhieri, Torino 1989].

FREUD, S. (1920), *Beyond the pleasure principle*, in *Standard Edition*, 18, pp.7-64 [Trad. it. *Al di là del principio di piacere*, in *Opere*, vol.9, Bollati Boringhieri, Torino 1989].

FREUD, S. (1925), *Negation*, in *Standard Edition*, 19, pp.235-239 [Trad. it. *Negazione*, in *Opere*, vol.10, Bollati Boringhieri, Torino 1989].

FREUD, S. (1927), *Fetishism*, in *Standard Edition*, 21, pp.152-157 [Trad. it. *Feticismo*, in *Opere*, vol.10, Bollati Boringhieri, Torino 1989].

FREUD, S. (1937a), *Analysis terminable and interminable*, in *Standard Edition*, 23, pp.216-253 [Trad. it. *Analisi terminabile e interminabile*, in *Opere*, vol.11, Bollati Boringhieri, Torino 1989].

FREUD, S. (1937b), *Constructions in analysis*, in *Standard Edition*, 23, pp.257-269 [Trad. it. *Costruzioni nell'analisi*, in *Opere*, vol.11, Bollati Boringhieri, Torino 1989].

FREUD, S. (1940a), *An outline of psycho-analysis*, in *Standard Edition*, 23, pp.144-207 [Trad. it. *Compendio di psicoanalisi*, in *Opere*, vol.11, Bollati Boringhieri, Torino 1989].

FREUD, S. (1940b), *Splitting of the ego in the process of defence*, in *Standard Edition*, 23, pp.275-278 [Trad. it. *La scissione dell'Io nel processo di difesa*, in *Opere*, vol.11, Bollati Boringhieri, Torino 1989].

GEDO, J. & GOLDBERG, A. (1973), *Models of the mind*, University of Chicago Press, Chicago [Trad. it. *Modelli della mente*, Astrolabio, Roma 1975].

HARTMANN, H. (1939), *Ego psychology and the problem of adaptation*, International Universities Press, New York [Trad. it. *Psicologia dell'Io e problema dell'adattamento*, Boringhieri, Torino 1966].

HOFFMEISTER, R. & WILBUR, R. (1980), "The acquisition of sign language", in *Recent Perspectives on American Sign Language*, a cura di H. Lane & F. Grosjean, pp.61-78, Erlbaum, Hillsdale, NJ.

HYPPOLITE, J. (1956), *Commentaire parlée sur la Verneinung de Freud,* in *J. Lacan, Écrits*, Appendice 1, pp.879-887, Éditions du Seuil, Paris 1966; anche in *The seminars of Jacques Lacan: Book 1*, a cura di J.-A. Miller, traduzione di J. Forrester, Appendice, pp.289-297, Norton, New York 1988 [Trad. it. *Commento parlato sulla Verneinung di Freud,* in J. Lacan, *Scritti*, vol.II, Einaudi, Torino 1974].

JACOBSON, E. (1957), "Denial and repression", *Journal of the American Psychoanalytic Association*, 5, pp. 61-92.

KELLER-COHEN, D., CHALMER, K. & REMLER, J. (1979), "The development of discourse negation in the nonnative child", in *Developmental Pragmatics*, a cura di E. Ochs e B. Schieffelin, pp.305-325, Academic Press, New York.

KLIMA, E. & BELLUGI, U. (1973), "Syntactic regularities in the speech of children", in *Studies of Child Language Development*, a cura di C. Ferguson &

D. Slobin, pp.333-353, Holt, Rinehart & Winston, New York.

LAPLANCHE, J. & PONTALIS, J.-B. (1967), *The language of psycho-analysis*, traduzione di D. Nicholson-Smith, Norton, New York 1973 [Trad.it. *Enciclopedia della psicoanalisi*, Laterza, Roma-Bari 1968].

LEVINSON, S. (1983), *Pragmatics*, Cambridge University Press, London [Trad. it. *La pragmatica*, a cura di M. Bertuccelli Papi, Il Mulino, Bologna 1985].

LICHTENBERG, J. & SLAP, J. (1973), "Notes on the concept of splitting and the defense mechanism of the splitting of representations", *Journal of the American Psychoanalytic Association*, 21, pp. 772-787.

LICHTENSTEIN, H. (1971), "The malignant no: a hypothesis concerning the interdependence of the sense of self and the instinctual drives", in *The unconscious today: essays in honour of Max Schur*, a cura di M. Kanzer, pp.147-176, International Universities Press, New York.

LITOWITZ, B. & LITOWITZ, N. (1977), "The influence of linguistic theory on psychoanalysis: a critical, historical survey", *International Review of Psycho-Analysis*, 4, pp.419-448.

LITOWITZ, B. (1983), "Development of verbal self-expression", in *The future of Psychoanalysis*, a cura di

A. Goldberg, pp.397-427, International Universities Press, New York.

LUSTMAN, J. (1977), "On splitting", *Psychoanalytic Study of the Child*, 32, pp.119-154.

LYONS, J. (1977), *Semantics*, 2 volumi, Cambridge University Press, London [Trad. it. *Manuale di semantica*, Laterza, Roma-Bari 1980].

MADISON, G. (a cura di) (1993), *Working through Derrida*, Northwestern University Press, Evanston.

MAKARI, G. & SHAPIRO, T. (1993), "On psychoanalytic listening: language and unconscious communication", *Journal of the American Psychoanalytic Association*, 41, pp.991-1020.

MATTE-BLANCO, I. (1975), *The unconscious as infinite sets: an essay in bilogic*, Duckworth, London [Trad. it. *L'inconscio come insiemi infiniti*, Einaudi, Torino 1981].

MCNEILL, D. & MCNEILL, N. (1968), "What does a child mean when he says 'no'?", in *Language and language behavior*, a cura di E. Zale, pp.51-62, Appleton-Century-Crofts, New York.

NOVICK, K.K. (1990), "Access to infancy: different ways of remembering", *International Journal of Psychoanalysis*, 71, pp.335-349.

PEA, R. (1980), "The development of negation in early child language", in *The social foundations of language and thought*, a cura di D.R. Olson, pp.156-186, Norton, New York.

RICOEUR, P. (1970), *Freud and philosophy: an essay on interpretation*, traduzione di D. Savage, Yale University Press, New Haven [Trad. it. *Dell'interpretazione: saggio su Freud*, Il Saggiatore, Milano 1967].

RIZZUTO, A.-M. (1988), "Transference, language and affect in the treatment of bulimarexia", *International Journal of Psychoanalysis*, 69, pp.369-387.

RIZZUTO, A.-M. (1989), "A hypothesis about Freud's motive for writing the monograph 'On Aphasia'", *International Review of Psychoanalysis*, 16, pp.111-117.

RIZZUTO, A.-M. (1992), "Review of *The other side of language: a philosophy of listening* of G. C. Fiumara", *Psychoanalytic Quarterly*, 61, pp.123-127.

RIZZUTO, A.-M. (1993a), "First person personal pronouns and their psychic referents", *International Journal of Psychoanalysis*, 74, pp.535-546.

RIZZUTO, A.-M. (1993b), "Freud's speech apparatus and spontaneous speech", *International Journal of Psychoanalysis*, 74, pp.113-127.

ROSEN, V. (1977), *Style, character and language*, Aronson, New York.

SEARLE, J. (1969), *Speech acts*, Cambridge University Press, London [Trad. it. *Atti linguistici*, Boringhieri, Torino 1976].

SHAPIRO, T. (1979), *Clinical psycholinguistics*, Plenum Press, New York.

SHAPIRO, T. & KAPIT, R. (1978), "Linguistic negation in autistic and normal children", *Journal of Psycholinguistc Research*, 7, pp.337-351.

SLOBIN, D. (1973), "Cognitive prerequisites for the development of grammar", in *Studies of Child Language Development*, a cura di C. Ferguson & D. Slobin, pp.175-208, Holt, Rinehart & Winston, New York.

SOWA, J. (1984), *Conceptual structures: information processing in mind and machine*, Addison-Wesley, Reading, M.A.

SPITZ, R. (1957), *No and yes: on the genesis of human communication*, International Universities Press, New York [Trad. it. *Il sì e il no*, Armando, Roma 1970].

SPITZ, R. (1965), *The first year of life: a psychoanalytic study of normal and deviant development of object relations*, International Universities Press, New York [Trad. it. *Il primo anno di vita del bambino*, Giunti, Firenze 2009].

STEIN, R. (1994), "A new look at the theory of Melanie Klein", *International Journal of Psychoanalysis*, 71, pp.499-511.

STERN, D. (1985), *The interpersonal world of the infant*, Basic Books, New York [Trad. it. *Il mondo interpersonale del bambino*, Bollati Boringhieri, Torino 1987].

STEWART, W. (1970), "The split in the ego and the mechanism of disavowal", *Psychoanalytic Quarterly*, 39, pp.1-16.

TOMKINS, S. (1962-1963), *Affect, Imagery, Consciousness*, 2 volumi, Springer Verlag, New York.

VER EECKE, W. (1984), *Saying 'No'*, Duquesne University Press, Pittsburgh.

VOLTERRA, V. & ANTINUCCI, F. (1979), "Negation in child language: a pragmatic study", in *Developmental Pragmatics*, a cura di E. Ochs e B. Schieffelin, pp. 281-303, Academic Press, New York.

VYGOTSKY, L. (1934), *Thought and language*, MIT Press, Cambridge 1986 [Trad. it. *Pensiero e linguaggio*, a cura di L. Mecacci, Laterza, Roma-Bari 2008].

WATZLAWICK, P., BEAVIN, J. & JACKSON, D. (1967), *The pragmatics of human communication*, Norton, New York [Trad. it. *Pragmatica della comunicazione umana*, Astrolabio, Roma 1971].

WILDEN, A. (1972), *System and structure: essays in communication and exchange*, Tavistock, London.

WILDEN, A. (1984), “Montage, analytic and dialectic”, *American Journal of Semiotics*, 3, pp. 25-47.

NEGAZIONE E OMERTÀ NEL CAMPO ANALITICO E ISTITUZIONALE

PSICOPATOLOGIA E ANONIMATO NEL CAMPO PSICHIATRICO

di Salomon Resnik

La pratica della psichiatria, in molti Paesi dell'Europa e in differenti parti del mondo, diviene sempre più meccanica e depersonalizzata. Per ragioni pratiche ed amministrative, apparentemente per mancanza di tempo, tale pratica diviene, nelle istituzioni, sempre più "reificata" ed anonima. Il paziente appartiene spesso ad un quadro nosografico pratico ed attualizzato, ed il trattamento farmacologico corrisponde a "tale o talaltro" sistema classificatorio, ossia all'ideologia psichiatrica ufficiale. Il paziente tipo vuole logicamente sentirsi meglio, ma non vuole necessariamente conoscere e comprendere la propria malattia. Comprendere implica un approccio psico- e socio-terapeutico che tocchi l'intimità del transfert interpersonale ed istituzionale.

Freud considera la conoscenza di sé e delle parti <<*oscure del pensiero*>> (Leibniz[1], Maine de Biran), ossia dell'inconscio, essenziale sul piano terapeutico.

L'arte di scoprire il senso delle cose implica un attaccamento affettivo (Leibniz, op. cit., 1683).

Anche la famiglia ha bisogno di sostegni emotivi che favoriscano la comprensione, soprattutto nel caso di pazienti isterici e psicotici, dato l'impatto e l'espansività dell'"ansia psicotica" nei loro abituali contesti.

Se la famiglia non può contenere l'ansia psicotica, essa cerca un'istituzione che, eventualmente, potrà farsi carico di una tale funzione: tollerare, ossia contenere, l'<<Angst>> del paziente. Tollerare una tale ansia non può essere "prescritto" al personale curante, è necessaria un'équipe curante motivata e ben formata. Sappiamo molto bene che la dose farmacologica prescritta dipende molto dal grado di tolleranza della "persona psicotica", come anche dalla natura del transfert del personale curante e dello psichiatra. Inoltre, la relazione di transfert istituzionale implica anche un'etica dell'incontro. Non è un caso se il mio primo libro pubblicato in Francia, oramai quarant'anni fa, aveva come titolo "Persona e psicosi". Ero stato ispirato in parte da un libro di Wyrsch[2] intitolato "La persona dello schizofrenico".

Quando lasciai Buenos Aires nel 1957 per andare a Parigi e poi a Londra, la mia ultima analista, la dott.ssa Alvarez di Toledo, mi disse: <<È bene completare la tua formazione in Francia ed in Inghilterra, ma attenzione! Non bisogna dimenticare che la relazione coi pazienti non è solo questione di oggetti interni o di meccanismi dell'Io, ma è un confrontarsi da persona a persona>>.

È questa dimensione che ho ritrovato più tardi in Francia ed anche in Inghilterra. In particolare, con F. Tosquelles all'Ospedale "Saint Alban" a Lozère, con J. Oury a "Cour Cheverny" e più tardi con Roger Gentis a Orléans. Tutti questi colleghi facevano parte del gruppo della psicoterapia istituzionale. Ho avuto l'opportunità di fare la conoscenza della psicoterapia istituzionale (termine suggerito dal dottor G. Daumézon che è stato mio primario e mio amico durante il mio tirocinio all'Ospedale "Sainte Anne" nel 1957).

Durante il mio soggiorno in Inghilterra (negli anni '50 e '60), ho avuto l'opportunità di lavorare e di studiare con Melanie Klein, Bion, Herbert Rosenfeld, Winnicott, Esther Bick ed altri.

Nel corso del mio soggiorno in Inghilterra ero stato incaricato di dirigere una comunità di giovani pazienti psicotici, sia uomini che donne, in un grande ospedale psichiatrico nel Surrey, a Coulsdon ("Netherne Hospital", nel 1958). Ho avuto anche la fortuna di poter scambiare delle idee con Maxwell Jones, direttore all'epoca di un ospedale che prendeva in carico pazienti psicopatici. Si trattava dell'Unità per Psicopatici di Belmont. Maxwell Jones era uno dei pionieri e dei "rivoluzionari" nell'organizzazione delle comunità terapeutiche. Il termine di "comunità terapeutica" è stato utilizzato per la prima volta da Tom Main al "Cassel Hospital" dove ho lavorato per parecchi anni. Questo ospedale aveva un orientamento kleiniano.

Sono rientrato a Parigi nel 1970. Qui, sono stato invitato a tenere delle conferenze all'Ospedale "Sainte Anne" (nella sala Magnan) in cui volevo far conoscere la mia esperienza in Inghilterra ed accostarla alla psichiatria francese. In seguito, sono divenuto “Maître de Conférences” in Psichiatria alla Facoltà di Medicina dell’Università di Lione. Molti dei miei allievi sono diventati psicoanalisti interessati ad una psichiatria dinamica ed istituzionale.

Già con il mio primo maestro a Buenos Aires, il dottor Enrique Pichon Rivière, ho appreso che il paziente istituzionalizzato aveva un nome. Non era solo un caso clinico determinato, ma un essere umano, una persona.

Malauguratamente questo contesto etico si perde progressivamente con un approccio pragmatico-meccanicista. Il problema nella psicosi è spesso lo “slegarsi” (“déliaison” secondo Green) di un Io, spesso multiplo, frammentato e sconvolto. In questo caso, ogni frammento del pensiero, disperso nel mondo, acquista spesso una vita autonoma: l’idea di persona si perde.

La ricerca ed il lavoro psicoterapeutico e psichiatrico coi pazienti psicotici richiede un interrogarsi sullo spazio geografico e cosmologico di un mondo disperso e della drammatizzazione della sua storia nella messa in scena istituzionale.

Guardando certi numeri del bollettino dell’Ospedale Psichiatrico di Saint Alban, che risalivano agli anni ’60, all’epoca di François Tosquelles, mentre mi trovavo nel club dei pazienti, mi ricordai di un’esperienza sulla danza e sull’effetto della musica sul corpo, fatta con molti pazienti cronici e con un gruppo di professionisti curanti. Il vedere come una vecchia paziente catatonica uscisse dalla sua pietrificazione grazie alla danza (in compagnia mia o di un infermiere) era un documento di vita impressionante e molto importante.

Gli scambi affettivi ed umani tra pazienti e personale all'interno del "setting" istituzionale sono essenziali e restano sempre primari per me. Ma oggi si hanno delle difficoltà di contatto con e tra le istituzioni. Si tratta di un problema di autonomia dei servizi e delle ideologie psichiatriche per cui il collegamento tra differenti servizi diviene difficile. È come se parlassimo lingue differenti, una sorta di schizofrenizzazione delle ideologie istituzionali. È questo il mio problema personale, mi piace continuare il transfert coi miei pazienti ospedalizzati e dar loro delle sedute analitiche se il personale ed il primario sono d'accordo per lavorare "in gruppo".

Ho avuto l'esperienza in Italia, e anche in Francia, per cui per certi primari il paziente diveniva di sua proprietà, una sua merce. Il giovane Marx, nel suo lavoro sull'alienazione, avrebbe detto che lo psichiatra o l'équipe curante diventa reificata e reificante.

È vero che i servizi in Francia o in Italia mancano di personale, ma anche di "veri" psichiatri.

Il paziente che non è ascoltato nel suo diritto al transfert con il suo interlocutore-terapeuta ricade in crisi. Spesso, anche la persona curante cade in una crisi di transfert e di controtransfert. Spesso, il paziente non ascoltato, non compreso diventa isolato ed abbandonato.

Personalmente, mi lego molto ai miei pazienti ed in queste condizioni trovo molto difficile e sofferta la mia posizione. Tranne se ho la fortuna di trovare un servizio amichevole e vicino, cosa che è sempre più rara. Cerco di evitare l'ospedalizzazione per quanto possibile o di trovare dei farmaci per contenere e calmare il paziente.

Penso sempre che l'ospedalizzazione debba esserci in condizioni buone e che l'ospedale psichiatrico è il luogo in cui il paziente può fare e vivere la "sua crisi". Una tale situazione richiede una presenza ed una lettura da parte di un inconscio vivo. Ciò pone un problema di formazione e di personalità adeguata. Bisognerebbe idealmente contare su personale formato ed abituato a tollerare l'ansia della crisi. Ciò implica l'avere una certa conoscenza vissuta nel transfert psicotico e non psicotico con questi pazienti. Pazienti cronici, "congelati" come gli attori del mio libro "Glaciazioni", hanno bisogno di uno spazio terapeutico che si apra alle sue proiezioni… al disgelo e allo stesso incendio emozionale.

Sono stato sempre sensibile e pieno di ammirazione nei confronti del Centro di Crisi, creato a Londra dallo "Arbor Center" e diretto da J. Berck, col quale ho collaborato. Tutto ciò si oppone all'anonimato professionale, il personale si deve "*mostrare*" e vivere le peripezie emotive del transfert, persino durante la crisi.

So che la formazione del personale ha sempre giocato un ruolo importante in Inghilterra, nella tradizione di François Tosquelles e dei suoi collaboratori, e anche in certi luoghi in Italia.

Il nostro interesse, oggi più che mai, è di entrare nella comprensione della dinamica istituzionale, con uno spirito di formazione del personale, cioè di tutti noi. Ciò fa parte della formazione permanente che consiste, secondo me, nel proporre un dialogo ed uno spirito di apprendimento nel campo di lavoro.

Anche la mia stanza di consultazione coi gruppi di formazione psicoterapeutica diviene un piccolo ospedale psichiatrico in cui devo fare le funzioni del personale curante. Sono i membri stessi del gruppo del mio piccolo ospedale intimo, tra cui contiamo dei pazienti schizofrenici, che si sdoppiano e diventano contemporaneamente curanti. Esso diviene anche capace di contribuire alla creazione di un campo di lavoro analitico in grado di contenere il massimo delle diversità pulsionali ed ideologiche (il delirio è anche un’ideologia particolare).

Un giorno ho incontrato in Italia un paziente, Leonardo, che era sul punto di strangolare sua madre che l’accompagnava alla seduta.

Nel suo stato compulsivo gli avevo detto:<<Leonardo, tu sei “sdoppiato”, c’è un folle in te che cerca di strangolare tua madre>>.

In quel momento si è fermato, e sua madre ed io abbiamo potuto dargli qualche goccia di “Serenase” (aloperidolo), il paziente si è calmato ed un infermiere lo ha potuto accompagnare alla comunità terapeutica dove risiedeva.

Per fortuna, il direttore di questa comunità era uno dei miei allievi e comunicava molto bene coi membri della sua équipe curante.

Dopo la crisi, Leonardo è stato accompagnato da un’infermiera in comunità. La madre, molto angosciata, è rientrata a casa. Un mese dopo, in una riunione con sua madre, con il paziente, con il direttore della comunità e con un'infermiera abbiamo avuto una discussione per riuscire a fare il punto sulla situazione del paziente. L'infermiera ha detto che, dopo quell'episodio, Leonardo si chiudeva a chiave nella sua stanza e si rifiutava di partecipare alla vita comunitaria: non voleva che la sua follia privata diventasse pubblica.

Leonardo non si sentiva preparato per la vita comunitaria, dato che aveva bisogno di essere ospedalizzato per contenere il "suo folle interiore".

Sappiamo che i farmaci non riescono sempre a padroneggiare né a fornire una comprensione della sua malattia, tuttavia essi aiutano a controllare i sintomi. Bisogna ancora raggiungere una comprensione dell'inconscio del paziente e dei suoi interlocutori (famiglia, personale curante, psicologi, psichiatri).

Leonardo era stanco della sua malattia e del suo folle interiore. Avrebbe voluto guarire dalla sua "follia mistica". Nel suo delirio, si sentiva posseduto da molti guru e dèi indiani, talora da Cristo e da Budda (talora è Budda e Buddo, quindi una coppia genitoriale) spesso in conflitto tra di loro. Ognuno voleva prendere il potere in questa lotta in seno alla sua comunità interiore.

Un giorno egli ha sognato un celebre guru, Sai Baba. Il maschile di Babba in italiano è Babbo, che vuol dire papà. Egli ha cominciato la sua analisi con me dopo la morte di suo padre, del suo Babbo che era un magistrato molto noto. Dopo aver perduto suo padre, sua madre doveva divenire allo stesso tempo Babba e Babbo: genitori combinati in uno solo.

Talora nel transfert, mi chiamava Papà o Babbo ed io mi sentivo spesso chiamato Mamma. Dovevo così uscire dalla mia neutralità o anonimato del controtransfert per prendere coscienza dei personaggi che egli proiettava su di me e che dovevano essere in procinto di entrare sulla scena del campo transferale. Il problema del transfert è che in un contesto reale la proiezione inconscia di un personaggio interiore (oggetto interno) sulla persona dello psichiatra, dell'analista o del personale curante soffre di una sorta di confusione di identità: prodotta da una giustapposizione tra realtà corporea ed induzione proiettiva.

Nel sogno, Leonardo aveva incontrato Sai Baba in un piccolo corridoio oscuro (non si dimentichino le "Impressioni Oscure" di Leibniz) che egli associa con il corridoio del mio studio dove egli aveva aggredito sua madre. All'interno del sogno egli voleva sapere se Sai Baba gli volesse bene o se fosse indifferente. Era dunque un sogno di transfert in cui chiedeva a me, Sai Baba, se io gli volessi bene.

"Sai Baba" significa per lui (in italiano) "Sai, mamma?" oppure "Sei baba" cioè "Tu sei mamma", come se io dovessi, nel transfert, fare le funzioni di padre e di madre. Una volta Leonardo, stanco della guerra di potere tra i suoi personaggi presenti nella sua testa (il suo teatro interiore), decise di mettersi di fronte delle foto o delle carte che rappresentavano i suoi personaggi interiori diventati "pubblici". Tra di loro c'era un attore celebre, talora un po' folle: Carmelo

Bene. Poiché era stanco e perseguitato dalle sue allucinazioni (i personaggi discutevano tra di loro), nel momento in cui egli si confrontava con le immagini che erano di fronte a lui, le voci interiori sparivano ed erano le carte che si mettevano a parlare.

Tutto ciò ricorda il caso di Frau P. di Freud (1896) in cui l'autore descrive per la prima volta il termine proiezione. Si tratta di allucinazioni intrapsichiche che si esteriorizzano nel modo della "proiezione"...., all'interno di un oggetto interno (i vicini nel caso di Frau P.). Così, il persecutore interno diventa un persecutore esterno. Nella versione tedesca di Freud, questi dice: come se ciò che è stato rimosso all'interno diventasse "rimosso all'interno" di un oggetto esterno.

Leonardo non era un paziente anonimo, era curato dalla comunità e da me, dapprima individualmente poi in un gruppo terapeutico al mio studio ed in modo specifico grazie alla collaborazione offerta dagli altri membri del gruppo e dai mie colleghi ospedalieri.

Uno dei miei pazienti di 12 anni, Ariel, non riusciva a studiare, i suoi pensieri scappavano dalla "sua testa" sotto forma di piccoli frammenti <<volanti e sparpagliati>>, come uccelli perduti nell'universo. Il paziente li chiama talora <<<i miei atomi volanti>>. Egli si interessava alla fisica atomica ed amava fare un viaggio in fondo al Cosmo con me come Cosmonauta-assistente: devo aiutarlo a <<ri-raccogliere>> le sue particelle-pensieri ed aiutarle a ritornare al loro *nido* (spazio mentale).

Talora, Ariel era molto stanco, il suo corpo triste e pesante aveva bisogno di allungarsi.

Durante una seduta, incrociava le gambe, in aria, come se stesse cominciando a camminare in verticale verso il Cosmo. Poi, faceva dei movimenti strani con le dita e diceva che gli era sempre piaciuto creare delle <<forme>> con le dita. In quel momento voleva creare una sorta di scala, di scalinata per andare verso l'alto: un gesto mistico, un pensiero corporeo?

Penso alla scala di Giacobbe su cui gli angeli salgono o scendono (Genesi 28,11).

Magicamente, Ariel muoveva le braccia come se fossero delle ali.

<<Vedo che tu sei molto preoccupato di andare molto in alto>>, gli dico.

<<Sì>> mi dice da lontano, come se fosse in fondo al Cosmo, lontano dalla Terra (o forse sdoppiato tra l'essere se stesso e Dio).

<<Sai quello che stai cercando là?>>

<<No, mi interessa, ma ne ho paura>>

Ariel aveva paura di vivere l'orizzontalità, la vita sulla Terra. Viveva nella verticalità ascendente, verso il Cosmo. Si trattava di una caduta verso l'alto, forse come reazione ad una caduta verso il basso (una sorta di bipolarità tra reazione maniacale e depressiva). Nelle sedute precedenti, aveva manifestato la sua inquietudine di fronte al mondo dei morti e mi aveva chiesto chi fosse Anubi.

Gli avevo risposto, ricordandomi della mitologia egizia, dicendogli che lui non sapeva ancora se io dovevo essere un guardiano di vita o un guardiano di morte.

C'erano dei lutti nella sua vita, che pesavano su di lui, per cui non riusciva a differenziare ciò che era vivo da ciò che era morto in se stesso. D'altra parte, egli aveva paura di vivere e di soffrire.

Diceva spesso: <<Non mi piacciono i vivi>>.

Lui ed io eravamo allora in un'avventura in cui, apparentemente, cercavamo a momenti dei frammenti di vita e in altri momenti dei <<frammenti di morte>>.

Lo psicotico ha spesso l'idea inconscia e talora conscia di un morto vivente in se stesso.

L'analisi diventa così un viaggio, un'avventura verso luoghi sconosciuti.

Vorrei dare qualche esempio vissuto nella mia pratica, privata ed istituzionale, sulla psicopatologia del campo terapeutico.

Con il titolo "Psicopatologia ed anonimato nel campo psichiatrico" cerco di creare una metafora viva della vita quotidiana "dei luoghi". Sia che si tratti di una relazione di transfert privata, sia che si tratti di una istituzionale…

La nozione di anonimato, così come il principio di omertà, significa, ad un livello conscio, umiltà e dipendenza assoluta dal tiranno, dal boss. Ma ciò che mi interessa dal punto di vista psicoanalitico è la dinamica della tirannia degli oggetti interni[4] ed i loro effetti sulla vita relazionale del soggetto. Talora dobbiamo mantenere l'anonimato su certi aspetti del paziente che sono stati raccontati dalla famiglia in assenza del paziente (e viceversa). Cosa dobbiamo fare in queste situazioni? La risposta è delicata e personale.

Nella mia esperienza professionale, se una madre telefona per dirmi che suo figlio ha rotto il mobile della sua stanza in uno stato di crisi, e se il paziente non me lo comunica durante la seduta, il mio atteggiamento è il seguente: considero che esso sia un messaggio inconscio del paziente, che induca nella madre la funzione mediatrice, volta a comunicare al terapeuta, indirettamente, ciò che lui ha paura di dire direttamente. È la stessa cosa della bugia, che è una forma di verità mascherata. L'arte della psicoanalisi o di ogni terapia interpersonale consiste nell'avere uno stile personale che permette d'introdurre i non-detti (l'anonimato o il principio di omertà) in modo adeguato.

Ci sono cose che accadono nella psicopatologia consueta di ogni istituzione, su cui certe persone devono mantenere il silenzio e quasi l'anonimato, per conservare un certo spazio di sicurezza. Ciò significa che c'è un sentimento paranoide ed una paura di fronte all'autorità che rinvia, in ogni caso, a degli stati di panico o di persecuzione personale. La situazione è molto complessa e variabile secondo il grado di persecuzione reale o immaginata.

La questione della fedeltà al padrone rinvia alla psicopatologia intrapsichica del "legame tirannico".

Uno dei miei pazienti, Paul, affetto da etilismo, un giorno mi ha detto: <<Bevo per motivi di fedeltà>>. Raccontava che sua madre era tossicomane, ma che a momenti era molto affettuosa con lui, mentre suo padre era un personaggio universitario importante ma freddo ed intossicato dal prestigio. Un tale prestigio l'ha trasformato in qualcuno di onnipotente. Nel caso di

Paul la sua tossicomania etilica si è giustificata sulla base di un'identificazione patologica con il lato malato dei suoi oggetti genitoriali. Paul era dunque fedele ad un destino tragico che non riusciva a differenziare da quello dei suoi genitori: il suo Io era immerso soprattutto nell'oggetto interno materno malato. Si trattava di una fusione o meglio di un legame amoroso e perverso al tempo stesso. Tutto ciò a proposito della fedeltà alla sintomatologia della madre che apparentemente rappresentava per lei, secondo il figlio, una "vendetta" autodistruttrice rispetto al padre freddo e potente. Il narcisismo autodistruttore gioca un ruolo molto importante per H. Rosenfeld a proposito della sfida nel transfert e nella vita, a partire da un'ideologia nichilista in cui più importante che vivere è distruggere il "vero tiranno", o forse il malinteso inconscio sulla realtà dell'oggetto esterno ed interno. Recentemente ho tenuto una conferenza su questo tema[5] presso la Società Francese di Psicoterapia Psicoanalitica di Gruppo (SPPG).

M. Klein mi ha insegnato che il fondamento dell'invidia è l'ammirazione. Si tratta di un narcisismo distruttore nei confronti di un oggetto ammirato "invidiosamente".

Un giorno dovevo tenere una conferenza a Parigi sul libro di Melanie Klein "Invidia e gratitudine". Ma io l'avevo intitolato "Invidia senza gratitudine". L'attacco invidioso cerca di negare le qualità positive dell'oggetto aggredito che ferisce il narcisismo dell'aggressore.

Essere analizzati o essere aiutati in generale implica sempre una certa ferita narcisistica. È per questo che l'identificazione eccessiva con il maestro è un meccanismo di difesa per non farsi carico dell'inevitabile rivalità che esiste tra il figlio ed il padre (o la madre).

In questo modo ci si traveste prematuramente da psicoanalista come identificazione al maestro, *aggressore inconscio del proprio narcisismo.* Così, la vera personalità resta nell'anonimato e mette in evidenza il "Falso Sé" (Winnicott). In effetti, quando uno dei nostri colleghi è apprezzato per la sua originalità ed il "suo stile", ciò significa anche che egli è riuscito a differenziarsi dal maestro.

Lo stesso problema si pone al livello dell'evoluzione del bambino quando imita i genitori ammirati e spesso aggrediti inconsciamente (ossia invidiosamente) per divenire col tempo riconoscente nei loro confronti.

Tutto ciò mette in questione il significato del *silenzio in psicoanalisi* e del modo di utilizzarlo.

Personalmente, sono convinto che più il paziente è malato, più ha bisogno "di analizzare" il suo interlocutore o l'istituzione. Chiamo questo fenomeno "doppio transfert". In realtà, il paziente percepisce l'analista a "suo modo" e viceversa. Il *silenzio analitico* si confonde talora con l'anonimato e col principio di omertà. Il vero silenzio analitico consiste da parte dell'analista in un invito al paziente a distendersi ed a associare. Il "quadro analitico" è molto complesso a tutti i livelli. L'esperienza terapeutica è sempre alla ricerca di luoghi, di una semantica del gesto, delle parole, della qualità della parola e del silenzio, ed infine dell'atmosfera dello stesso incontro. Chiamo quest'ultima situazione "transfert ecologico ed etologico", quando si tratta non solo di clima, ma ugualmente di territori e di frontiere psichiche.

Un altro aspetto semiologico del campo dell'incontro è la ricerca della natura del *legame paziente-analista* con *il paziente-istituzione.* Talora si tratta della mancanza di legame... Il modo di attaccamento, o *nesso*, nel transfert rinvia alla storia del soggetto stesso. Winnicott parla di processo di personalizzazione a proposito del modo particolare per cui un bambino piccolo diviene una *persona.* Ciò significa che egli arriva ad ottenere un'identità che gli permette di differenziarsi dagli altri. In questo modo egli si può confrontare con gli altri membri nella sua *diversità.*

La formazione del Super-Io nel bambino ha le sue radici, tra l'altro, nella proiezione delle proprie pulsioni aggressive e distruttrici rispetto alla scena primordiale. M. Klein (1927)[6] in uno dei suoi primi lavori sulle tendenze criminali nei bambini fornisce degli esempi sul sadismo dell'Io del bambino proiettato sul Super-Io paterno. Questi attacchi inconsci o consci contro i genitori possono essere equivalenti al "lanciare una bomba" contro di loro (attacco esplosivo anale contro la coppia). In realtà, secondo M. Klein, c'è un'immagine arcaica dei suoi genitori, tra loro indifferenziati, facente parte di un'unica entità che si dimentica del bambino o lo lascia da parte mentre egli si rende conto dei propri desideri sessuali e sadomasochistici. Talora il sadismo del bambino si dirige verso i fratelli e le sorelle a causa della gelosia e dell'invidia. Inconsciamente il gruppo famiglia o il gruppo terapeutico rappresenta spesso dei pezzetti del corpo della madre. Prima di cominciare un gruppo, i membri sono spesso preoccupati se manca un pezzetto. Ogni incontro è una vera ricostituzione, un *rimembrare* un corpo o oggetto primordiale materno.

D'altra parte, non si deve dimenticare che le esigenze orali del bambino che abita in noi sono spesso investite di avidità talora inesauribile. Tutto questo mostra la difficoltà di comprendere la relazione complessa del bambino coi suoi genitori e col suo ambiente in generale, come anche il contesto della relazione paziente/psichiatra/analista al livello del transfert analitico nella pratica privata e nell'ospedale.

CONCLUSIONI

Ho cercato di esprimere e di drammatizzare la mia esperienza personale clinica ed "umana" nella mia formazione di psichiatra e di psicoanalista in differenti contesti. Gli esempi clinici ci possono servire come punto di partenza per rendere vive e "reali" le nostre discussioni piuttosto che astratte.

Spero di aver suscitato nel lettore una vocazione ed un desiderio di ricerca in un compito così appassionante come l'esperienza umana, presente in maniera diversificata nella psicopatologia clinica del quotidiano ed in particolare nella pratica privata ed istituzionale.

Note dell'Autore:

1) Leibniz, *Selections*, Charles Scribner's sons, New York 1951.

2) Wyrsch, J. (1955), *La personne du schizophrène*, PUF, Paris.

3) Sigmund Freud, *Analysis of a case of Chronic Paranoïa*, in *Standard Ed.*, Vol III, p. 174 [Trad. it. *Osservazioni psicoanalitiche su un caso di paranoia (dementia paranoides) descritto autobiograficamente (Caso clinico del presidente Schreber)*, in *Opere*, vol.6, Bollati Boringhieri, Torino 1989].

4) Salomon Resnik, «La tyrannie de l'objet interne», in *Psychanalyse du lien tyrannique*, a cura di Albert Ciccone, pp.47-67, Dunod, Paris 2003.

5) Salomon Resnik, «Le narcissisme destructeur», *Revue française de psychothérapie psychanalytique de groupe*, 55, 2010, pp.29-40.

6) M. Klein, "Criminal tendencies in normal children" (1927), in *The writings of Melanie Klein*, vol 1, p. 170 [Trad. it. *Scritti 1921-1959*, Bollati Boringhieri, Torino 1978].

QUANDO IL MARE DIVENTÒ UNA MONTAGNA DI UOMINI

di Ambra Cusin

L'odio, fa parte dell'uomo; è un sentimento umano.
Invece l'indifferenza, l'assenza di emozioni
è la forma più pericolosa di distruttività,
non l'odio per quanto possa essere pervicace e pericoloso.
(Franco De Masi, *Stati traumatici e processi di de-umanizzazione*)

Il vuoto
che sento ora
è la voce
di quello
che non ho ascoltato
prima.
(Giulia Zaccariotto)

Quando si è cittadini di due mondi
si è come una mela tagliata a metà.
Nello spazio in mezzo c'è la mancanza.
(Anankeseida)

Piccola fogliolina
morta
ma attaccata ad un ramo,
non vuoi cadere,
stai aggrappata ad una vita che non hai più.
Presto verrai cacciata

dalla tiepida primavera,
da un nuovo germoglio
che potrà ciò
che il gelido vento invernale
non ha osato.
(Anonimo)

Arnaldo Rascovsky (1978), uno dei pionieri del movimento psicoanalitico latino-americano, ha scritto più di trent'anni fa un libro stimolante, il cui titolo é *Il figlicidio*.

Analizzando il fenomeno della guerra, l'autore sostiene che una delle sue componenti è quella di far combattere tra di loro le nuove generazioni.

I giovani sono considerati delinquenti se tentano di disertare, ma sono onorati se si identificano con le direttive dei padri e uccidono altri giovani.

La decisione di andare in guerra non è mai presa dalle generazioni che vi partecipano, ma da menti senili che sono al potere.

Per Rascovsky non è possibile negare che la guerra costituisca l'espressione ciclica di un rito d'iniziazione che esige il sacrificio della generazione che cresce. Tale morte riceve una forte connotazione morale che si accompagna al mantenimento dell'innocenza della gerontocrazia che l'ha decretata.

Gli anziani che avviano alla morte si nascondono dietro un'astrazione simbolica chiamata Patria, che richiede la donazione volontaria della vita. I padri nascondono la loro distruttività e spingono i figli all'idealizzazione di sé che serve a negare la vera natura del figlicidio.

Nell'epoca attuale del terrorismo, il figlicidio è diventato così palese da non richiedere più il mascheramento tradizionale.

I padri chiedono apertamente ai figli di immolarsi (De Masi, 2006, p.15).

Il caso di cui ho parlato al convegno "Psicoanalisi e luoghi della negazione" di Lecce non riguarda un Paese in guerra, non una persona che ha rischiato atrocità simili a quelle di cui parla Rascovsky, ma comunque ha a che fare con una persona giovane che ha 'abbandonato' una madre-patria indifferente ai propri figli per emigrare in Italia.

Sappiamo come per Freud la struttura psichica del bambino si formi combinando le sue disposizioni personali ereditate, con gli avvenimenti della prima infanzia.

Mi chiedo cosa accada quando, in una persona giovane, tutto questo si intreccia con un evento forte, quale la migrazione, da un Paese attraversato da violente trasformazioni, quale l'Albania degli anni '90, verso un Paese come l'Italia, apparentemente in un contesto stabile e democratico, ma al fondo in una situazione di incertezza e di precarietà dovuta proprio all'arrivo, da Paesi estremamente diversi, di genti le più varie.

Cosa accade con l'evento migratorio quando il medesimo si somma ad una storia personale intrapsichica densa di eventi non pensabili?

"Antiche quanto l'uomo, le emigrazioni sono state affrontate da molti punti di vista. [...] Sorprende pertanto che questo tema sia stato poco analizzato dal punto di vista psicoanalitico; nonostante (o forse proprio per questo) molti tra i pionieri della psicoanalisi abbiano vissuto in prima persona esperienze migratorie" (Grinberg & Grinberg, 1990, p.15).

È ormai assodato come l'esperienza migratoria abbia implicito un aspetto traumatico dovuto ad una separazione significativa, non solo dagli affetti, ma anche da odori, colori, suoni a cui si è abituati e grazie ai quali la propria mente si è strutturata. Tutto questo con la migrazione è costretto a mutare significativamente. Del resto in molti abbiamo fatto l'esperienza di quanto sia comunque traumatico anche un semplice trasloco da una casa ad un'altra o un viaggio aereo per Paesi lontani dove, al nostro arrivo, viviamo una sorta di lieve disorientamento nell'adattarci a una realtà diversa (forse la sindrome del *jet lag* potrebbe essere intesa come un correlato fisico di questo disorientamento).

Con la storia di una persona di origini extracomunitarie, ho tentato al convegno di esplorare questi intrecci, a mio parere interessanti, per stabilire alcune ipotesi di collegamento, e potenziamento, con gli eventuali traumi precedenti.

Freud aveva consigliato, per la cura delle nevrosi, negli *Studi sull'isteria* (1895) l'elaborazione psichica delle esperienze traumatiche del passato e aveva stabilito anche che le cause del trauma dovevano ricercarsi o nelle condizioni psicologiche specifiche del soggetto al momento del fatto, o in un conflitto psichico che impediva l'integrazione psichica dell'evento, o ancora in una situazione affettiva che ostacolava una reazione adeguata. È nel 1920 che Freud in *Al di là del principio di piacere* stabilisce che traumatico è quando un fatto, per un eccesso di eccitazione esterna, supera la barriera protettiva creando nell'Io disturbi che sono destinati a durare. È da ciò che Freud inizia a considerare il trauma come una sorta di "nevrosi traumatica".

Sarà nel 1926, in *Inibizione, sintomo, angoscia*, che affermerà come l'Io possa essere assalito sia da dentro, dal suo interno dunque, che dall'esterno. I Grinberg (1990) sostengono che questo avviene frequentemente nei migranti che usano sintomi fobici o manifestazioni d'ansia, quali per es. l'insonnia o gli incubi, come modalità controllate di 'angoscia-segnale' (quindi come attacchi interni) per proteggersi dall'invasione dell'angoscia catastrofica.

Inoltre possiamo considerare la migrazione come un insieme cumulativo di micro-traumi, o trauma cumulativo, cui lo stesso Freud aveva accennato già nel 1895.

Sono proprio i Grinberg a segnalare come l'aspetto traumatico dell'evento migratorio non si manifesti immediatamente all'inizio del processo medesimo. Se e quando il trauma si manifesterà dipende dalla personalità del migrante e da molteplici altre circostanze. A volte in mezzo può esserci un periodo di latenza. "Crediamo quindi che l'emigrazione, in quanto esperienza traumatica, possa essere compresa nella categoria dei cosiddetti traumi 'accumulativi' e da 'tensione', con reazioni non sempre esplosive e manifeste, ma dagli effetti profondi e duraturi...", a volte è possibile osservare "ciò che è stato definito con il termine di 'lutti rinviati'" (Grinberg & Grinberg, 1990, p.27).

Sempre i Grinberg sostengono come il consolidamento dell'identità dipenda dalla interiorizzazione di relazioni oggettuali assimilate dall'Io attraverso un processo di identificazioni introiettive autentiche e non con l'uso di identificazioni proiettive maniacali. Perciò la migrazione può trasformarsi in un fattore carico di pericoli per il sentimento di identità. Per sopravvivere l'immigrato ha bisogno di aggrapparsi ad elementi del suo ambiente nativo e lo fa grazie per es. alla musica, a racconti della sua terra, a ricordi e sogni in cui risorgono in modo manifesto aspetti del Paese di origine così da mantenere viva l'esperienza del sentirsi se stesso (Grinberg & Grinberg, 1990, p.133).

In alcune persone di origine straniera tutto questo inizia ad apparire, in maniera significativa, solo con l'analisi.

"Gli albanesi non si sentono balcanici, ma un popolo a sé, isolati, sia per motivi politici, ovvero per i 50 anni di dittatura, ma anche per il modo di essere. Non ci sentiamo né slavi, né greci. Nonostante sia piccola, la popolazione è molto eterogenea sia come usanze che come dialetti. Tra nord e sud c'è molta diversità. Il Kanun[i] *lo si segue solo al nord. Tirana è più acculturata. Un detto albanese suona così: <<con il sapere sei libero, ma disgraziato>>. Il mio è un popolo che viene educato a non difendersi, a non alzare le mani per proteggersi dalle possibili botte dei genitori. Gli albanesi non hanno la consuetudine di descrivere i sentimenti verso se stessi. La nostra è una popolazione giovane, la mentalità è quella di sposarsi e fare figli. Non fare figli è quasi una vergogna. Al nord bisognava fare almeno un maschio. Quando ero piccolo e nasceva un bambino, con un tessuto lungo, il kukurec*[ii]*, si avvolgevano le gambe diritte affinché non*

crescano storte. Era un tessuto di panno. Il bambino era tutto duro. Lo hanno fatto anche a me. Oggi però non lo si fa più. Era una tecnica il saper stringere, ma non troppo, il bambino doveva stare bello duro. Solo verso l'anno viene[iii] *slegato. Pensare che ce l'avevano tutti gli albanesi. Mi dà la sensazione di poca libertà. Nella mia memoria sensoriale ci devono essere queste gambe tenute rigide, che non si possono muovere".*

Un migrante può ritrovarsi davanti ad angosce sempre negate in una sorta di cancellazione dei suoi ricordi, delle sue potenzialità e della sua vitalità. Mi chiedo, con Amati Mehler et al. (2003, p.134), se sia possibile per queste persone "'dimenticare' in una lingua e 'ricordare' in un'altra". Infatti, suggeriscono gli autori, si deve considerare che non tutto ciò che è stato dimenticato è frutto della rimozione, alcuni contenuti possono essere tenuti lontani, soprattutto nei loro vissuti, con l'isolamento, la scissione, la negazione. Penso che possa accadere che il passato si frapponga continuamente tra il presente e il futuro impedendo di fatto ogni progetto di vita, ogni speranza per il futuro.

Freud distingue, in *Inibizione, sintomo e angoscia*, l'angoscia verso qualcosa di sconosciuto (caratterizzata da indeterminatezza e da mancanza di oggetto) dalla paura di qualcosa di conosciuto intesa come angoscia per un oggetto riconoscibile.

In un precedente lavoro (Amione & Cusin, 2010) avevamo esplorato come in inglese esista una distinzione, che non troviamo nella lingua italiana con la medesima intensità, tra *waiting for* e *waiting what.* Con *waiting for* si intende aspettare qualcosa di cui si ha già conoscenza, ciò che è già stato possibile rappresentarsi, anche se non ancora presente; con *waiting what* si intende invece un aspettare qualcosa di indefinito, non ancora rappresentato, ignoto alla *cogitation*, quindi passibile di vivere di sole proiezioni.

Mi sono chiesta quanto dunque il fatto che i migranti non riescano a progettarsi (che tra l'altro è un anagramma di 'proteggersi') abbia a che fare con un'angoscia, non una paura, le cui origini possono essere sconosciute, verso qualcosa di indefinito appunto, che la persona si aspetta, ma che è pieno solo di sue proiezioni, frutto di eventi passati sconosciuti. Per questo può essere interessante proporre un'analisi. Per trovare un oggetto all'angoscia. Quanto l'analisi può promuovere un processo di rappresentazione al posto di un'ansia persecutoria verso il futuro che blocca tutte le legittime aspettative?

Troviamo in Freud stesso, in una lettera a Eitingon riportata dai Grinberg (1990, p.216), il vissuto di una incertezza simile nei confronti del futuro, ben più comprensibile per un uomo della sua età, costretto a migrare, a fuggire, ma in cui mi è parso di ritrovare delle sfumature simili:

"Non è un caso se finora mi sono attenuto ai fatti. È difficile dominare le condizioni affettive di queste giornate, quasi impossibile descriverle. Il senso di trionfo della liberazione si mescola troppo con il cordoglio, perché abbiamo pure sempre amato la prigione da cui ci hanno lasciato fuggire. All'incanto per il nuovo ambiente… si aggiunge, come elemento perturbatore, il disagio delle piccole peculiarità dell'ambiente estraneo; le liete speranze di una vita nuova sono bloccate dall'incertezza su quanto ancora un cuore stanco riuscirà a lavorare, e, sotto l'impressione della malattia al piano di sopra... la sofferenza di cuore si alterna con una evidente depressione..."

Mi pongo diverse domande in merito a questo: quando un paziente straniero per es. ci parla della 'rabbia' o di una caratteristica di un familiare significativo, è costretto a tradurre un'emozione sperimentata da bambino, quando conosceva solo la sua lingua, in parole (utilizzando una rappresentazione di parola italiana) come appunto 'rabbia', che non è detto che corrispondano esattamente alla stessa rappresentazione di cosa (il vissuto della rabbia sperimentata nell'infanzia).

Posso, per spiegarmi meglio, ricorrere ad un esempio con la lingua slovena (mi è più facile perché a Trieste ho molti pazienti di madrelingua slovena e quindi ho fatto più esperienza in tal senso). Una paziente mi parla della fiducia e dice che in sloveno si dice *zaupanje*, ma in questa parola è contenuta *upanje*, che vuole dire speranza. Ecco che nella lingua slovena, a differenza dell'italiano, questa parola è fortemente vincolata alla speranza, mentre in italiano questo legame è frutto di un processo più razionale e logico, piuttosto che frutto di una immediatezza linguistico-emotiva.

Stengel (1939 - citato in Amati Mehler et al., 2003, p.138) sottolinea che nell'apprendere una nuova lingua siano implicati dei processi di cambiamento interiore. Egli sostiene come le singole parole che usiamo evochino immagini visive che inevitabilmente vengono alterate nell'acquisizione di una nuova lingua. E questo avviene soprattutto in un nuovo contesto come quello della migrazione. È per questo che, dice Stengel, parole con lo stesso significato possono suscitare nel soggetto immagini differenti nella lingua materna dell'infanzia e nella lingua che si apprende successivamente. Stengel propone di considerare che "il rapporto libidico con un oggetto denominato da una parola straniera è diverso dal nostro rapporto con lo stesso oggetto, denotato invece dalla parola nella lingua natìa. In ogni caso è interessante che il cambio transitorio nella relazione libidica con l'oggetto coincida con un cambio nei processi immaginativi".

Nel corso dell'analisi le narrazioni possono subire delle trasformazioni: ci saranno alcune storie che i pazienti (e questo vale per qualsiasi paziente) non solo possono raccontarci e che prima tenevano celate, ma che possono ricordare, recuperare nella loro memoria o soprattutto possono narrarci dei fatti di cui avevano accennato, ma tra cui pian piano possono stabilire dei legami, dei rapporti che daranno nuovo significato ai fatti stessi. Talvolta mi accorgo come non siano i fatti in se stessi, e le emozioni correlate, ad essere rimossi, ma i legami tra i medesimi. Tutto appare parcellizzato, spezzettato e a volte il paziente salta da una cosa all'altra come a sancire una assoluta indipendenza tra le medesime. Né io stessa, mentre ascolto, sono in grado di collegare le cose, come se io stessa venissi coinvolta dal paziente in una sorta di "assunto omertoso" (Romano, 2006, ma anche gli studi in merito di Zajde, 2002) per il quale certi legami tra rappresentazioni non devono essere fatti! Perlomeno fin tanto che il paziente non è pronto a farli. Romano parla di assunto di omertà relativamente ai gruppi, mi sento però di esportare questo modello alla relazione duale della coppia analitica, in quanto ho la percezione che comunque anche il lavoro individuale con il paziente abbia a che fare con un gruppo e fondamentalmente con il gruppo interno del paziente che interviene sempre a portare un qualche contributo nella relazione con l'analista (come analisti dobbiamo prendere coscienza dei personaggi che il paziente porta in seduta e che alternativamente proietta su di noi oppure recita lui stesso invadendo così il campo transferale). Ebbene, credo che l'assunto di omertà, anche con certi pazienti stranieri, che provengono da Paesi gravemente danneggiati da guerre o trasformazioni politiche, abbia a che fare con "una condizione emotiva, uno stato d'animo diffuso che non ha a che fare con l'esistenza di un oggetto segreto preciso.... La motivazione è inconscia: il segreto è scisso dalla coscienza... non c'è richiesta di collusione (con l'analista)[iv]... la condizione di assunto di base di Omertà è quella di celare qualcosa anche se non si sa che cosa" (Romano, 2006).

Lo stesso Freud aveva intuito che la rimozione agiva spezzando i legami associativi e, aggiungono Amati Mehler et al. (2003, p.136), può essere interessante cercare di capire cosa accade quando la "rappresentazione di parola è più d'una in relazione ad ogni singola cosa, e come questi nessi associativi – che costituiscono il tessuto tra conscio, inconscio e preconscio – si organizzano nei legami, o nella rottura di legami, tra rappresentazioni di cosa e rappresentazioni di parola". Il paziente straniero deve far entrare nel suo patrimonio associativo, che in genere è già organizzato, un nuovo codice linguistico, una serie di rappresentazioni di parole che devono fare i conti con i sistemi preesistenti.

Trovo anche molto interessante il fatto che, a volte, io stessa vengo coinvolta in questa incapacità di stabilire legami. Anzi in una sorta di ambito di "false apparenze", come le chiamano Amati Mehler et al. (2003, p.142), che rappresentano una specie di rimaneggiamento successivo esperenziale dei ricordi, che causa una distorsione, è proprio con queste distorsioni che nel lavoro analitico può evidenziarsi un percorso evolutivo nella sua interazione con le difese, e sul come e sul perché la memoria di un evento abbia assunto altre vesti.

È Freud stesso a scrivere, nella lettera a Fliess n. 112 del carteggio (1896), che le tracce mnestiche sono sottoposte a nuove sistemazioni per cui uno stesso ricordo può avere tante versioni e forse anche tante traduzioni linguistiche diverse. Allora, continuano Amati Mehler et al. (2003, p.149), il ricordo nella sua versione finale (ma io mi chiedo se questa esista realmente o nel tempo si strutturino infinite altre "versioni finali") dipenderà da una serie di variabili che collaborano a scegliere le componenti che strutturano il ricordo medesimo. Variabili che possono avere a che fare con il passato e il presente, ma anche con il futuro, in quanto bisogna fare i conti con il desiderio che è un vettore, dice Freud, di potenziali trasformazioni dell'identità.

Credo che questo fatto del non riuscire a ricordare, ma soprattutto di essere impossibilitati a stabilire legami tra i ricordi e coinvolgere in questo l'analista, può trovare molti approfondimenti negli studi di diversi colleghi: da quelli di Amati Sas, ma anche di Corrente, o di Puget, Zerbino ed altri, in cui si evidenzia come ciò abbia a che fare sia con un freno messo dal paziente stesso, inconsciamente, per rallentare le sue associazioni così da proteggere entrambi, paziente e analista, da una specie di accecamento per troppa luce, sia con la protezione messa in atto dall'analista nei confronti del paziente, affinché venga in contatto con esperienze del passato molto dolorose, il più gradualmente possibile. In questo caso mi sento di dire che come analista ho fornito il nutrimento per conquistare la forza indispensabile a "vedere" piuttosto che dare interpretazioni per evidenziare al paziente le cose. A volte può accadere che con questa forza, molti anni dopo la fine dell'analisi, il paziente possa conquistare spazi di pensabilità che prima, anche semplicemente durante l'analisi, gli erano impossibili. È molto lentamente che il processo analitico riesce a stabilire dei collegamenti per cui la storia, la narrazione "conquista" coloriture e sfumature diverse. Cosicché, paradossalmente, si passa da una bidimensionalità fatta di colori sgargianti ad una tridimensionalità di un bianco e nero ricco di profondità e sfumature. Credo sia importante traghettare la coppia analitica dallo stallo in un possibile e rassicurante assunto omertoso allo sviluppo di una maggiore e più dolorosa pensabilità, attraverso l'accoglimento del materiale soprattutto onirico, ma anche di fantasie intrecciate a racconti, agli accadimenti del transfert e controtransfert.

Rispetto alla capacità di fare collegamenti un paziente straniero, con un sogno mi segnala che: *"nel sogno mi sentivo pensare ' io mi sento bravo' in lingua* (la sua lingua madre)", ma poi aggiunge: " *gli avverbi e i collegamenti tra i pensieri invece li potevo fare solo in italiano"*. Sembra dire forse che solo ora, solo in Italia, solo in analisi, può permettersi dei collegamenti. Così penso che "talvolta avvicinarsi agli aspetti più specifici di una lingua significa addentrarsi in certi costrutti idiomatici quali proverbi, scherzi, metafore, doppi sensi o espressioni vicine al linguaggio onirico, che comportano regressione e ravvicinamento al processo primario, alle fantasie e al mondo inconscio..." e a come sia interessante ricordare quanto "sia più facile imparare una lingua in situazioni che inducono spontaneamente dei movimenti regressivi, quali un rapporto d'amore o di analisi"...! (Amati Mehler et. al., 2003, pp.139-140).

Molto spesso pazienti immigrati utilizzano lo spazio analitico per raccontarsi, quasi a sfogarsi, ad evacuare contenuti "troppo". Si può vedere come questo "troppo" sia una sorta di *fil rouge* che tiene in sé le loro storie. Tutti i primi anni sono caratterizzati da evacuazioni, senza una vera e propria capacità di "nutrirsi" in analisi. Sembrano quasi non poter prendere il mio cibo perché è troppo il bisogno di dire, da sovrastare il bisogno di ricevere. Il "nutrimento" che prendono da me consiste essenzialmente nel venire regolarmente alle sedute e vedermi all'entrata e all'uscita delle medesime. I primi anni di analisi sono orientati al passaggio da un lavoro evacuativo ad un lavoro basato sulla nutrizione ed assorbimento del cibo, quindi ad un'operazione di digestione. Ma prima è indispensabile svuotare... Sono intasati dalle loro storie (spesso però questo accade anche con pazienti italiani...).

Ho riscontrato come alcuni pazienti di origini straniere fossero molto "affezionati", molto ossequiosi, "obbedienti" capaci di adattarsi a qualunque richiesta. Come se piacesse loro accontentarmi, soddisfarmi.

"...questa posizione si accompagna a un'idealizzazione dell'analista, da mantenere intatta e insieme da sedurre, per suscitare il suo interesse e la sua ammirazione" (Green, 1983, p.289) che si accompagna "a una grande ricchezza di rappresentazioni, a una capacità di auto-interpretazione veramente notevole, che contrasta con il suo scarso effetto sulla vita del paziente, che si modifica ben poco, soprattutto nella sfera affettiva. Il linguaggio dell'analizzato spesso... adotta... lo stile narrativo. Il suo scopo è di commuovere l'analista, di coinvolgerlo, di farlo testimone nella rappresentazione dei conflitti incontrati nel mondo esterno" (Green, 1983, p.289).

In effetti, come dice Green, qualcuno di questi evita di abbandonarsi all'affetto della reviviscenza preferendo la reminescenza, i ricordi, ma assolutamente slegati tra loro. Solo dopo molti anni si possono esplorare elementi importanti della loro storia che prima non era stato possibile vedere. E allora, quando riescono oltre che a ricordare, anche a vivere, grazie ai collegamenti fatti in analisi, le emozioni finora cancellate e negate, viene messa a nudo la loro disperazione (Green, 1983, p.289).

C'è un aspetto che mi sembra importante e che si intreccia in modo particolare con la vita personale intrapsichica del migrante: l'allontanamento dalla 'madre patria'. Apparentemente questo può avvenire senza particolari traumi, ma nel tempo dell'analisi accade che mostri tutto il suo carico di dolore.

Mi sono accorta che il contenimento dato dall'analisi e da un rapporto con me molto vivo, permette di prendere alcune decisioni che rimettono in moto aspetti vitali. Movimento questo fondamentale per avere quella tranquillità "esterna" che, lasciando "vuota" la mente da intasamenti obliteranti, permette di approfondire il lavoro analitico. Sono convinta che quando i nostri pazienti, nei racconti fatti in analisi, vengono totalmente risucchiati dalla concretezza dell'esterno, sia indispensabile ricondurre questo al transfert e riportare il paziente a guardare dentro, in maniera tridimensionale piuttosto che limitarsi ad una visione bidimensionale tutta orientata alla realtà esterna. È anche però indispensabile, come ci rammenta Kaës, ricordare che gli effetti della violenza "non possono essere metabolizzati e simbolizzati nella psiche, né esservi a posteriori ricostruiti tramite finzioni elaborative che diano loro un senso, fino a che lo psicoanalista non ne riconosce la natura e l'origine *fuori* dal campo intrapsichico" (Kaës, 1994, p.XVIII). In certi casi quindi è necessario fornire al paziente non solo la possibilità di una visione binoculare (e dunque tridimensionale), ma una visione multidimensionale che metta in moto un processo di coscientizzazione, ma soprattutto attivi dei vissuti emotivi, molto intensi e proficui.

Personalmente penso che ogni migrazione smuova aspetti poco elaborati legati a lutti e separazioni e che per questo contenga risvolti traumatici che non sempre il migrante è in grado di indagare autonomamente e che possono stare alla base di un difficile e disturbato processo di integrazione. Devo ammettere che non amo la parola integrazione perché mi dà la sensazione che aspetti originari e aspetti attuali se integrati si confondano tra loro, si mescolino in una soluzione nuova. Penso piuttosto che i migranti necessariamente debbano creare dei "miscugli", dei mescolamenti in cui però i diversi aspetti rimangano separabili anche se ben armonizzati al resto. Piuttosto che un processo di integrazione sarebbe necessario parlare di "armonizzazione" in cui ammettere e apprezzare anche la musica dodecafonica di certe contaminazioni! Questa differenziazione interna, al bisogno, permette il recupero delle proprie origini che altrimenti rischia di venir perduto. Gli aspetti di assimilazione infatti tendono ad avere la meglio sull'integrazione e il migrante rischia di mimetizzarsi, di veder sparire i suoi tratti originari (o di esibirli sfacciatamente, che al fondo è la medesima cosa perché l'esibizione, in questo caso, è una sorta di azione che sostituisce un pensiero) a favore di un confuso essere "come tutti". Ricordo come i Grinberg sottolineino come con la "rafforzata ammirazione del nuovo e non noto, si tende a negare l'angoscia e la colpa, sentimenti... quasi inevitabili in ogni esperienza migratoria"(Grinberg & Grinberg, 1990, p.23). Ricordo anche come Romano (2006, p.11) affermi che "l'esibizionismo o il mostrare senza dire è un sintomo di omertà... secondo le leggi dell'omertà, per tenere la bocca chiusa e non dire nulla si deve parlare molto; allo stesso modo per tenere gli occhi chiusi e non vedere e non far vedere nulla, bisogna mostrare molto". Ci si deve chiedere quindi cosa, in questi casi, l'analista non debba vedere.

In questi anni, nel lavorare in analisi con pazienti migranti, ho evitato di fare domande nonostante molte delle narrazioni fossero confuse. Sento come il tollerare questa confusione sia molto importante per loro. Non metto fretta. Non esigo che i loro racconti si adagino su una “logica asimmetrica”, ma anzi apprezzo la “logica simmetrica” (Matte Blanco, 2000) che esprimono, perché posso così accogliere aspetti inconsci in maniera silenziosa e coinvolgente.

Molti di loro sono persone con una vitalità positiva che nell’evento della migrazione però si è confusa con una sorta di maniacalità, utilizzata per proteggere se stessi dalla depressione. Mi chiedo quanto questa loro “madre-patria” lontana, poco attenta ai propri figli e ai loro bisogni, distratta da ideologie fallite o da figlicidi perpetrati con guerre fatte per il potere di pochi, o peggio per le esigenze di estranei al territorio, li abbia fatti crescere con un’identità confusa o, peggio, fasulla. Mi chiedo quanto questi migranti carichino se stessi del disagio del loro popolo, per alleggerire e salvare così dalla distruzione la “madre-patria”, annullando però se stessi e le loro legittime aspettative. Una “madre-patria” che, come dice Green, nel famoso lavoro sul complesso della madre morta, è per loro morta psichicamente. Per questo forse solo i più forti possono partire e lasciare la loro terra.

“Il complesso della madre morta è una rivelazione del transfert. Quando il soggetto si presenta per la prima volta dall’analista, i sintomi di cui si lamenta non sono… di tipo depressivo... riflettono lo scacco di una vita affettiva sia per quello che riguarda l’amore…sia per… la professione: questi sintomi sottendono conflitti… con gli oggetti. Non è infrequente che il paziente racconti spontaneamente una storia personale…” per cui si pensa che “avrebbe potuto comparire una depressione infantile, che il soggetto non menziona.. ma che esploderà… nel transfert…” (Green, 1983, p.273).

Quanto le madri concrete di queste persone straniere hanno vissuto veramente lutti, miserie e fallimenti, quanto la loro mente è stata obnubilata da realtà atroci e perciò incapace di accogliere nuovi figli nella dedizione e nell'affetto? Sono conseguenze della guerra, di economie ingiuste, di prevaricazioni di potere anche queste!

Quanto la riconoscenza verso di noi, Paese ospitante, si intreccia con l'invidia, quanto scatena rabbia, quanto l'esibizione della nostra presunta ricchezza fa credere loro di non avere nulla dentro di sé da dare, con cui ricambiare!

Con il viaggio in Italia molti hanno l'illusione di fare ciò che vogliono, ma si rendono conto, in analisi, di aver al fondo soddisfatto il desiderio dei genitori di mandare loro in avanscoperta a gettare le basi per un trasferimento di tutta la famiglia nel Paese della speranza.

I più forti avranno fatto da apripista. Ma a quale prezzo? Ben più alto di quello sborsato per il viaggio, magari tragico….

Penso inoltre che, come dice Green, se è vero che il bambino disinvestito dalla madre muore psichicamente e il risultato è la formazione di un "buco" nella trama delle relazioni di oggetto (Green, 1983, p.276), allora cosa accade quando una Nazione tutta non investe sui propri figli, li dimentica, li lascia partire, li elimina con guerre sempre inutili o, peggio con atti di violenza ideologica estremamente distruttivi (si pensi al terrorismo). Cosa significa per loro dover affrontare una vita senza avere concretamente vicina, dentro di sé la rappresentazione di una "madre patria" presente e attenta, interessata allo sviluppo dei propri giovani?

Quanto la loro rabbia può al fondo coprire il "buco" affettivo in cui altrimenti precipiterebbero?

In modo ancora più inquietante mi sto chiedendo quanto i nostri giovani italiani stiano precipitando in una situazione di questo genere.

E avere una "madre patria" dura, rigida impedisce alla vitalità di esprimersi. Tutto collassa nella corruzione, nell'arrivismo, nell'apparenza, nell'arrangiarsi... quanto è attuale per noi questo?

Un giorno così esordisce un paziente:

Paz.: *"'La vergine giurata' è il libro di un albanese* (Elvira Dones, Feltrinelli 2007) *sul Kanun e sulle donne che rinunciano per sempre alla loro femminilità comportandosi da maschi, pur di avere la libertà di uscire da casa... Ha scritto in italiano, perché vive da molto qui e pensa in italiano, la sua Albania si è spezzata. La lingua italiana è meno dura e permette più leggerezza. Quando si è cittadini di due mondi, come me, si è come una mela tagliata a metà, nello spazio in mezzo c'è la mancanza. Si pensa sempre che si migra per un arricchimento materiale, che la ricchezza sia una questione di soldi, ma io penso che è qualcosa di più, si tratta di un arricchimento che non è fatto solo di cose concrete...*

Noi non siamo il prodotto della nostra dittatura, ma quello di una terra che va oltre. Mi chiedo se le emozioni hanno una loro lingua... l'albanese è una lingua più essenziale, meno articolata dell'italiano, eppure ci sono persone che in albanese scrivono cose bellissime, come Ardit Gjebrea che ha scritto questa canzone, ha queste parole[v] *..................."*

Linde ne nje te deshperuar
Me dhimbje, Jon
Kur anijet si fantasma
Neper det me aventura
Klithnin: libertà!

Nascesti in un tempo disperato
con dolore, Jon
Quando le navi fantasma
nel mare di avventure
Urlavano: libertà!

Dhe syte i kish aty gjithe Shqiperia,
Ajo dinte si duronte
Po I shkuleshin filza
Deti u be mal me njerez
E toka det me lot
Dhe yy per ere te pare te puthre drita

E l'Albania aveva gli occhi là,
come faceva a sopportare
stava perdendo i germogli
e il mare diventò
una montagna di uomini, e
la terra un mare di lacrime
E a te per la prima volta la luce baciò

Ti linde, Jon
Nuk e dije cish gemimi
As dhimbja as mjerimi
Sot me gjithe foshnjet ne bote ti je
Qe flake, godet e rrudh nje toke njesoj

sei nato, Jon
non sai cos'è la gioia
né il dolore, la povertà
che brucia, colpisce inaridisce una terra
Oggi sei uguale a tutti i neonati del mondo

Si ata ti qesh e luan
Kjo eshte vetem nisja juaj
Por do rritesh do kuptosh
Se fatet sjane njesoj

come loro tu giochi e ridi
questa è solo la vostra partenza
ma crescerai e capirai
che le sorti non sono uguali

Bekimin merr nga mua	*Prendi la mia benedizione*
O shpirt i patrazuar	*o anima pura*
Nje fjale te thene ma degjo	*però sentila da me una parola*
Zinxhire te praruar ty kane per te ofruar	*catene d'oro ti offriranno*
Por prape do jesh skllaveri	*ma rimarrai nella schiavitù*

Jon, ky emer marre nga deti	*Jon, questo nome preso dal mare*
Jon, me kenge vale tund djepin	*Jon, muove la culla con suoni d'onde*
Jon, dhe ti e ndjeve aromen	*Jon, anche tu sentivi il profumo*
Te kesh per jete me vete.	*lo avrai con te a vita.*

Jon, pot e lundrosh me kete emer	*Jon, se navigherai con questo nome*
Jon, dhe te takohesh me vellezer	*Jon, e ti incontrerai con fratelli*
Jon, do te mjaftojne dy duar	*Jon, basteranno due mani*
Te thuash se je, ti je, je Jon	*per dire che sei, tu sei, sei Jon*

Bekimin merr nga mua	*Prendi la mia benedizione*
O shpirt i patrazuar	*o anima intatta*
Nje fjale te thene ma degjo	*una parola però fammela dire*

Zinxhire te praruar ty kane per te ofruar	*catene d'oro ti offriranno*
Por prape do jesh skllaveri	*ma rimarrai nella schiavitù*
Ne skllav jo nuk te dua	*uno schiavo, da te stesso negato*
Nga vetja i mohuar, Jon, Jon.	*no, non ti voglio, Jon, Jon.*

Non voglio dire nulla di più, voglio lasciare alle parole dette in albanese da questo giovane uomo (e che ho capito perché me ne ha fornito poi la traduzione) la loro forza dirompente, la forza dei suoni linguistici di un popolo con una propria storia e dignità e mi accorgo che, come ha detto Resnik, sto vivendo le "peripezie emotive del transfert", e per questo, assieme a lui, quando finisce la seduta, ho gli occhi pieni di lacrime. Forse 'stiamo' uscendo dalla glaciazione…(Resnik, 2001).

Note dell'Autrice:

[i] Il Kanun è un codice giuridico antichissimo che è stato trasmesso a voce con la tradizione e implica la vendetta dove al sangue si risponde con il sangue. Un accenno a questo tema l'ho fatto nel lavoro per il congresso Bion 2008, pubblicato poi nel libro *Mito, mistica e filosofia nel pensiero di Bion*, 2009.

[ii] Significa "attorcigliato".

[iii] Questo brano riporta alcune osservazioni e racconti fatti nei primi mesi dal paziente. L'uso alternato del presente e del passato nell'eloquio di A. segnala una sovrapposizione di epoche diverse nella sua mente, ma anche mi comunica che ci sono cose che si devono tenere rigidamente contenute almeno per un anno anche se dànno la sensazione di poca libertà. Lui non protesterà, per almeno i primi tre anni, per la "rigidità" del setting, come spesso avviene con altri pazienti, accettando le mie regole con apparente accondiscendenza. Sarà solo in questi ultimi mesi che si "slegherà" dal *kukurec* e potrà protestare, come vedremo, per una eccezionale variazione del setting a cui sono costretta per fattori indipendenti da me.

[iv] Parentesi mia.

[v] Tralascio in questo lavoro tutta una serie di riflessioni sul linguaggio, la memoria, la rimozione perché prenderebbe veramente molto spazio che qui non posso permettermi. Ho comunque accennato a questo nel lavoro "Incontrarsi a Babele" scritto con la collega Amione, pubblicato in *Lavorare con il gruppo specializzato*, curato da Mirella Curi Novelli per Franco Angeli ed., Milano, 2010. In esso faccio riferimento ampiamente a due testi che mi hanno aiutata a comprendere questa sfaccettatura importantissima nella relazione con i migranti, ovvero sempre al libro dei Grinberg, già citato, e al volume di Amati Mehler, Argentieri, Canestri *La babele dell'inconscio*, pubblicato da Raffaello Cortina, Milano, 2003.

BIBLIOGRAFIA

AMATI MEHLER, J., ARGENTIERI, S., CANESTRI, J. (2003), *La babele dell'inconscio*, Raffaello Cortina, Milano.

AMIONE, F., CUSIN, A. (2008), "I miti nella clinica psicoanalitica: analisi di un mito greco attraverso i contributi di W. Bion", in M. Rossetti (a cura di), *Mito, mistica e filosofia nel pensiero di Bion*, Cafoscarina, Venezia.

AMIONE, F., CUSIN, A. (2010), "Incontrarsi a Babele", in M. Curi Novelli (a cura di) *Lavorare con il gruppo specializzato*, Franco Angeli, Milano.

BION, W. R. (1998), *Addomesticare i pensieri selvatici*, Franco Angeli, Milano.

BION, W. R. (1996), *Cogitations*, Armando, Roma.

BOLLAS, Ch. (2001), *Il mistero delle cose*, Raffaello Cortina, Milano.

DE MASI, F. (2006), "Stati traumatici e processi di de-umanizzazione", letto nell'ottobre 2006 al Collegio Ghisleri di Pavia.

FREUD, S., *Lettere a Wilhelm Fliess. 1887-1904*, Edizione integrale a cura di J.M. Masson, Bollati Boringhieri, Torino 1986.

FREUD, S. (1895), *Studi sull'isteria*, in *Opere*, vol. 1, Bollati Boringhieri, Torino 1980.

FREUD, S. (1913), *Il motivo della scelta degli scrigni*, in *Opere*, vol.7, Bollati Boringhieri, Torino 1980.

FREUD, S. (1920), *Al di là del principio del piacere,* in *Opere*, vol. 9, Bollati Boringhieri, Torino 1980.

FREUD, S. (1926), *Inibizione, sintomo e angoscia*, in *Opere*, vol. 10, Bollati Boringhieri, Torino 1980.

GREEN, A. (1983), *La madre morta*, in A. Green, *Narcisismo di vita, narcisismo di morte*, Borla, Roma.

GRINBERG, L. e R. (1990) *Psicoanalisi dell'emigrazione e dell'esilio*, Franco Angeli, Milano.

MASCIANGELO, P.M. (1956), "Considerazioni sui rapporti fra angoscia e rimozione", *Rivista di Psicoanalisi*, 2/1956 [Riedito in *Scritti psicoanalitici, 1956 -1998*, curato dal Seminario Psicoanalitico di Lugano 2003].

MASCIANGELO, P.M. (1994), "Considerazioni sullo stress e il trauma", intervento al Congresso 'Le malattie psicosomatiche in età evolutiva', Milano, 19-21 marzo 1993, pubblicato su *Argonauti*, 16 (60), pp.43-50, 1994 [Riedito in *Scritti psicoanalitici, 1956 - 1998*, curato dal Seminario Psicoanalitico di Lugano 2003].

MASCIANGELO, P.M. (1996), "Freud, il segreto e la nostalgia", relazione al convegno Internazionale 'Il segreto e la psicoanalisi' Salerno, 3-4 dicembre 1993, pubblicato in *Il segreto e la psicoanalisi*, a cura di M. Ciambelli, F. Oneroso, G. Pulli, Gnocchi, Napoli 1996 [Ripubblicato in *Scritti psicoanalitici, 1956 -1998*, curato dal Seminario Psicoanalitico di Lugano 2003].

MATTE BLANCO, I. (2000), *L'inconscio come insiemi infiniti*, Einandi, Torino.

PONTALIS, J.-B. (1988), *Tra il sogno e il dolore*, Borla, Roma.

RASCOVSKY, A. (1978), *Il figlicidio*, Astrolabio, Roma.

RESNIK, S. (2001), *Glaciazioni*, Bollati Boringhieri, Torino.

ROMANO, R. (2006), "L'assunto di base di omertà", in *Omertà, mafie, terrorismi, sette segrete*, Quaderni di Pubblicazione, Re- edizioni, Catania.

ZAJDE, N. (2002), *I figli dei sopravvissuti,* Moretti & Vitali, Bergamo.

NEGAZIONE E IDEOLOGIA

DI FRONTE AL NEGAZIONISMO: IL RUOLO DELLE ISTANZE TERZE NELLA VITA PSICHICA E POLITICA DEGLI EREDI DEI SOPRAVVISSUTI

di Janine Altounian

Il mio intervento affronta il negazionismo nel suo rapporto con gli effetti psichici degli omicidi di massa sull'erede dei sopravvissuti e sulla relazione che egli intrattiene nei confronti di coloro che ebbero il potere di vita o di morte sui propri familiari. Se l'erede si vede in particolare costretto ad effettuare un lavoro psichico per liberarsi dall'influenza di un crollo traumatico, egli deve nondimeno serbare in modo fedele nella propria memoria il valore soggettivante e politico della propria storia, e il suo lavoro è di certo direttamente influenzato dal negazionismo di oggi che perpetua la violenza del passato.

Comincerei dunque dalla viva irritazione che avverto quando incontro, nei miei interlocutori, degli atteggiamenti accondiscendenti ed immemori rispetto ai crimini passati o addirittura delle ingenuità secondo cui ci si aspetterebbe che i potenti di questo mondo facciano regnare la giustizia. Se non c'è, riguardo ai crimini contro l'umanità perpetrati nei confronti dei propri familiari, alcun perdono da prodigare né ai carnefici né a coloro che li hanno lasciati fare, si tratta in realtà di sottrarsi alla relazione di dipendenza, ossia a un legame passionale nei confronti dei criminali o dei loro discendenti. Essere in grado psichicamente, culturalmente e politicamente di far intendere ciò che Hermann Broch chiama "il mutacismo dell'omicidio"[i] esige che ci si sia liberati dall'influenza di questi attentati all'umanità che mantengono il negazionismo ed i suoi sostenitori in seno ai Paesi di *accoglienza* in cui vivono, per l'appunto, gli eredi delle vittime. Quale posizione libererebbe dalla portata alienante dei crimini e della loro negazione di cui è necessario, per sopravvivere ad essi, inficiare prima di tutto il potere di distruzione nell'*après-coup* dei loro effetti traumatici? Quale posizione permetterebbe l'indipendenza di un lavoro di soggettivazione in cui, cessando di sentirsi vittima della propria storia, se ne diverrebbe il soggetto, o meglio un soggetto sprovvisto di qualsiasi illusione riguardo ai rapporti politici che attualmente alimentano il negazionismo?

Propongo qui l'ipotesi di una modalità di risposta al negazionismo che eviterebbe l'alienazione sterile di un qualunque integralismo come anche l'oblio del farsi carico del lavoro della memoria e della giustizia di cui l'erede è debitore nei confronti dei suoi antenati impunemente assassinati. Questa proposta, tuttavia, non si può considerare se non come una scommessa da sostenere di fronte all'evoluzione inquietante delle attuali condizioni politiche da cui, evidentemente, dipende la sua validità. Bisogna dunque temperare l'ottimismo che potrebbe far emergere il carattere piuttosto positivo della mia testimonianza. Ho varie volte avanzato l'ipotesi che una trasmissione traumatica non può essere elaborata e non può acquisire una voce politica se non trasferendosi in uno spazio-tempo "sufficientemente democratico"[ii]. Ora, questa procedura deriva da una strategia divenuta, mi sembra, relativamente caduca per gli eredi attuali di traumi violenti, privati di un tale Paese detto "d'accoglienza". C'è ancora un senso nel tradurre e nel trasmettere l'eredità dei propri antenati assassinati nel silenzio del mondo, nel silenzio di Paesi come la Francia la cui *Realpolitik* degli anni 1915-1916 dettò l'opportunismo di un *laissez-faire*, se il numero dei S.D.F. ("senza domicilio fisso"), che si incrociano nell'uscire di casa, va aumentando, se il mondo in cui viviamo elimina certi suoi abitanti a bassa voce e se l'integrazione da parte della scuola laica, vissuta in passato da me come "madre adottiva dei più sfortunati"[iii], è una realtà superata?

Il mio lavoro non è oramai più rappresentativo di un percorso possibile. Certamente non ignoro che i primi rifugiati armeni degli anni '20, quei rifugiati "accolti" per bisogno di manodopera, furono parcheggiati in dei campi in condizioni deplorevoli di vita nel Sud della Francia. Ma essi poterono, in questa Francia "dal modello repubblicano", esercitare coraggio ed ingegnosità per uscire dalla miseria, poterono divenire dei cittadini francesi permettendo ai loro figli, quindi a me, di accedere agli studi. Nella nostra epoca in cui imperversano disoccupazione ed esclusione, gli immigrati vengono di fatto respinti verso Paesi in cui andranno a morire di violenze o di fame.

Pensavo che la sola possibilità "postuma" di cui potesse ancora beneficiare la memoria degli individui divenuti "superflui/gettabili" – per riprendere i termini utilizzati in certi lavori sul (post)totalitarismo mondializzato[iv] - fosse quella di vedersi reinseriti a posteriori (*après-coup*) da parte dei portatori di questa eredità nello spazio simbolico dei luoghi "relativamente democratici" in cui al momento attuale vivono coloro che "non si possono sterminare". Ora, la fede nella mia ipotesi ha perso la sua pertinenza ai miei occhi: queste istituzioni relativamente democratiche dei Paesi "d'accoglienza", che favoriscono il transfert su se stesse, e quindi la trasmissione al mondo dello scandalo dello sterminio e dei suoi supplizi, hanno, mi sembra, un avvenire molto incerto.

Non mi resta allora che accettare il paradosso di una lucidità che non abolisce pertanto la permanenza di una rivendicazione, quella, ad esempio, che trasmette a suo figlio il padre del romanzo "La route", nell'ora commovente della sua morte. Quando il bambino mostra scetticismo con queste parole nel vedere suo padre riferirsi a degli antenati distrutti:

<<Credi che i tuoi antenati ti guardino? Che essi segnino nel loro grande libro quanto ti stimino? In rapporto a cosa? Non c'è nessun grande libro ed i tuoi antenati sono morti e sepolti>>,

costui, morente in realtà della morte che interessava il suo mondo, gli ingiunge di non rinunciare alla sua ricerca.

<<- Se non sono più qui tu potrai ancora parlarmi […] ed io ti parlerò. […]

- Ed io ti sentirò?
- Sì. Mi sentirai. Bisogna che tu faccia come se fosse una conversazione che tu immagini. [...] Soprattutto non rinunciare. D'accordo?
- D'accordo>>[v].

Parimenti, di fronte a coloro che negano le determinazioni del loro destino, gli eredi dei sopravvissuti non rinunceranno al dovere che ci viene dettato da Paul Ricoeur:

<<dove passa la linea di demarcazione tra l'amnistia e l'amnesia? La risposta a queste questioni non si trova a livello politico, ma a quello più intimo di ogni cittadino, nella sua coscienza interiore. Grazie al lavoro della memoria, completato da quello del lutto, ognuno di noi ha il dovere di non dimenticare di raccontare il passato, per quanto doloroso esso sia, in un modo rappacificato senza collera>>[vi].

Dopo queste riflessioni introduttive, i quattro punti della mia relazione verteranno su: 1. L'eredità psichica dei figli dei sopravvissuti, 2. La creazione di una situazione inedita d'interlocuzione, 3. L'instaurazione di un terzo, dato che fu assente all'epoca del crimine, 4. L'esempio di un'eredità resa visibile grazie ad un attentato contro il negazionismo ma compiuto in un Paese democratico.

L'EREDITÀ PSICHICA DEI FIGLI DEI SOPRAVVISSUTI

Dopo queste riflessioni introduttive, vorrei portare tre testimonianze sull'esperienza di terrore che, essendosi esercitato su perseguitati vivi sotto minaccia di morte, si è trasmesso ai loro discendenti, poiché esse rievocano ciò che gli eredi dei sopravvissuti devono specificamente metabolizzare per tentare di non soccombere, né nell'agire autodistruttivo delle ribellioni impotenti, né nella pigrizia del perdono profanatore dei morti senza sepoltura. La traccia lasciata da questo terrore genera in effetti una profonda angoscia in chi, insensibile alle tentazioni paranoiche, non lo proietta sul suo *entourage* o sul mondo intero, ma si preoccupa unicamente della doppia ingiunzione dei suoi antenati: <<rendi sicura la tua vita affinché noi non siamo sopravvissuti inutilmente>>, poi <<rivela la nostra storia ai *non sterminabili*>>, quindi <<acquisisci i mezzi per farlo!>>.

Ecco per prima la testimonianza di uno scrittore, Aharon Appelfeld, poi quella di un giornalista, Jean Kéhayan. Entrambi, il primo sopravvissuto alla Shoah, il secondo figlio di un sopravvissuto del genocidio armeno del 1915, rievocano in effetti un legame paradossale che annoda genitori e figli tra di loro sotto il terrore, e che segna di un'impronta indelebile ciò che si è loro trasmesso. La vita affettiva di coloro che condividono questa eredità è costituita, per così dire, di una disagevole miscela di un tenero attaccamento ai genitori o alla famiglia di appartenenza e di un sapere condiviso mortifero su ciò che è vivere i propri giorni sotto minaccia di morte. Ora, tale sapere intimo, che impregna di un'inquietudine diffusa i giorni della loro infanzia, è per loro al massimo grado svantaggioso dato che, se il terrore traumatico, magari non provato dal soggetto in quanto espulso all'epoca dell'effrazione[vii], attraversa spesso le generazioni, esso scava negli eredi uno scarto, un'inibizione del contatto spontaneo con coloro che sembrano ignorare questo lato nascosto del mondo: questo sapere soffocante, che non hanno coloro che vivono nella sicurezza e nelle sue vane certezze, tende a rinchiudere in un ripiegamento ghettizzante i genitori sopravvissuti ed i loro figli, a separarli dal resto del mondo rimasto indifferente, ossia complice o impotente di fronte al potere sterminatore.

Aharon Appelfeld:

<<A causa di questo terrore prolungato per tanti anni ogni nostro sentimento, ogni nostro pensiero passò per il forno raffinato della sofferenza [...]. Una tale sofferenza non fu il destino dei bambini, sebbene l'avessero assorbita ciecamente con tutte le loro cellule, come solo i bambini possono assorbire le cose. In questa confusione, non c'era posto per le parole e per le domande. Essi appresero dunque molto velocemente a non fare domande. Le espressioni silenziose insegnarono loro come imprigionare la paura. [...] Come salvare i bambini? [...] Eravamo il senso della loro vita. Già a questa epoca, alla svelta, nella fuga, quando vedevamo come si sacrificavano per cercare un rifugio in cui metterci al sicuro, noi sapemmo che, nel loro autosacrificio, sull'orlo dell'abisso, essi non

solamente ci trasmettevano la vita, ma il significato ultimo della loro esistenza>>[viii].

Jean Kéhayan:

<<I nostri genitori, penetrati dalla morte, ispiravano naturalmente silenzio. Innanzitutto, niente domande [...] i nostri giorni e le nostre notti si tingevano sempre di nero. Racconti di terrore a non finire. L'impossibile da trasmettere era dato da queste litanie di paura e di sofferenza, davanti alle quali non avevamo il diritto di ribellarci. I morti viventi possono pensare al destino dei figli? Non ho ancora la risposta, a tal punto la cultura della memoria – con tutti i mezzi – mi sembra vitale. [...] È sufficiente ripercorrere la via [della mia piccola Armenia marsigliese]. Ogni porta, ogni padre, ogni madre divulga la sua storia. Grazie a questa ostinazione orale, essi sono riusciti a conservare la memoria dei supplizi di Kars, dei sepolti vivi di Erzeroum. Essi hanno perpetuato la storia della soluzione finale nel deserto di Der-Zor in Siria in cui si violentavano le madri e le sorelle, in cui si sventravano i lattanti. [...] Non ci sentivamo stranieri, ma piuttosto degli strani sconosciuti. Portatori di un segreto intrasmissibile>>[ix].

La terza testimonianza, quella del cineasta Emmanuel Finkiel, suggerisce con una particolare discrezione questo affetto di doppio legame in un episodio segretamente commovente del film *Voyages* (1999): assistiamo ad una festa di rimpatriata tra uomini e donne sfuggiti alla Shoah che, in un'atmosfera commemorativa, si rallegrano probabilmente di essere rimasti in vita, di essersi riuniti e di rivedersi. Sembrano stare insieme per parlarsi, mangiare e bere, persino danzare, come se appartenessero ad un'associazione locale di "vecchi combattenti" che si sarebbero rincontrati per dedicarsi ai ricordi che rinverdiscono il loro passato. Perché siamo così turbati da un tale momento, nel complesso il solo gioioso di questo film toccante? Senza dubbio perché la tonalità festiva di questi comportamenti implicitamente codificati, che cercano di soffocare le tracce dei terrori non dimenticati, risveglia bruscamente in noi le percezioni sepolte di simili commemorazioni che noi abbiamo ben conosciuto da bambini, quando, rannicchiati nel calore particolare del nostro riparo familiare, ne sentivamo l'insondabile angoscia. Questa sequenza costituisce come una metafora della *dolorosa gioia* di vivere, trasmessa ai discendenti delle vittime, che costoro devono, prima di tutto e durante tutta la loro vita, decifrare, sciogliere, liberare dal suo peso emotivo esplosivo per poter, attingendovi, estrarne il loro rapporto unico al proprio destino.

In effetti, avrei voglia di dire che, in un figlio di un sopravvissuto invischiato nel legame fusionale di questa miscela, il lavoro psichico consiste nell'estrarne, come solo viatico per i suoi giorni a venire, l'affermazione ed il piacere di vivere dei suoi genitori, il senso generatore di vita che li abitava prima della catastrofe. Anche la costruzione e la narrazione che elabora l'erede per costituirsi questo tesoro di identificazioni non è in realtà nient'altro che il pagamento di un debito da "onorare" verso questa vita che gli è stata data a caro prezzo.

<<Nel racconto>> scrive Jean François Lyotard, <<bisogna [...] riconoscere [il debito], onorarlo, rimandarlo. Nella riflessione, interrogarlo. Quindi anche rinviarlo. (Ed è così che la disputa sorge nella riflessione ed anche nel racconto, o attorno ad esso)>>[x]. In altre parole, ciò che reclama l'amore dei genitori, di cui si è riusciti a riappropriarsi a posteriori (*après coup*) grazie al lavoro del lutto, non è tanto battersi frontalmente contro i negatori, alleati di coloro che attentarono ai propri congiunti, ai propri beni, ai propri legami, ma ridurli all'impotenza acquisendo per sé un luogo di soggetto laddove quello degli antenati era stato eliminato, un luogo in loro nome e tra gli altri. Ci si ricorderà qui dell'analisi del filosofo per cui questa distruzione non deriva da un "danno" riparabile, ma da un "torto", ossia da una "disputa" non riducibile a un "litigio":

<<Un torto sarebbe questo: un danno accompagnato dalla perdita dei mezzi per verificare il danno. È il caso in cui [...] la frase della testimonianza è essa stessa priva di autorità. [...] Alla privazione, che è il danno, si aggiunge l'impossibilità di portarlo alla conoscenza altrui, e in particolare alla conoscenza di un tribunale>>[xi].

Certamente, di fronte alle pressioni attuali degli integralismi e dei negazionismi in pieno sviluppo, si può dubitare della portata politica di questo affrancamento psichico che, in seno ad un dibattito democratico, conferirebbe alla parola dell'erede una qualsiasi "autorità" suscettibile di portare alla conoscenza del mondo il "torto" incorso. Ma nel caso in cui non si credesse più che la metabolizzazione e la sublimazione della violenza possano generare un dialogo in cui l'alterità degli interlocutori venga negoziata, malgrado le esigenze della *Realpolitik*, in un certo discorso di verità, nel caso in cui questo esito fosse oramai caduco, le stesse fondamenta della nostra civiltà se ne troverebbero annientate. La mia ipotesi ottimista, formulata con speranza, nonostante la perdita di credibilità delle istituzioni democratiche in Occidente, proporrà dunque che ciò che provoca l'implosione dell'influenza della violenza è il disinvestimento di ogni riferimento a quello pseudo-altro che è il negatore, e l'elaborazione, in compenso, di situazioni di interlocuzione con dei terzi da trovare o da creare.

LA CREAZIONE DI UNA SITUAZIONE INEDITA D'INTERLOCUZIONE

Per l'erede dei sopravvissuti, l'altro è sprofondato nella Storia del mondo – egli fu assassino, complice o spettatore impotente – come anche nelle relazioni precoci della sua storia infantile – egli fu indisponibile o assente in quanto psichicamente distrutto. Il compito prioritario che gli s'impone allora è di instaurare una situazione triangolare che si crea da parte dell'altro, un altro suscettibile di intendere la verità sulla sua storia. Ricordiamo qui la definizione che ne dà Dany-Robert Dufour riguardo ai processi di convalida di una storia:

<<Perché la trasmissione di una storia sia certa, bisogna in effetti che essa venga *intesa* da parte di

qualcuno a partire da un altro, *raccontata* (tradotta […]) dallo stesso, e *re-intesa* da un terzo. L'unità di misura, nella pragmatica narrativa, è dunque costituita da una sequenza di *tre* allocuzioni. […] La nozione di trasmissione di una storia […] implica una sequenza di *tre allocuzioni*>>[xii].

Questa legge che regge la retorica del discorso di trasmissione si può trasporre in pratica come segue: perché la storia dei miei antenati sterminati trovi spazio nella storia del mondo, ho bisogno di incontrare un'istanza politico-culturale esterna alla mia storia la quale, trovando essa stessa un qualche interesse proprio da intendere, le offra una camera di risonanza e si costituisca come mediatore per "raccontarla/tradurla" agli altri. Ora, questo incontro diviene possibile in quanto l'esperienza politica presenta di fatto un punto di giunzione con l'esperienza analitica di un tale individuo che cerca di liberarsi dall'influenza che il diniego della sua esistenza, della sua autonomia o della sua storia esercitano su di lui.

Allo stesso modo in cui, sulla scena del transfert, l'atto del liberarsi dalla portata di un'eventuale uccisione psichica dà luogo, nell'analizzando, ad un'istanza di enunciazione fino ad allora inesistente in lui, analogamente si vede, alla luce dei lavori di Jacques Rancière, come sulla scena del disaccordo ("mésentente") democratico, è la <<situazione stessa d'interlocuzione>> che si tratta di innovare:

<<il litigio politico si differenzia da ogni conflitto di interessi tra parti costituite […] nel senso che non è una discussione tra interlocutori, ma un'interlocuzione

che mette in gioco la situazione stessa d'interlocuzione>>[xiii].

Ora, la temporalità richiesta per raggirare la situazione presente ed instaurarne una inedita, la cui emergenza smantellerebbe nel campo della Storia del mondo le relazioni duali carnefice/vittima, testimoni/negatori, corrisponde a quella che reclama, dalla parte degli eredi dei sopravvissuti, il lavoro di soggettivazione degli eventi vissuti da questi ultimi e, di conseguenza, l'acquisizione correlativa di una lingua adeguata per far ciò. La privazione della lingua, occultata il più delle volte dai sostenitori di una concezione positivista della Storia che serve per l'appunto la causa dei negatori della Storia, è stata chiaramente denunciata da Shoshana Felman:

<<Una vittima, per definizione, non è soltanto qualcuno che è oppresso, ma anche qualcuno che non ha un linguaggio proprio, qualcuno che si è fatto rubare il linguaggio nel qualc egli avrebbe potuto articolare la sua vittimizzazione>>[xiv].

Parlare la lingua del Paese d'*accoglienza* della sopravvivenza genitoriale, che, paradossalmente, contiene attraverso lo spostamento nelle sue rappresentazioni di parola gli affetti annientanti e nondimeno nutrienti, trasmessi dall'angoscia familiare, identificarsi con le forme istituzionali e politiche della sua cultura rappresentano un apprendistato che necessita, va da sé, di più generazioni. Il dolore delle perdite e la ribellione cambiano in effetti psichicamente di luogo e di natura, sia per il passaggio da una generazione all'altra e delle loro rispettive determinazioni politiche, sia per il percorso di un lavoro psichico o quello di ogni altra forma di elaborazione creatrice. Un reale disinvestimento dell'istanza omicida non si può avere in un individuo a meno che egli non si appropri dei dati della sua eredità nella posizione di cittadino-soggetto, attraverso l'utilizzo di uno spostamento ed il ricorso a delle appartenenze plurali, attraverso un'ibridazione delle sue identificazioni che mantengano un radicamento a posteriori (*après coup*) nei confronti dell'impresa della sopravvivenza genitoriale e, al di là di un'innovazione psichica portatrice di vita, una posizione politica feconda in seno agli altri. La ricerca di queste identificazioni inedite deve prendere in prestito lo spazio transizionale di mediazione delle istituzioni della cultura d'accoglienza, per quanto tali istituzioni siano ancora democratiche. Negli eredi di seconda e terza generazione, essa non può che poggiare su un'alleanza esogamica con coloro che, provvisti di linguaggio, vivono in un mondo – può darsi provvisoriamente – non minacciato. La ferita inflitta resta intatta nell'intimità del soggetto, ma questa nuova configurazione opera in costui un clivaggio salvatore che, salvaguardando una separazione con la storia dei suoi antenati, libera lo spazio di un dialogo conflittuale con dei nuovi interlocutori.

Questo scarto spazio-temporale attraverso il doppio spostamento da una generazione all'altra e dal luogo sterminatore a quello della *terra d'accoglienza,* non è pertanto praticabile quando si tratta della generazione dello stesso sopravvissuto o di una situazione in cui egli si vede condannato a vivere fianco a fianco coi suoi carnefici e coi suoi negatori. Una sopravvissuta ruandese ci descrive, ad esempio, un tipo di raggruppamento molto differente da quello evocato dal cineasta, erede della Shoah:

<<Una vera vittima è un morto vivente, un morto errante, un morto che lavora, egli è preso nella società come gli altri, anche se ha perduto tutto ciò che gli era caro. [...] È inguaribile poiché si immerge tra i suoi simili che lo spingono ancora di più nel dolore, dato che egli non vive in altro modo che con esso, in esso, accanto ad esso. Siamo felici dentro, a tal punto che possiamo passare dei giorni interi insieme agli altri rifugiati senza parlare del passato>>[xv].

Questo esempio mostra come l'impossibilità dello spostamento, che permetterebbe l'avvento di una parola del soggetto cittadino, segna allo stesso tempo l'impossibilità del lavoro del lutto. Andò allo stesso modo in una situazione analoga in cui vissero fianco a fianco assassini e vittime sul nostro territorio, nella Francia di Vichy in cui, come ricorda Bruno Bettelheim:

<<La società, i poteri che regnavano sulla vita, lo Stato, che ha per obbligo la protezione della vita dei bambini, erano determinati a distruggere i bambini ebrei; [...] È impossibile piangere un genitore quando si sa di essere chiamati in prima persona a morire [...] quando si va a morire non serve a nulla portare il lutto degli altri>>[xvi].

L'INSTAURAZIONE DI UN TERZO, DATO CHE FU ASSENTE ALL'EPOCA DEL CRIMINE

Sebbene questa mia relazione non rientri nel campo delle scienze storiche, notiamo che in ogni configurazione contemporanea di rifugiati trapiantati dai luoghi della loro vita e della loro cultura, si può mostrare come gli accordi diplomatici che hanno sovrinteso alla loro storia abbiano mostrato l'assenza di qualsiasi terzo mediatore suscettibile d'interdire il potere assoluto dei criminali a cui essi furono abbandonati. È questa assenza, come anche le violenze da essa autorizzate, che produce, in un ritorno del *reale*, il negazionismo. Conformemente all'opportunismo di una data *Realpolitik*, i *Paesi d'accoglienza* rispettivi dei rifugiati furono spesso coinvolti, sia direttamente sia per un atteggiamento di *laissez-faire* che prometteva benefici politico-economici, in questi stessi eventi genocidari che li fecero espellere fuori dalla loro Patria e ne fecero delle persone il cui soggiorno in Patria venne loro interdetto, lasciati alla mercé dell'*ospitalità* dei loro Paesi *ospiti*. Questo scenario non è per nulla particolare di questo o di quel genocidio (armeno, ebraico, cambogiano, ruandese, massacri dell'ex-Jugoslavia, d'Algeria, ecc.). Ogni volta vi si possono riconoscere i processi diplomatici in cui si combinano e si congegnano senza alcuna contraddizione la liquidazione degli uni ed il beneficio degli altri. <<La Turchia ha potuto sopprimere la questione armena, poiché l'Occidente glielo ha permesso>> scrive Atom Egoyan[xvii]. Questa scena di uccisioni è emblematica per tutti i rifugiati che si vedono *miracolosamente* trapiantati da una parte sterminatrice del mondo a quest'altra parte che, avendo chiuso gli occhi sull'eliminazione dei loro congiunti, offre loro un luogo in cui diventa per loro possibile paradossalmente di restare *democraticamente* in vita.

Se i loro eredi devono, ciascuno secondo i propri mezzi, elaborare psichicamente e politicamente il trauma collettivo della Storia che ha colpito la loro famiglia di appartenenza, diviene per loro possibile ricercare una posizione che faccia intendere la loro parola solo in certe condizioni sociopolitiche. Nella misura in cui essi portano le tracce di uno sterminio che si è effettuato nel silenzio di un mondo impotente o complice e sotto i colpi di una violenza che è troppo chiamare conflitto, questa elaborazione non si può compiere in essi se non con l'aiuto di ibridazioni instauratrici di terzietà, dunque grazie all'esistenza di terzi garanti democratici, suscettibili di affrontare ambivalenze e conflitti. È precisamente la parola di questi terzi che bisognerà convocare per sventare l'impatto del negazionismo[xviii], poiché nessun diniego può essere combattuto frontalmente, ma invece discutendone con un terzo termine, nato da uno spostamento sociopolitico dai dati iniziali di ciò che fa l'oggetto del diniego. Le istituzioni dell'*accoglienza*, che si suppone si prestino in democrazia ad una verifica e ad una conflittualità benefica anche per se stesse, autorizzano a pensare che se il Terzo fu compromesso, tutti i suoi rappresentanti non lo furono e non lo sono. Li si può dunque interpellare al fine di incontrare in loro dei garanti, loro stessi interessati alla “disidentificazione” dalle sicurezze illusorie che induce “la causa dell’altro”, mendicante di verità.

<<La causa dell’altro come figura politica, è innanzitutto>> ci ricorda il filosofo Rancière <<[...] una disidentificazione in rapporto a un certo sé. [...] Una soggettivazione politica implica sempre un “discorso dell’altro” [...] c’è della politica perché c’è una causa dell’altro, una differenza della cittadinanza con se stessa>>[xix].

Va da sé che il ricorso a questa strategia non è tributaria del solo lavoro intrapsichico. Esso si trova favorito o ostacolato dalle condizioni sociopolitiche che il luogo di vita degli eredi è in grado oppure no di offrire ai suoi cittadini. Non si ignora quanto queste siano compromesse dalla crisi attuale di quelle funzioni di quadro e di garante che dovrebbe assicurare il campo socio-culturale dei Paesi d’accoglienza su cui si poggia necessariamente, come spiega René Kaës, ogni trasmissione[xx]. Inversamente, questo lavoro di costruzione psichica avrà evidentemente una portata politica, poiché a voler cancellare l’altro è proprio l’ostinazione o la perversione, nell’immaginazione onnipotenti, che alimentano i negazionismi di ogni dove o gli integralismi devastatori.

Ora, sono queste condizioni, che tollerano la conflittualizzazione, ad essere minacciate ai nostri giorni. Gli interessi economico-politici attaccano i legami del mondo sociale parcellizzandolo a beneficio di organizzazioni globalizzanti che predicano l’efficienza, tanto che ci si può chiedere se lo spazio di questa mondialità commerciale svilupperà ancora, e con quali dispositivi di scambio, delle costruzioni fantasmatiche di alterità, dei processi di identificazione/disidentificazione che permettano l'accoglienza psichica di questa eredità traumatica in coloro che hanno la responsabilità di tradurla ai loro concittadini, apparentemente protetti da tali sconvolgimenti.

Perché questa traduzione sia in grado di disinnescare ogni negazionismo, bisognerebbe precisamente che essa potesse essere intesa da un luogo eterogeneo, suscettibile di essere tollerato nello "screzio" ("la mésentente") del litigio politico. Bisognerebbe che essa crei un dissenso perché l'inadeguatezza delle rappresentazioni del mondo degli *autoctoni* rispetto a quelle dei rifugiati o degli assistiti acquisisca visibilità. Far intendere una parte del mondo all'altra presuppone che il dibattito pubblico accetti un discorso eterodosso che eccede il quadro consensuale delle denegazioni implicite:

<<La democrazia è il nome di un'interruzione singolare di questo ordine della distribuzione dei corpi in comunità. [...] Essa è l'introduzione nel campo dell'esperienza di un visibilc che modifica il regime del visibile>>[xxi].

L'ESEMPIO DI UN'EREDITÀ RESA VISIBILE GRAZIE AD UN ATTENTATO CONTRO IL NEGAZIONISMO MA COMPIUTO IN UN PAESE DEMOCRATICO

Per concludere fornirei l'esempio di un retaggio familiare di cui solo un evento politico violento, a Parigi, concepito tuttavia all'interno di istituzioni democratiche ancora in vigore, mi rese possibile, per tre volte, una pubblicazione in tutti i sensi del termine, e che, a posteriori (*après coup*), riveste per il mio lavoro un'importanza psichica e politica.

Avendo preso conoscenza del *Diario di deportazione* di mio padre, feci ricorso dapprima nel 1978, otto anni dopo la sua morte, alla sua traduzione nel senso abituale del termine. Intitolato "10 agosto 1915, mercoledì, tutto quello che ho passato dal 1915 al 1919", questo manoscritto restituiva dei racconti che avevano popolato la mia infanzia e quella di tutti gli armeni della mia età. La loro trasposizione in una lingua appresa a scuola mi diede il mezzo di affrontarli *in francese*[xxii] e di pubblicarli dapprima in *Temps Modernes* nel febbraio 1982[xxiii], poi in una raccolta dal titolo ispirato a Cornéille: *Ouvrez-moi seulement les chemins d'Arménie*[xxiv].

Se, come spiega lo psicoanalista René Kaës:

<<il dramma catastrofico resta [...] in assenza di un enunciato e innanzitutto di una rappresentazione, poiché i luoghi e le funzioni psichiche e trans-soggettive in cui si potrebbe costituire e significare sono stati aboliti>>[xxv],

è sotto l'effetto di uno scandalo politico parigino che, per la prima volta, si ruppe un silenzio di quasi mezzo secolo[xxvi] sul genocidio armeno: la presa di ostaggi al consolato di Turchia nel settembre 1981, che mi apparve un sostituto di quei <<luoghi e funzioni psichiche e trans-soggettive>>. Certo, senza l'effrazione spettacolare del silenzio dell'opinione pubblica su questo primo genocidio del XX secolo, vale a dire senza il paravento protettore di questo scandalo nella vita pubblica del Paese che aveva *accolto* mio padre, mi sarebbe stato impossibile superare la vergogna di compiere, a nome mio ed in tutta autonomia, questo processo di *pubblicazione* e non avrei incontrato alcuna accoglienza editoriale per questo *Diario*.

Pertanto, se il fattore propriamente giornalistico, che permise la messa al mondo di questo manoscritto mantenuto sotto i sigilli, intervenne solo in un secondo tempo, è di capitale importanza sottolineare che questo tipo di trasmissione mediatica non ha potuto esistere per me, delegata dal padre, se non in seno ad istituzioni democratiche in grado di affrontare i richiami fuorvianti del passato e ad un'epoca in cui il negazionismo dello Stato Turco non era così attivo come al giorno d'oggi.

Dato che la rivista *Les Temps Modernes* aveva già pubblicato (dal 1975 al 1978) tre miei articoli, presentai ad essa anche questo mio lavoro. Mi fu riferito che esso era stato qualificato come un "testo selvaggio" da Simone de Beauvoir e fatto oggetto di alcuni dubbi da parte sua. Tuttavia, lei lo pubblicò. Lei incarnava nella mia vita di studentessa, e poi di donna, quelle figure di maestre della Scuola di Jules Ferry, piuttosto rispcttose di ciò che andava oltre le loro competenze, <<benevole sebbene troppo sicure di sé>>[xxvii].

In un cittadino erede di sopravvissuti, la soggettivazione della sua storia può difficilmente realizzarsi in un ambiente sociopolitico che non offra un tale sostegno alla distanziazione ed alla mediazione delle istanze di riflessione. La presenza, divenuta attuale, di queste istanze gli offre in qualche modo lo spazio di una parola che tenta di denunciare, a posteriori (*après coup*), la loro assenza allora, quando si lasciarono impunemente agire i carnefici. Questa presa di distanza è impossibile quando non si può localizzare nessuna traduzione culturale, nessun reperimento nella memoria nel mondo attuale dei vivi, cosa che viene vissuta dall'erede in una contaminazione e in uno sconfinamento nel senso winnicottiano del termine[xxviii]. La mancanza di delimitazione tra i morti ed i vivi, che induce spesso una rottura dei legami, può spingere a dei passaggi all'atto inefficaci o alla rinuncia davanti a un compito che individualmente non ci si può assumere.

L'espulsione nel campo pubblico di una storia paterna mantenuta segreta mi permise quindi di leggerla a distanza, tradotta in una lingua non "materna", ma acquisita alla "scuola materna" della Repubblica, quella delle mie maestre "laiche", madri sostitutive, che furono altre volte, come le ho già chiamate, "madri adottive dei più sfortunati"[xxix]. È alla loro sollecitudine tutta *repubblicana*, nonostante la loro ignoranza della mia storia personale, che io devo il privilegio d'aver potuto apprendere a tradurre un giorno in parole ciò che si intendeva inaudibile in questo manoscritto. Stimolando la mia curiosità per un altro universo rispetto a quello della vittima, della famiglia, esse prepararono il mio incontro con la letteratura della loro cultura dominante, ma anche con quella degli scrittori che attestavano altre Storie di catastrofe[xxx], di assassini, di complici, di negatori differenti. Le loro "spiegazioni dei testi" mi permisero di demistificare il carattere unitario, omogeneo, che avrei potuto attribuire nell'immaginazione ai loro simili.

Una volta ripreso nel 1990 nel mio primo libro[xxxi], questo racconto diede luogo ad un incidente del tutto inatteso che, provenendo di fatto dal vostro Paese, l'Italia, ebbe come conseguenza la terza ed ultima pubblicazione nell'aprile 2009 quando, 90 anni dopo la sua redazione, questo manoscritto terminò alla fine il suo percorso insistente.

In occasione di una settimana di lavori nel 2007 alla Casa Internazionale delle Donne[xxxii], Manuela Fraire, psicoanalista di Roma, ebbe il desiderio di mettere in cantiere la pubblicazione di una piccola raccolta, *Ricordare per dimenticare*[xxxiii] in cui figurava, tra l'altro, l'intero racconto di mio padre ed uno dei miei articoli che le avevo fatto conoscere. Quando ebbi il libro in mano, scoprii dapprima con stupore e contrarietà "il" nome dell'autore che l'editore non aveva giudicato utile precisare nel contratto: esso era nominato come "Janine e Vahram Altounian". Dopo qualche istante finii non solo per riconoscere che questa denominazione si giustificasse del tutto grazie al sottotitolo della raccolta "Il genocidio armeno nel diario di un padre e nella memoria di una figlia", ma che un genere di evento psichico mi arrivava là, dall'altro e dall'estero, un evento a cui bisognava dare una significatività in Francia attraverso una pubblicazione dello "stesso autore".

Questo scritto, che proseguì, in effetti, al di là della morte del suo scrittore la resistenza che l'ha prodotto inducendo un ulteriore "lavoro" di scrittura, di traduzione, di pubblicazione come sfida al negazionismo, figura dunque all'interno di un'opera[xxxiv] che riunisce ricercatori e psicoanalisti nell'ascolto dei traumi della Storia. Non solo il loro *portare* accompagna, sostiene la sua testimonianza davanti al mondo, ma la sua traduzione francese, la sola disponibile finora, si duplica in esso grazie al fac simile della sua versione originale redatta in lingua turca e trascritta in caratteri armeni. Fu lo stesso curatore, in quell’occasione direttore delle P.U.F. (Presses Universitaires de France), che volle la riproduzione integrale di questo manoscritto a cui non avrei, evidentemente, osato pensare, che avrei ancor meno osato reclamare in un’edizione “universitaria” in cui lo scrittore di tali terribili pagine è vicino a quei testi freudiani di cui io sono co-traduttrice dal 1970[xxxv].

Questo inserimento del fac simile del manoscritto, che io devo, ancora una volta, ad un’iniziativa democratica repubblicana, rappresenta metaforicamente l’inclusione, nel mondo della Storia, del corpo di coloro che furono esclusi da questo mondo. Questo manoscritto, incluso nell’opera in fac simile, rende omaggio all’ingiunzione di “lavorare”, proferita dall’antenato e trasmessa fino alla sua figlia che egli non ebbe il tempo di conoscere. Grazie alla sua presenza su un fondo di color seppia con delle pagine ai bordi rovinate dagli anni, esso rende manifesto il compimento tangibile di un “lavoro” di resistenza alla negazione che sarà durato tre generazioni.

Note dell’Autrice:

[i] Hermann Broch, “Esprit et esprit du temps”, conferenza tenuta a Vienna nell’aprile 1934 : <<Tra l’uomo e l’uomo, tra il gruppo umano e l’altro regna il mutacismo ed è il mutacismo dell’omicidio [...] È il rumore terribile del mutacismo che accompagna l’omicidio>> (estratto da un passaggio citato da Catherine Coquio in “À propos d’un nihilisme contemporain:

négation, déni, témoignage“ in *L'histoire trouée, négation et témoignage*, sotto la direzione di Catherine Coquio, Éd. L'atalante, 2003, p. 23).

[ii] Nel senso della madre «sufficientemente buona» dello psicoanalista Winnicott.

[iii] Cfr. J. Altounian, *L'intraduisible, Deuil, mémoire, transmission,* Dunod, Paris 2005, capitolo v : «Traduire au tiers ce qui reste», p. 97 e seguenti.

[iv] Cfr. Marie-Claire Caloz-Tschopp, *Résister en politique, résister en philosophie, avec Arendt, Castoriadis et Ivekovic,* La dispute, Paris 2008 ; Bertrand Ogilvie, «Violence et représentation. La production de l'homme jetable», in *Lignes*, n° 26, Ottobre 1995, Ed. Hazan ;« Anthropologie du propre à rien », un articolo sulle poste in gioco antropologiche della globalizzazione in *Le Passant Ordinaire*, numero di ottobre 2003.

[v] Cornac McCarthy, *La route*, Éditions de l'Olivier, 2008, p. 175 e p.246.

[vi] Paul Ricœur, «Mémoire, Histoire, Oubli», in *Esprit*, *La pensée Ricœur*, n° 323, marzo-aprile 2006, pp. 25-26.

[vii] Cfr. S. Ferenczi, *Journal clinique,* Payot, Paris 1985 [Trad. it. *Diario clinico*, Cortina, Milano 2004] tra le altre, la lettera del 24 gennaio e del 25 marzo 1932.

[viii] Aharon Appelfeld, *L'héritage nu,* tradotto dall'inglese da M. Gribinski, Éditions de l'Olivier, 2006, p. 30.

[ix] Jean Kéhayan, «L'Arménie 'sans retour possible'», in *La Revue Autrement/ Le Livre du retour*, 1997, pp. 160-163.

[x] J. F. Lyotard, *Le Différend*, Éd. de Minuit, Paris 1983, p. 256.

[xi] J. F. Lyotard, *Le Différend*, op. cit, p. 19.

[xii] Dany-Robert Dufour, *Les mystères de la trinité*, Gallimard, Paris 1990, p.157.

[xiii] Jacques Rancière, *La Mésentente / Politique et Philosophie*, Galilée, Paris 1995, pp. 140-141 [Trad. it. *Il disaccordo*, Meltemi, Roma 2007].

[xiv] Shoshana Felman «À l'âge du témoignage : *Shoah* de Claude Lanzmann», in *Au sujet de Shoah, le film de Claude Lanzmann*, a cura di Michel Deguy, Belin, Paris 1990. p. 62.

[xv] Speciosa Mukayiranga, « Sentiments de rescapés » in *L'histoire trouée. Négation et témoignage*, op. cit., pp. 781-782.

[xvi] Bruno Bettelheim, Postfazione a *Je ne lui ai pas dit au revoir, Des enfants de déportés parlent*, Intervista con Claudine Vegh, Gallimard, Collection folio, Paris 1979, p. 207.

[xvii] In *The Globe and Mail* (Canada), numero del 3.02.07 : «Nous sommes tous Arméniens».

[xviii] Cfr. l'articolo di Bernard-Henri Lévy apparso nel numero del 2.02.07 di *Le Monde.* È così che l'assassinio, il 19 gennaio 2007, a Istanbul di Hrant Dink, giornalista armeno che aveva rievocato nei suoi propositi molto moderati il genocidio del 1915, e i processi che si celebrano regolarmente in Turchia contro i difensori dei diritti dell'uomo (in applicazione dell'articolo 301 del codice penale) sono stati i precursori dei due eventi recenti che vengono ad attaccare il diniego della posizione ufficiale turca: 1) L'opera del sociologo turco Taner Akçam: *Un acte honteux. Le génocide arménien et la question de la responsabilité turque* (Denoël, nov. 2008, tradotto dall'originale pubblicato nel 2006 negli Stati Uniti). 2) Il numero crescente di firmatari di una petizione indetta su Internet nel dicembre 2008 da parte di quattro intellettuali turchi, «che chiedono perdono ai fratelli ed alle sorelle armene».

[xix] Jacques Rancière, «La cause de l'autre», «L'inadmissible», in *Aux bords du politique*, pp. 159-160, La fabrique éditions, 1998 [Trad. it. *Ai bordi del politico*, Cronopio, Napoli 2011].

[xx] Nei suoi lavori sui luoghi e sulle funzioni trans-soggettive ed in particolare ne «La transmission de la vie psychique et les contradictions de la modernité», conferenza del 26 marzo 2008 all'interno del «Cours sur les techniques de soin en psychiatrie de secteur», organizzato a Villeurbanne dal 25 al 28 marzo 2008 dall'associazione "Santé Mentale et Communautés" sul tema:«Transmissions», e pubblicata nel libro *Transmissions et soins psychiques*, a cura di Marcel Sassolas, Érés, 2009.

[xxi] *La Mésentente,* op. cit., p. 139.

[xxii] Questo manoscritto era stato redatto - probabilmente nel 1920, poco dopo l'arrivo dell'autore in Francia - in lingua turca trascritta in caratteri armeni. Cfr. la postfazione del traduttore K. Beledian, scrittore di lingua armena e «maître de Conférences» all'INALCO, che ne ha ugualmente curato le note in *«Ouvrez-moi seulement les chemins d'Arménie», Un génocide aux déserts de l'inconscient,* Belles Lettres, prefazione di René Kaës, 1990 (2ª ristampa 2003), p. 116, e «Traduire un témoignage écrit dans la langue des autres» in *Mémoires du Génocide arménien. Héritage traumatique et travail analytique,* Vahram et Janine Altounian, con il contributo di K. Beledian, J.F. Chiantaretto, M. Fraire, Y. Gampel, R. Kaës, R. Waintrater, PUF, 2009, p. 13.

[xxiii] *Les Temps Modernes*, fév. 1982, n° 427, «Terrorisme d'un génocide», Janine Altounian, Vahram Altounian, Krikor Beledian.

[xxiv] Cornéille, versi 1712-1713 di Nicomede. La regina d'Armenia Laodice, a cui Attale offre il trono di Bitinia, gli risponde: « Je ne veux point régner sur votre Bithynie: Ouvrez-moi seulement les chemins d'Arménie».

[xxv] René Kaës, «Ruptures catastrophiques et travail de la mémoire» in *Violence d'État et psychanalyse,* Dunod, Paris 1989, p. 178 [Trad. it. *Violenza di Stato e psicoanalisi*, Gnocchi, Napoli 1994].

[xxvi] Su questa questione, si può consultare tra gli altri: Yves Ternon, *Les Arméniens, histoire d'un génocide*, Points Histoire, Seuil, Paris 1996; Leslie A. Davis, *La Province de la mort*, Archives américaines concernant le génocide des Arméniens (1915), Éd. Complexe, Bruxelles 1994; *Revue d'histoire de la Shoah*, n° 177-178, 2003 (dossier coordinato da G. Bensoussan, C. Mouradian, Y. Ternon): *Ailleurs, hier, autrement: Connaissance et reconnaissance du génocide des Arméniens*; Raymond Kévorkian, *Le génocide des Arméniens,* Odile Jacob/Histoire, Paris 2006.

[xxvii] Cfr. «Faute de parler ma langue/ L'arménien qui me parle, que je ne parle pas » in *«Ouvrez-moi seulement les chemins d'Arménie»,* op. cit., p. 147: « Armena di Francia, avevo dovuto nel 1938, come tanti figli di persone sradicate ai giorni nostri, coi miei quattro anni, con le mie trecce rossiccie intrecciate da mia madre e coi miei occhi neri in agguato, emissari di mio padre, varcare la soglia della scuola materna, al numero 7 di "Rue de la Jussienne", nel modo in cui a quell'età si può ben affrontare un Paese straniero, minaccioso, del quale si comprende solo che esso è l'unico territorio dei giorni a venire. Le buie foreste in cui vengono abbandonate le bambine delle favole si aprono talora su delle belle radure: vi trovai quelle fate benevole sebbene troppo sicure di sé, le mie maestre, e divenni a poco a poco colei che non potette tradurre ai propri familiari, in armeno, nessuno di quegli affetti strazianti o radiosi che iniziano al mondo, nessun lavoro del pensiero, nessuna evasione dell'immaginario».

[xxviii] Nel senso definito da Winnicott, cfr. «Psychose et soins maternels», in *De la pédiatrie à la psychanalyse*, Payot, Paris 1969 [Trad. it. *Dalla pediatria alla psicoanalisi*, Martinelli, Firenze 1981].

[xxix] Altounian, J. «L'école de la République, jadis "mère adoptive" pour les sinistrés, l'est-elle encore?», in *Les Temps Modernes*, 615-616, sett.- ott.-nov. 2001.

[xxx] Ad es., al di là delle testimonianze di armeni, si vedano quelle di: Michael Arlen, Martin Melkonian, Nigoghos Sarafian, quella di Andromaca in Racine, di Annie Ernaux, di Eva Thomas, di Semprun, di Améry, di Camus, di Pachet, di Handke, di Ruth Klüger, di Aharon Appelfeld (Cfr. in Altounian, J. *«Ouvrez-moi seulement les chemins d'Arménie»,* op. cit.; in Altounian, J. *La Survivance / Traduire le trauma collectif,* Prefazione di Pierre Fédida, Postfazione di René Kaës, coll. Inconscient et Culture, Dunod, Paris 2000 (2[a] ristampa 2003); Altounian, J. *L'Intraduisible: deuil, mémoire, transmission*, Dunod, Paris 2005; Altounian, J. «Figures de l'autre en soi», *Le Coq –Héron,* 192, 2008).

[xxxi] Altounian, J. *«Ouvrez-moi seulement les chemins d'Arménie»*, op. cit..

[xxxii] A partire dal 20 febbraio 2007, settimana di incontri organizzati da Maria Palazzesi, direttrice della Casa Internazionale delle Donne.

[xxxiii] Janine e Vahram Altounian, *Ricordare per dimenticare. Il genocidio armeno nel diario di un padre e nella memoria di una figlia,* con un saggio di Manuela Fraire, coll. Saggine/107, Donzelli, Roma 2007.

[xxxiv] Janine e Vahram Altounian, *Mémoires du Génocide arménien. Héritage traumatique et travail analytique,* PUF, Paris 2009.

[xxxv] *Les Œuvres complètes de Freud/Psychanalyse* (Direttori della pubblicazione: André Bourguignon - Pierre Cotet, Direttore scientifico: Jean Laplanche) sono in corso di pubblicazione per Les Presses Universitaires de France, 17 volumi sono apparsi dopo il primo del 1988; Cfr. anche: Janine Altounian, *L'écriture*

de Freud/ Traversée traumatique et traduction, coll. Bibliothèque de psychanalyse, PUF, Paris 2003.

DALLA RIMOZIONE AL NEGAZIONISMO

di Manuela e Mary Avakian

PREMESSA di Manuela Avakian

Ho ancora una volta l'onore di esprimermi su un argomento complesso e che mi tocca da molto vicino. Ringrazio innanzitutto il Dott. Leo per l'occasione offertami; ringrazio anche tutti coloro, studiosi e non, che sono stati presenti al convegno "Id-entità mediterranee. Psicoanalisi e luoghi della negazione", che ha significato tanto non soltanto per il popolo armeno, tristemente protagonista del negazionismo più sfacciato di questi tempi, ma anche per altri popoli che hanno subito, o subiscono, la stessa sorte.

Premetto che le poche cose che ho da dire non sono frutto di studi approfonditi – non ho l'"*expertise*" per interventi del genere.

Di cosa stiamo parlando? Di negazionismo nella storia? Della storia? La storia del negazionismo? Il negazionismo storico? Ed ecco che ci troviamo su vari livelli, concorrenti e contrastanti, da studiare ed analizzare sul piano linguistico-culturale, sul piano storico e socioeconomico, sul piano etnico-religioso nonché etico, il tutto da prospettive diverse, visto da dentro, da fuori, prima, nel mentre e dopo. Intervento complesso.

Il mio piccolo contributo si concentra su tutto ciò che ho accumulato a livello di "pelle", a livello di tatto, di sentire e di sentore. Si basa su testimonianze dirette e tramandate, evolvendosi nei brevi o lunghi (dipende dai punti di vista) passaggi generazionali.

È per questo che nella prima parte del mio intervento vorrei riportare la testimonianza di mia madre, nipote e figlia di sopravvissuti del genocidio armeno, evento vittima del negazionismo turco.

RIMOZIONE E OBLIO: ANTICAMERE DEL NEGAZIONISMO di Mary Avakian

Sono nata armena, per poi scoprirmi apolide, alla perenne ricerca della mia identità.

Strana infanzia, la mia – fatta di tanto, forse di troppo, per poter colmare un vuoto congenito, quello dell'identità.

“Non ti confondi mai?” mi sentivo domandare per le diverse lingue che conoscevo sin da quando mi ricordo.

No, nessuna confusione. Niente sovrapposizioni. Nessuna interconnessione. Ogni lingua aveva un suo ruolo, una sua posizione nella mente e nel corpo, una sua "*raison d'être*". Ogni lingua prendeva le proprie forme e colori a seconda di dove mi trovavo. Un perfetto caleidoscopio culturale.

Nella vita pubblica ero perfettamente anglofona: dovevo solo scegliere se volevo essere americana, inglese, un po' di tutti e due. Era "chic". Era la lingua non tanto di Sua Maestà quanto di Hollywood. Era la lingua di "The Voice", di Elvis, dei Beatles. Era la lingua di tutto ciò che il mondo amava ed imitava. A me non serviva imitare.

Così raccontata, sembrerebbe una favola e per alcuni versi forse lo era.

Ma basta davvero impadronirsi di un sistema linguistico per assumersi un'identità? Bastava la mia conoscenza della lingua inglese per considerarmi (e farmi considerare) inglese o americana? E ancora, perché tutto questo disagio? Perché non dichiarare semplicemente la propria identità di armena?

Perché quella identità nazionale, ovvero essere "*Hay*", era inestricabilmente collegata ad immagini che difficilmente potevano piacere ad un bimbo (o a un giovane) qualsiasi. L'immagine era quella di donne più o meno anziane, sempre vestite di lutto, sempre con gli occhi lucidi di lacrime alle quali non si dava mai sfogo. Era l'immagine di uomini duri, con il volto pieno di solchi che sapevano di sofferenza, di rabbia, di fatica. E tutti parlavano sottovoce, e bisbigliavano parole misteriose del tipo "*dagig*" (turco), "*ciart*" (massacro), "*airun arstunk*" (sangue e lacrime), e invocavano il silenzio con sguardi severi scambiati tra di loro non appena entrava in stanza un piccolo. E chi mai vorrebbe appartenere ad una identità così oscura, così sofferta, così .... incomprensibile?

La generazione di armeni che è scampata al genocidio, quella salva per miracolo e sparsa in tutto il mondo, si è negata il diritto di piangere, di urlare. Era un lutto troppo grande da elaborare per cui era meglio rimuovere. Era l'unico modo per emergere dall'oceano di dolori e di umiliazioni e per rinascere come altro, come altri.

Emergevano dalle tombe i deboli mormorii dei massacrati, voci da incubo che colmavano di ondate di rabbia e di rancore gli adulti, spiazzavano i giovani che, non volendo riconoscersi in quella pesante eredità di popolo annientato, scelsero di farsi assimilare dalle variegate famiglie di adozione.

Hanno rinnegato la lingua ("*shh!*, non parlate in armeno, non sta bene!") rischiando ciò che la glottodidattica chiama "morte linguistica", hanno negato la propria appartenenza ad un popolo di perdenti, hanno mutilato i propri cognomi togliendoci il "marchio" *...ian* (Aznavour, Arslan), esattamente come si fa con un arto in cancrena. Altri sono stati ancor più drastici nel processo di autonegazione: il grande pittore nato Vosdanig Manoug Adoian è morto Arshile Gorky, più di qualche Krikor Minassian è scomparso dietro la maschera di Gregory Richardson. Generazioni di armeni costretti a negarsi la propria identità e a svanire nel limbo della non-identità, delle identità finte, quelle prese in prestito.

Hanno negato di esistere, lasciando il carnefice dormire sonni tranquilli. È così che i sopravvissuti di un popolo massacrato hanno negato la propria esistenza togliendo al massacratore l'onere di negare i propri misfatti per oltre settant'anni.

Ma sotto le ceneri di un popolo arso nel deserto di Deir-es-Zor, oggi riconosciuto come il più grande cimitero a cielo aperto, ardeva il fuoco di una civiltà dura a morire.

IL RISVEGLIO DEGLI ARMENI E IL NEGAZIONISMO di Manuela Avakian

Sono nata italiana, per poi scoprirmi armena.

Siamo i bisnipoti dei sopravvissuti. I nostri bisnonni non hanno potuto che lottare per la sopravvivenza in ogni angolo del mondo. Dovevano sfamarsi, coprirsi, non c'era né tempo né voglia di altro. Hanno dato ai loro figli, ovvero ai nostri nonni, i mezzi per un vivere dignitoso, umano. Questi, a loro volta, hanno dato ai nostri genitori tempo e mezzi per andare ben oltre la sopravvivenza.

Sì, siamo i bisnipoti, la generazione che emerge con forza, tirandosi dietro i propri genitori, dalle macerie del genocidio degli armeni perpetrato da parte dei Giovani turchi dell'Impero Ottomano.

Siamo la generazione dei giovani "normali", nutriti, vestiti, istruiti, con tempo e voglia di pensare. Siamo genitori e figli, casalinghe e lavoratori, studenti, docenti, medici, scrittori, giornalisti, artigiani, commercianti, orafi, appartenenti a … A chi? A quale Nazione? A quale razza? Siamo americani, ma decisamente non WASP. Siamo francesi, ma la "erre" non è mai abbastanza moscia. Siamo etiopi, ma ci tradisce il colore della pelle, siamo italiani, ma che cognome strano.

Chi siamo allora? Siamo a…, ar…., Armeni. Certo, abbiamo riguadagnato le nostre forze vitali, e lo possiamo gridare ai quattro venti, con orgoglio. Siamo armeni. E a chi ci chiede "Come? Cosa siete?", raccontiamo la nostra storia, la nostra geografia.

Questo forse inaspettato risveglio del popolo armeno ha promosso una presa di coscienza da parte di molti, ha promosso nuove consapevolezze, ha incentivato indagini storiche e, soprattutto, ha svegliato il "can che dormiva", vale a dire l'esigenza di un chiassoso quanto pericoloso processo di negazionismo da parte del governo turco.

"Rivangare il passato non serve a niente" si dice. Ma può un genocidio essere mai considerato passato? E ancora, può la conseguente diaspora di un popolo essere vista come evento del passato? È oggi che ci troviamo sparpagliati in ogni angolo del mondo. Siamo la generazione proiettata alla ricerca della terra che non c'è, ... se non dentro ognuno di noi.

Oggi, ora.

Non ci piangiamo addosso. Siamo cittadini del mondo con ammirevoli capacità di adattamento e di integrazione. Anzi, siamo orgogliosamente andati oltre l'integrazione, diventando parte naturale dei nostri Paesi ospitanti.

La nostra oggi non è sete di vendetta comprensibilmente consumata da Soghomon Tehlirian e pochi altri quando la ferita ancora sanguinava.

Il tempo placa la rabbia, insegna a razionalizzare, ma mai e poi mai ad ingoiare il negazionismo.

Il governo turco nega. È duro ammettere che i propri avi hanno commesso un tale crimine contro l'umanità. Nega forse perché teme delle rivendicazioni. Nega soprattutto perché ha le spalle rafforzate dall'appartenenza alla Nato, e dai tanti legami economici con imprenditori di molti Paesi, l'Italia inclusa.

La Germania ha ammesso i propri errori, chiedendo scusa alle vittime dell'Olocausto.

Ci vuole coraggio e umiltà, ci vuole amore per l'onestà perché i figli del carnefice possano dire: "È vero, è stato un genocidio."

Questo chiede il popolo offeso.

CONCLUSIONE – *La voce soffocata di una Turchia divisa*

Sono nata turca, e turca morirò. Non mi serve altra identità. Eppure qualcosa turba la mia vecchiaia: negli ultimi anni sento raccontare cose terribili sul conto dei miei avi.

All'inizio mi arrabbiavo, negavo con tutte le mie forze. Poi ho ascoltato le voci dei miei fratelli, sempre più numerosi, 300 intellettuali qui, un famoso scrittore lì, una scrittrice perseguitata altrove, che sussurravano: "È vero, i nostri nonni li hanno massacrati."

Sono vecchia, tanto vecchia, e non mi resta molto tempo. Traballano le mie certezze, ma poco importa: non voglio morire di vergogna, ma di verità. Qualunque essa sia.

TERRORISMO COME PATOLOGIA PSICO-SOCIALE

di Anna Sabatini Scalmati

"dall'inatteso arriva la paura" (Frammento di Archiloco, VII sec. a.C.)

La parola terrorismo - dal greco *tromos,* tremare, rabbrividire, fremere di paura – somma un sentimento personale, lo stato dell'individuo atterrito, con una situazione sociale. L'Occidente considera terroristico "l'uso indiscriminato della violenza contro la popolazione civile con l'intento di diffondere panico e coartare un'unità politica nazionale o internazionale" e terroristi "i membri di organizzazioni private e clandestine […], non i militari inquadrati negli eserciti nazionali. Qualsiasi azione attribuibile ad apparati militari di uno Stato – anche la più distruttiva e sanguinaria – non è considerata terroristica" (Zolo, 2006).

Le guerre che dilaniano le regioni del pianeta, la scienza piegata alla politica, la pervasività dell'economia e dell'industria culturale e ideologica, chiedono alle scienze umane di cimentarsi con una visione olistica, un sapere che superi le scissioni, le unipolarità delle posizioni manichee e si apra a situazioni extraterritoriali, al disagio della civiltà segnato dall'inquietante discontinuità prodotta dall'atomica. Di accendere una lampada che permetta al pensiero di aprirsi ad una visione del pianeta abitato non da un unico Uomo di dimensioni gigantesche, ma da una pluralità di esseri umani (Arendt, 1999).

Ad apertura di *Il secolo breve,* Eric Hobsbawm riporta 12 lapidari giudizi sul ventesimo secolo. Riferisco quello di Primo Levi: "Non siamo noi, i superstiti [del *Lager*] i testimoni veri. [...] Noi sopravvissuti siamo una minoranza anomala, oltre che esigua: siamo quelli che, per la loro prevaricazione o abilità o fortuna, non hanno toccato il fondo. Chi lo ha fatto, chi ha visto la Gorgone, non è tornato per raccontare, o è tornato muto" (Hobsbawm, 1995, p. 13).

Affinché "dall'inatteso non arrivi la paura" – che può scavalcare ogni nostra capacità di pensare – da Levi e da altri che come lui sono stati diretti testimoni del *Maelström* attingo il coraggio di sostenere, di non distogliere lo sguardo dal presente e dai nodi di distruttività in esso disseminati.

Ripetutamente Tiresia ha cercato di dissuadere Edipo dall'investigare sulla morte di Laio, ma la peste che gravava su Tebe non poteva essere dissipata se non attraverso un penoso, accecante percorso di conoscenza. Non diversamente dal figlio di Laio e Giocasta, l'umanità è chiamata a rivedere le ragioni della sua storia, a farsi consapevole delle proprie trasgressioni; a prendere coscienza del complesso intreccio di forze che ripetutamente la spingono in un *impasse* che annulla qualsivoglia alternativa alle armi. Scontro distruttivo e letale che eccede le risorse immaginative, oscura la fantasia e, a differenza di quanto Freud ha sostenuto nel 1911[1], la ingessa e restringe al ruolo di censore. "Siamo più piccoli di noi stessi; senz'altro non siamo all'altezza di quello che possiamo inventare e fare; e persino la nostra fantasia non è all'altezza della nostra fantasia e dei prodotti della nostra fantasia; certo, non delle loro conseguenze" (Anders , 1992, p. 301).

Nel 1945 Gioacchino Flescher[2] si chiede: <<Possiamo noi, testimoni del disastro che ha colpito il nostro globo, con tranquilla coscienza affermare che questa guerra era inevitabile? C'è chi afferma che esistevano premesse *economiche* che rendevano ineluttabile lo scoppio di un conflitto armato. Ma queste premesse economiche non potevano essere neutralizzate? Alle origini dell'umanità le stesse premesse - cioè la lotta per l'esistenza materiale – giustificavano l'omicidio, eppure con il tempo, a dispetto del numero sempre crescente dei competitori, si erano potute creare condizioni nelle quali l'omicidio per cause materiali è diventato e divenne un avvenimento raro e punibile dalla legge, che giustamente parte dalla convinzione che l'uomo su

questa terra può vivere senza dovere eliminare fisicamente il suo prossimo. Perché questo non sarebbe possibile nei rapporti tra grandi collettività?>> (Flescher, 1945, p. 9).

La centralità della conflittualità emotiva nel pensiero kleiniano, la teorizzazione di Bleger, a cui dedico il prossimo capitolo, le testimonianze, le elaborazioni cliniche dei sopravvissuti ai campi di sterminio e a lunghe reclusioni, le riflessioni teorico-cliniche degli analisti dell'America latina e quelle successive all'*11 settembre*, gli studi sul trauma catastrofico, la fondamentale riflessione di Franco Fornari sul tema della guerra e la mia esperienza clinica mi sollecitano a rivolgere l'attenzione ai nodi di odio e di vendetta (limito l'attenzione a questi primi anni del millennio) che, acutizzati dal crollo delle Torri Gemelle, legano e contrappongono l'Occidente al mondo islamico. Mi riferisco alle guerre di cui i mass media ci dànno notizia: ai bombardamenti contro l'Afghanistan iniziati nell'ottobre del 2001; alla *guerra infinita e preventiva* in atto dal marzo del 2003 contro l'Irak e alla parola d'ordine "*shock and awe*" (*colpisci e terrorizza*) che l'accompagna. Alla offensiva israeliana dell'agosto del 2006 contro il Libano e all'operazione "*piombo fuso*" contro Gaza (dicembre 2008 - gennaio 2009).

Spirali di guerre che avvitano tra di loro storia generale, rapporti sociali e atteggiamenti individuali. "La situazione politica si insinua nella sfera dell'intimità e la inquina, e allo stesso tempo il confine tra la sfera pubblica e quella privata viene stravolto" (Viñar e Viñar, 2001, p. 211). Alterazioni consce ed inconsce che sollevano onde che dalla sfera sociale e politica si ripercuotono su quella personale e viceversa. Livelli di turbamento che attraversano la comunità e sulle comunicazioni affettive e parentali riversano l'ombra della destabilizzazione sociale.

IL TRANS-SOGGETTIVO: UNO SCENARIO INTERPRETATIVO

José Bleger, più di altri autori, coglie i nodi psichici che avviluppano ed intrecciano la biografia alla storia, l'intrapsichico al trans-soggettivo. Per Bleger[3] l'io, che fin dall'inizio è in relazione con il mondo, a partire da uno stato di *indifferenziazione primitiva,* evolve da una dipendenza totale a una relativa indipendenza. Per le richieste dei bisogni primari, che ciclicamente riattivano comportamenti di dipendenza, l'io ondeggia tra momenti di autosufficienza autistica e narcisistica chiusura in se stesso, e momenti in cui si aggrappa ad un oggetto o alle istituzioni del mondo esterno. Questa oscillazione, per l'autore, è l'espressione del vincolo simbiotico di fondazione, realizzato sia con la propria mente sia con un oggetto esterno. Vincolo a suo parere assolutamente necessario per immobilizzare e tenere sotto controllo il nucleo agglutinato. Nucleo originario che avviluppa[4]:

<<abbozzi o formazioni molto primitive dell'io in relazione con oggetti interni o con parti della realtà esterna, a tutti i livelli di integrazione (orale, anale,

genitale), il tutto *senza discriminazione*, ma anche *senza confusione*>> (Bleger, 1992, p. 85).

Qualora questo nucleo, di fusione e di indifferenziazione tra interno e esterno, non viene contenuto, sull'io, inizialmente fragilissimo e incoeso, si riversano ansie estreme, potenti e massive. L'aurorale struttura psicologica si protegge da esse opponendo difese violente e primitive, quali la scissione e la proiezione agglutinata; difese che, nella misura in cui espellono nel mondo esterno il nucleo agglutinato, stringono con questo un vincolo simbiotico. Primo ponte, vincolo io/mondo a cui, quale depositario, è affidato il compito di immobilizzare, tenere sotto controllo la complessa e contraddittoria indifferenziazione primitiva: il nucleo psicotico originario, interno ad ogni essere umano. In questa prima relazione - nucleo originario/depositario - affondano le radici dell'io psichico[5] e la tessitura dei legami.

È questa relazione che struttura il vincolo, il legame che sorregge e accoglie i residui della vita intrauterina, le prime indistinte percezioni me/non me, amalgama di sensazioni enterocettive, esterocettive, sensoriali, olfattive e visive della prima struttura psicologica. Insieme indifferenziato, preconflittuale che nessun nuovo nato può elaborare e dipanare da solo e che, in misura maggiore o minore, rimarrà sempre non elaborato. Ombra mai dissipata, che non chiede di esserlo nella misura in cui è condivisa e contenuta dall'ambiente. Nucleo di affetti non differenziati - non si sono ancora formate le coppie oppositive (buono/cattivo) - che la proiezione primitiva deposita nell'ambiente a cui chiede accoglimento, contenimento e protezione: un saldo vincolo di cura. Nucleo che permane immobilizzato sullo sfondo, sebbene in parte si decanti nei comuni gesti quotidiani e in parte, sorretto dal consenso muto della comunità, si rifranga sugli oggetti che accompagnano e rispondono ai bisogni primari. L'ambiente se ne fa carico, il legame intersoggettivo ne circoscrive via via gli spazi, affinché, superata la linea d'ombra della pubertà, l'io si apra ad una seconda cerchia di mondo.

Vincolo simbiotico tra il nuovo nato, che denuncia la sua dipendenza e lievita il suo corpo alla ricerca di braccia che lo accolgano, e depositario/ambiente che contenga, immobilizzi e interiorizzi questo primo nodo costitutivo. Scambio di gesti, suoni, odori, pelle, relazione preverbale con cui si puntella la prima architrave della mente e si istituisce un retroterra di sicurezza. Il piccolo è fuso con l'adulto, questi se ne fa ospite generoso, depositario attento non prevaricante. Il piccolo proietta i colori del proprio sentire, l'ambiente li accoglie, ne snoda le ansie e tesse il nodo intersoggettivo, mentre nell'intrapsichico quest'incontro riverbera e deposita nuove e peculiari qualità emotive. Vincolo simbiotico che lungo tutto il corso della vita contiene ciò che la mente, prodotto immateriale di uno strumento materiale - l'universo corporeo -, non riesce a contenere.

La perdita del depositario apre nella psiche crepe nel cui fondo limaccioso scivolano e si confondono realtà, pensieri, sensazioni ed eventi. Il nucleo agglutinato non chiede rêverie - pensiero, affetto, voce che elabora e trasforma il 'sentire' in pensiero – ma accoglimento, contenimento, immobilizzazione da parte dell'ambiente. Suo destino è continuare ad avere bisogno di figure sociali via via diverse: famiglia, comunità, "oggetti culturali" e, trasversalmente, l'ambiente non umano (Searles, 2004).

Residuo inconscio dell'indifferenziazione primaria, il nucleo agglutinato per un verso mantiene saldo il legame con il mondo esterno, per l'altro sviluppa articolazioni via via più complesse con la realtà interna ed esterna che lentamente, sebbene mai del tutto, lo dipanano. Percezioni più mature e nuove relazioni che permettono fugaci *insight*, rafforzano l'io e lo contrappongano al nucleo originario. Ciononostante sullo sfondo, assorbiti e nel contempo condivisi dal contesto sociale, nel trans-soggettivo, permangono nuclei di indifferenziazione, proiezioni che non chiedono di essere reintroiettate: richieste di complementarietà io/mondo, espressione della dipendenza originaria della mente dal mondo esterno. Deriva da ciò che:

<<un residuo di indifferenziazione primaria rimarrà sempre in ogni soggetto maturo, il che significa che in ogni momento della vita del soggetto ci sarà un legame simbiotico, o di depositazione dell'indifferenziazione>> (Amati Sas, 2001, p. 246[6]).

Ciò permette di cogliere, ed è questo il punto che a noi ora interessa, il sincronico disporsi delle trame dell'intrapsichico, dell'intersoggettivo e del trans-soggettivo; il ruolo strutturante e organizzatore *dell'altro* simile (Green, 1995); la funzione strutturante dei "validi rapporti sociali [che] in una legislazione ben fondata sono elementi essenziali per la salute mentale" (Jaques, 1990, p. 206); le interconnessioni tra la storia individuale, familiare e generazionale e i disegni che sottostanno ai movimenti dell'economia, della politica, del militare.

<<La crescita degli individui>> scrive Di Chiara <<avviene in una trama sociale sempre più vasta e coinvolgente, ma soprattutto in spazi mentali che sono quelli delle culture dei gruppi (p. 15). Il mondo interiore degli individui alla fine si struttura a partire dalle esperienze di interazione psichica globale compiute da ognuno, conservate attivamente nella 'memoria sensoriale delle relazioni'>> (Di Chiara, 1999, p. 49).

Aree di soggettività che si intrecciano nella realtà psichica e si dispiegano nel suo complesso asse, mentre il trans-soggettivo - anello esterno, spazio "dei rapporti tra il soggetto e l'ambiente sociale condiviso" (Amati Sas, 2001, p. 243), sfera che contiene il me, l'altro da me e gli altri con cui l'altro da me entra in complesse relazioni culturali, socioeconomiche, politiche e religiose - origina sentimenti di appartenenza e sicurezza. Risonanza emotiva che evoca un "sentimento di indissolubile legame, di stretta appartenenza al mondo esterno nel suo insieme" (Freud, 1929, p. 558 dell'edizione Bollati Boringhieri).

Trans-soggettivo che trattiene e assorbe le percezioni/sensazioni che emergono dalle regioni sommerse del sé, catena di trasmissione e deposito di ciò a cui il pensiero, la ragione non ha accesso. Spazio pluridimensionale, area di rifrazione di onde complesse, intrapsichiche, intersoggetive, transgenerazionali, che congiunge il presente al passato. Il nostro presente senso dell'Io, scrive Freud, è:

<<un avvizzito residuo di un sentimento onnicomprensivo che corrispondeva ad una comunione quanto mai intima dell'Io con l'ambiente. Se possiamo ammettere che tale senso primario dell'Io si sia conservato nella vita psichica di molte persone, esso si collocherebbe, come una sorta di controparte, accanto al più angusto e più nettamente delimitato senso dell'Io della maturità, e i contenuti rappresentativi ad esso conformi sarebbero precisamente quelli dell'illimitatezza e della comunione con il tutto [...]>> (Freud, 1929, p. 561 dell'edizione Bollati Boringhieri).

La posizione agglutinata proposta da Bleger precede le posizioni kleiniane, tappe successive, difficili, dolorose anch'esse, mai definitivamente acquisite, del percorso che dalla mera esistenza biologica procede verso un mai compiuto sé. Tentativi della mente per giungere a contenere se stessa, aprirsi al vivere e, dalla contrapposizione pulsionale *mors tua vita mea*, approdare, tollerando l'acuto cordoglio di questa percezione, a relazioni fondate sul reciproco riconoscimento, *vita tua, vita mea* (Fornari, 1970), e alle regioni dell'etica segnate da un movimento che va oltre l'io e si apre all'altro.

<<La dura realtà>> scrive Puget <<è necessaria alla costituzione della realtà psichica; la realtà include tra le altre cose eventi sociali e culturali che hanno sia un potenziale di identificazione sia un potenziale traumatico che generano sintomi, conflitti, ecc.>> (Puget, 1995).

Queste tappe - espressioni della fragilità umana, dell'esposizione ai bisogni, della radicale dipendenza dall'oggetto e dei rischi connessi alla sua mancanza; della violenza dei desideri che legano indissolubilmente l'io all'altro, desiderato/odiato; dei moti affettivi che si organizzano attorno alle rappresentazioni fantasmatiche me/non me, mondo interno/esterno - ci parlano della funzione di rasserenamento, sostegno, di profonda e strutturale umanizzazione, il cui compimento è affidato alla rete sociale. Bisogni alla cui soddisfazione l'umanità ha delegato la famiglia, le istituzioni, lo Stato e i legami etici che strutturano e organizzano i gruppi umani.

Se queste richieste vengono tradite, sull'io precipita un'ansia catastrofica, che può provocare "*l'annientamento totale e immediato dell'io*" (Bleger, 1992, p. 85).

<<Vera e propria "apocalisse culturale" da cui si fanno avanti i fantasmi inquietanti, confusi e primigeni dell'indifferenziazione primaria e dei primi orizzonti persecutori. [...] Ne possono derivare un annebbiamento più o meno temporaneo della coscienza e un'invasiva angoscia catastrofica, vissuti di depersonalizzazione e derealizzazione, confusione psicotica e frammentazione>> (Sabatini Scalmati, 2003b, p. 126).

Con sullo sfondo lo scenario interpretativo fin qui proposto volgo ora l'attenzione ad alcune linee guida che a mio parere legano la Storia di oggi a quella di ieri.

DALLA STORIA DI IERI

La fine del secondo conflitto mondiale ha riversato sul presente un'eredità che non può fare a meno di mettere in discussione il passato. Eredità che chiede articolati livelli di ascolto e il sostegno di 'un'angosciata immaginazione' (Arendt) per cogliere il 'sovraliminare' e sostenere la sfida aperta dallo scarto prometeico, cioè dalla "*incapacità d'immaginarci tutto ciò che possiamo produrre e tutti i guai che possiamo combinare* (Anders, 1992, p. 27).

Nel 1945, alla cessazione delle ostilità, i sopravvissuti si trovano di fronte ad 'orrori' quali mai l'umanità - per estensione dell'area di guerra, livello tecnologico degli armamenti ed efficienza degli apparati burocratici – aveva conosciuto. I lager iniziano a mostrare l'enorme qualità di male che scorre a fianco delle voci 'alte' della cultura, i roghi di Dresda e Berlino sono da poco spenti e i 'fascismi' caduti, allorché un sole bianco, abbagliante, che irradia milioni di gradi di calore, accende i cieli di Hiroshima e Nagasaki. Nel risucchio del vuoto d'aria, si polverizza la distanza morale che sembrava separare i vincitori dai vinti.

Orrori antichi, che la cultura credeva relegati ai primordi dell'umanità, ed orrori espressione ultima e tragica di una conoscenza che viola i segreti della materia e dà vita ad elementi nuovi, quali il plutonio che, a sua volta, dà vita alla palla di fuoco che, in un milionesimo di secondo, polverizza ogni forma di vita.

Cinquantotto anni dopo, nell'agosto del 2003, Washington, capitale dell'Occidente, punta di diamante dell'economia, delle tecnoscienze e della supremazia militare, in anni arroventati quali quelli successivi all'attentato alle *Twin Towers,* in una sala del museo aeronautico dell'US Air Force di Washington[7], fa spazio all'Enola Gay[8]: il Boeing B-29 che il 6 agosto del 1945 ha sganciato l'atomica su Hiroshima. Con arrogante negazione di ogni forma di riparazione, con un abuso politico della memoria, l'icona della devastante potenza della bomba - quasi a confermare che i progetti genocidari sono illegali e da condannare se perpetrati da altri, non se esiti della propria strategia militare - conosce una legittimazione museale.

Asimmetria che, con l'assenza nella città di un museo in memoria dei genocidi perpetrati dalla Nazione a danno degli autoctoni, sembra ribadire che l'area geografica delle vittime è il metro atto a valutare la violenza che nega la vita a milioni di individui.

<<[...] l'umanità ha prodotto Auschwitz e ha chiesto scusa; ha prodotto anche Hiroshima, e non ha chiesto scusa. Da tale inaccettabile 'asimmetria' è poi scaturita la legittimazione e giustificazione non solo di tutti i bombardamenti futuri, ma 'del Bombardamento come azione legittima, contrapposta al Campo di sterminio come azione illegittima'>> (Martelli, 2004, p. 224).

Questo diversificato riconoscimento della colpa e della sofferenza legittima i 100 milioni di litri di diserbanti, miscela di triclorofenolo (l'agente orange), lanciati dall'aviazione degli Stati Uniti sulle foreste vietnamite[9], i bombardamenti al fosforo, l'utilizzo di droni che riversano i missili *Hellfire* (Fuoco di inferno) in Afghanistan e nelle diverse aree di guerra[10].

Ma questa presunta 'legittimità', fatta tragicamente propria dai terroristi dell'11 settembre, si è rivolta contro l'Occidente, e New York è divenuta la vittima del più violento attentato terroristico registrato nella Storia. Evento funesto che, al di là della disposizione delle potenze nello scacchiere mondiale, del modello tecnocratico della guerra asimmetrica[11], drammaticamente sparigliato dallo stesso attentato - il martire, con modalità impreviste, scavalca il principio di deterrenza -, mostra il tallone d'Achille del progetto egemonico.

Progetto che ricalca le orge di assassini degli indiani delle Americhe in seguito alla conquista, le catastrofi 'umanitarie' con cui le potenze coloniali hanno sigillato il loro potere in Asia e in Africa. Progetti che oltrepassano le frontiere degli Stati, che forzano le coscienze a fare fronte all'improvviso aumento di sadismo e ad inquietanti confronti tra comunità/mondo, locale/globale, arcaico/moderno. Mentre ciò accade, sui vinti "nudi di fronte alla propria verità, alla propria storia, alla propria memoria" (Fouad Allam, 2004, p. 63), esclusi dal *concetto dell'universo degli obblighi*

(Helen Fein[12]), scende un sudario che li rende invisibili e li cancella dalla storia. Leggiamo nel romanzo di Garcia Marquez:

<<Quando José Arcadio Secondo si svegliò era disteso supino nel buio. Si accorse che stava viaggiando su un treno interminabile e silenzioso, e che aveva i capelli appiccicati dal sangue secco e che gli dolevano tutte le ossa. Provò una tremenda stanchezza. Con una voglia di dormire per ore e ore, al sicuro dal terrore e dall'orrore, si accomodò sul lato che gli faceva meno male, e soltanto allora scoprì di essere sdraiato sui morti. Non c'era nessuno spazio libero nel vagone, tranne il corridoio centrale. Dovevano essere trascorse parecchie ore dal massacro, perché i cadaveri avevano la temperatura del gesso in autunno [...]. Cercando di sfuggire all'incubo, José Arcadio Secondo si trascinò di vagone in vagone, nella direzione verso la quale avanzava il treno, e nei lampi di luce che divampavano tra le assi di legno quando passavano per i villaggi addormentati vedeva i morti uomini, i morti donne, i morti bambini, destinati ad essere gettati in mare come le banane di scarto. [...] Quando arrivò nel primo vagone fece un salto nel buio, e rimase disteso nella cunetta finché il treno non fu passato del tutto. Era il treno più lungo che aveva mai visto, con quasi duecento carri merci, e una locomotiva a ogni estremo e una terza nel mezzo. Non aveva nessuna luce, nemmeno i fanali verdi e rossi di posizione, e scivolava a una velocità notturna e furtiva [...]. Una settimana dopo [....] la versione ufficiale, mille volte ripetuta e ribattuta in tutto il paese con quanti mezzi di divulgazione fossero alla

portata del governo, finì per imporsi: non c'erano stati morti>> (Garcia Marquez, 1988, pp. 300, 303).

Gli eventi storici chiedono l'attenzione e la memoria della comunità, depositazione complessa che permette di contenere i vissuti emotivi, di non separare la violenza dalla colpa (Fornari, 1970). Di misurarsi con la dolorosa, profondamente umana, esperienza depressiva. Esperienza che alleggerisce la memoria, redime in parte il passato e si apre al futuro e all'umanità dell'altro, alla sua fragilità non dissimile dalla propria. Se ciò non avviene, se tale elaborazione viene arrogantemente e trionfalmente evitata, l'orizzonte si tinge di persecuzione e prende corpo un'inquietante spirale in cui il trauma genera altri traumi, il passato ripropone le sue scelte nel presente e alla colpa di ieri non può che sommarsi quella di oggi.

Lo Stato che viola i diritti umani e si impone con la forza dell'apparato militare, con colpevole superficialità, affonda il coltello nei gangli vitali dei vincoli intersoggettivi e comunitari. Sulle istituzioni sociali - nella loro funzione di mediazione dei bisogni e di contenimento di ansie di natura psicotica - ricade un alone di sfiducia che solleva instabilità psichica nella comunità (Jaques, 1966). Manomissione dei legami sociali che inquina il senso della vita e con tragica ignoranza frantuma lo scrigno che contiene - mediato da modelli culturali, dalla tradizione, dai riti e dai ritmi quotidiani - le ansie della comunità. Disperse nell'ambiente, non più contenute, queste tornano sui singoli che o le rilanciano con un sovrappiù di angoscia sul mondo esterno, o investiti da esse vivono in un mondo che si colora di persecuzione.

ROTTURA DEI VINCOLI COMUNITARI

C'è uno scarto tra il conoscere gli 'eventi' che accadono nelle diverse regioni del pianeta e riuscire ad immaginare, a rappresentarsi i sussulti emotivi che percuotono gli individui che vi sono coinvolti. Tra il sapere razionale, descrittivo, mediato dal linguaggio - '*dove non è questione di angoscia*' - come ad epigrafe di un suo lavoro nota polemicamente Lévinas - e il sapere sensoriale ed affettivo. Sappiamo che il nucleo della sofferenza è intrinsecamente indicibile e irrappresentabile, come ci è noto che chi non ne è toccato non desidera sentirne parlare. Occorre fare forza sulle proprie emozioni, guardare a lungo in esse, compararle con qualcosa che si è provato e si conosce, per riuscire ad incontrare dentro di sé l'altro e il suo malessere, sia l'altro amico che nemico. Per riuscire a contenere il suo tragitto di sofferenza e non di rado di programmata, imposta disumanizazzione.

Incontro interno, non ideologico, dal quale partire per *cum-prendere* gli scenari di terrore, odio, vendetta, ma anche rallentamento, se non ibernazione, dell'attività ideativa, che anni di guerra, bombardamenti quotidiani, luoghi come Guantanamo e carceri segrete, settorializzazione dei territori e *check-point* originano e rafforzano. Per gettare luce sull'ambiguità, sulla compresenza di strutture democratiche e di *apartheid,* “sulla coesistenza dell’orrore con lo spettacolo di un’apparente normalità sociale” (Viñar & Viñar, 2001, p. 208).

<<L’angustia del pensiero umano>> scrive Jaspers <<specie quando si manifesta sotto forma di un’opinione mondiale destinata a travolgere ogni cosa come un’irrefrenabile ondata, rappresenta un pericolo immenso>> (Jaspers, 1996, p. 107).

Questa angustia, mentre fa muovere indisturbati gli eserciti e fa crollare complesse istituzioni civili, programma atti disperati. 'Atti' che vanno visti in interazione con il quadro storico e solo secondariamente con categorie di patologia mentale: la patologia non nasce nel vuoto, non è possibile isolare un individuo dal contesto sociale e geopolitico ove appare il ‘disordine’. 'Disordine' che giova alla presenza invasiva e alla pressione ideologica di una potenza che mira alla “distruzione delle forme sociali indigene” e “senza restrizioni [demolisce] i sistemi di riferimento dell’economia, i modi di presentarsi, di vestirsi” (Fanon, 2000, p. 7).

C'è pertanto da interrogarsi sulla ricaduta, sul fascino ipnotico dell’informazione satellitare e dei modelli da essa esibiti che, in quanto proposti dalle potenze egemoni, si pretendono ‘universali’, ‘assoluti’, ‘civili’, e ‘unica’, possibile e desiderabile condizione esistenziale e culturale. Messaggi, “che sanno bene come rivolgersi all’inconscio altrui poiché provengono dall’inconscio dei loro autori” (Green, 1995, p. 103).

Sulla ricaduta nell'immaginario della narrativa dell'altro, narrativa che rimanda valori discrepanti al proprio sentire e intacca il substrato dell'identità (Papadopoulos, 2002). Sui vissuti di umiliazione e vergogna che l'ideologia occidentale – post-moderna, "biologica", "antropometrica", "eugenetica" - riversa sulle vite che nascono e compiono il loro arco in contesti socio-culturali ad alto potenziale traumatico, ove è difficile contenere ed elaborare i fatti di vita quotidiana. Sul peso che si riversa sulla psiche quando le istituzioni politiche e militari rinserrano la società sotto una coltre di silenzi e paura, mentre disseminano il territorio di *cluster bomb:*

<<situazione che porta alla sua espressione limite il fantasma generale della guerra in relazione al padre-straniero-nemico che calpesta il sacro suolo della patria-terra-madre. [...] l'immagine del padre che sadicizza la madre, immagine che ogni uomo porta dentro di sé>> (Fornari, 1970, pp. 115, 116).

In tali situazioni l'equilibrio tra fattori esogeni e endogeni si spezza, i primi schiacciano i secondi per poi farli risorgere con raddoppiata carica di orrore. Il linguaggio della forza - che modifica il diritto e orienta l'etica secondo categorie rese variabili da sempre nuovi 'stati di eccezione'[13] - inquina la complementarità tra 'preconcezioni', desideri e progetti individuali-collettivi. La circolarità tra le aree della psiche e la rete di valori sottintesi e condivisi si sconnette. Gli affetti, privati del consueto contesto espressivo, del retroterra di sicurezza, della "matrice transpersonale delle rappresentazioni condivise" (Kaës, cit. in Amati Sas,

2001, p. 248), si fanno muti, mentre i comportamenti empatici e 'civili' si squilibrano, sopravanzati da agiti violenti, aggressivi, lesivi di ogni forma di umanità. La 'colpa' che alimenta e dà respiro alla 'posizione depressiva', corrosa da un'inquietudine che giornalmente si autoconferma, via via si affievolisce. Al suo posto si riattivano comportamenti modellati da logiche difensive che innalzano mura, accecano la visione dell'altro e avanzano una mastodontica semplificazione manichea. Le pagine dell'evoluzione umana e dei comportamenti sociali[14] si sfogliano in senso regressivo.

<<La psicoanalisi>> scrive George Awad <<ci insegna che ogni fenomeno mentale, come le emozioni, le fantasie, i desideri e i comportamenti, che comprendono gli atti di terrore, sono significativi, multi-determinati e in definitiva comprensibili, anche se la comprensione è incompleta e imperfetta. Ci insegna che tutti i comportamenti [...] hanno le loro radici nel passato recente, distante, arcaico, e sono implicati molti fattori, quali quello biologico, psicologico, familiare e socio-culturale, e i fenomeni mentali cambiano e si trasformano nel corso del tempo>> (Awad, 2006).

Nell'acquaforte *Los desastres de la guerra,* Francisco Goya rappresenta, in un mostruoso Colosso, il male che domina la storia, sconvolge l'ordine delle cose e getta una carovana e gli armenti nel panico.

La storia sprigiona angoscia, questa ne attiva un'altra che oscura l'immaginazione, preclude l'accesso alla fantasia e agli stati mentali soggiacenti l'angoscia stessa. I sentimenti precipitano, si disperdono in un pozzo e la sensazione che la vita è dura e vuota di senso diventa via via più intensa. La *défaillance* del sociale e del trans-soggettivo acuisce le spinte all'alienazione, il senso di impotenza, disintegrazione e morte; genera coni d'ombra che offuscano la mente e ottundono il pensare, perché

<<il pensare chiaramente – scrive Bion - tende a favorire la consapevolezza della 'realtà', la valutazione corretta del reale. Ma può darsi che l'essere consapevoli della realtà comporti l'essere consapevoli di qualcosa di sgradevole, perché la realtà non è necessariamente piacevole. [...] Possiamo trovarci in un universo di pensiero, in una cultura, o anche in una cultura contemporanea, di natura tale che inevitabilmente soffriremo il dolore di sentire che il nostro universo non è favorevole al nostro benessere. L'osare essere consapevoli dei fatti dell'universo in cui viviamo richiede coraggio. Quell'universo può non essere piacevole e possiamo essere disposti ad uscirne; se non riusciamo a uscirne, se per qualche motivo la nostra muscolatura non sta funzionando, o se si dà il caso che non sia appropriato darsi alla fuga o ritirarsi, allora possiamo essere ridotti ad altre forme di fuga – come l'addormentarsi o il diventare inconsapevoli dell'universo di cui non desideriamo essere consapevoli, oppure l'ignorarlo o l'idealizzarlo>> (Bion, 1989, p. 239).

Al venire meno dei vincoli simbiotici, degli argini intersoggettivi e trans-soggettivi, eretti a protezione della fragilità umana e sociale, si aprono scenari interni di inenarrabile terrore. Dalla Klein sappiamo che se l'odio è intenso e le frustrazioni gravi, sia il mondo interno sia quello esterno sono attraversati da una violenta scissione. Da una parte oggetti idealizzati ed esigenti, dall'altra terrificanti nemici: premessa per rapporti sociali crudeli e persecutori. La scissione impedisce il contatto sia con la colpa - l'oggetto dell'odio è meramente odiato, quindi né curiosità né domande lo presentano nella mente - sia con l'amore, sentimento scisso, o negato o diretto altrove.

Se materiali esplosivi disseminati nelle diverse regioni del mondo intorpidiscono delle coscienze, in altre sollevano tempeste di furia e distruzione con costi umani inenarrabili.

GRUPPI SIGILLO

[...] ed essi vengono presi ed infranti da ciò che appartiene alla cerchia stessa della loro esistenza.

(Hegel, *Estetica*)

Quando la politica, a dispetto delle convenzioni di Ginevra, con indiscriminati attacchi ai civili, non riconosce l'ingiustizia, non la corregge o, almeno, non la allevia[15], disconosce la fragilità del tessuto psichico che sorregge i processi di umanizzazione ed innesca regressioni che accendono appetiti violenti e cannibalici e una circolarità di comportamenti disperati e delittuosi fra cui il terrorismo.

La situazione diventa incandescente quando i desideri di periferizzazione dell'altro, l'implicito razzismo, toccano la sensazione nascosta in ogni essere umano, di non avere diritto di vivere. Quando si nasce e si vive in luoghi ove non si declina la speranza, l'*élan vital*, la libido si rivelano dadi truccati. La mera volontà di vivere non supplisce al *vulnus* arrecato ai diritti umani fondamentali, all'assenza di un progetto personale e sociale condiviso.

La paura, il disconoscimento degli affetti, il vivere da 'superflui' (Arendt, 1999) slatentizzano le angosce di annichilimento di stati arcaici della mente e il potere delle forze distruttive interne.

<<Il senso di giusto o di sbagliato, di torto subito o di gratitudine, di rettitudine consapevole o di colpa, non è di solito una reazione meditata. È piuttosto una risposta spontanea; e se la circostanza è di quelle importanti la nostra risposta non è solo spontanea ma molto intensa>> (Jaques, 1990, pp. 208-209).

Se la risposta spontanea all'ingiustizia viene coartata, la tensione del campo relazionale, oltre che sul presunto nemico, riverbera sul sociale lapilli di violenza che azionano l'aggressività dei padri, dei figli e dei fratelli tra loro, e quella dei padri, figli e fratelli contro le loro donne e i più deboli[16]. Nelle difficoltà gli esseri umani non diventano migliori. Il male storico costituisce un'unica catena, un *continuum* patologico nel quale possono cumularsi esperienze diverse e la condizione di vittima si può incrociare con quella di carnefice:

<<Perché mai – si chiede la scrittrice Ruth Klüger - circostanze peggiori dovrebbero rendere migliori le persone? Auschwitz non è stata una scuola di niente, men che mai di umanità e tolleranza. Mi è capitato di parlare con uno studente tedesco che si stupiva di aver conosciuto a Gerusalemme un ebreo ungherese sopravvissuto ad Auschwitz che detestava gli arabi. Perché, ho reagito io, quell'esperienza avrebbe dovuto renderlo più tollerante? I campi di concentramento sono stati distruttivi dell'animo umano e non solo dei corpi; certo non una scuola di umanità>> (Klüger, 2005, p. 12).

Umiliazione, vergogna, rabbia, sentimenti ripetutamente rinnovati, non più assorbiti e filtrati dal contesto relazionale - "si può vivere d'amore e d'acqua fresca, di briciole e di promesse, ma non si sopravvive al disprezzo" (Khadra, 2006, p. 197) -, vengono evacuati e gettati nel corpo, nel terreno della percezione o nella sfera del trans-soggettivo: luogo dell'azione e della violenza sociale. Prende sempre più corpo una semplificazione manichea che divide il noi dal voi e viceversa, ed apre la spirale di un reciproco crescendo di distruttività:

<<Quando gli altri cessano di essere considerati come un *alter ego* o un essere umano simile a noi, prende piede una radicale trasformazione dei vincoli sociali. L'*altro* è demonizzato o trasformato in un subumano, e la sua distruzione non solo non suscita compassione, ma diviene persino un obbligo, come quello che costringe un medico ad amputare un arto per fermare la cancrena>> (Viñar & Viñar, 2001, p. 213).

L'universo dell'azione - l'agire sulla realtà per dare risposte a bisogni urgenti ed immediati - mette in secondo piano il lavorio della psiche e restringe i margini delle riflessioni relative alla parte avversa. Gli spazi della mentalizzazione, necessari all'elaborazione del conflitto interno/esterno, si isteriliscono e, se affiorano delle considerazioni sull'altro, la 'neolingua' vi coglie i semi di una probabile imminente minaccia, per cui ogni sguardo sulla colpa diviene tabù. E ciò mentre le pulsioni, poco addomesticabili e scarsamente sensibili all'azione civilizzatrice, emergono in tutta la loro potenzialità:

<<Là dove siamo sorpresi o scioccati dal comportamento dei nostri simili, là dove vediamo agire, senza riserve, con cinismo, un appetito illimitato di godimento, l'appropriazione del profitto a qualunque condizione, là dove la potenza rifiuta il benché minimo contropotere, là dove il dominio è assoluto, là è la nostra 'mitologia' così reale: la teoria delle pulsioni così segnalata da Freud>> (Green, 1995, p. 103).

L'esperienza delle offese, la memoria transgenerazionale dell'acquiescenza imposta, scavano crepacci che scavalcano l'oscillazione PS-D[17] e, mentre limitano la mente all'interno di una supposta realtà dell'altro (il concretismo di cui parla Grubrich-Simitis[18]), la schierano su modalità primitive di incorporazione. In queste situazioni le spinte proiettive sono fortemente inflazionate, mentre il pensiero, che ha bisogno di rimandi interno/esterno, introiezione, dubbio, orizzonti insaturi, si irrigidisce e si automatizza.

Le metafore si ingessano e la mentalizzazione stenta a trasformare le sensazioni endogene ed esogene in rappresentazioni, ad attivare processi mentali in grado di elaborarle; diventa difficile riflettere criticamente su se stessi e comprendere gli atteggiamenti e le credenze dell'altro. Alla ricaduta sull'Io di nuclei agglutinati che non trovano depositazione segue una permeabilità dei confini intergenerazionali e il rifluire sui figli della storia dei padri.

La mente si trova asserragliata tra un universo psichico - sempre e comunque conflittuale - che mette a nudo ferite che non guariscono, mentre il sociale conosce continue pesanti manomissioni e amare ingiustizie. Sugli 'eventi', di cui gli individui sono testimoni ed attori, irrompono antichi scenari di rancore, risentimenti che tolgono ogni spazio al nuovo e all'imprevisto; il passato occupa il presente, il presente ri-propone il passato e questo, come un'ipoteca, si proietta sul futuro.

Il male che brucia dentro, gli elementi traumatici, isolati dal contesto relazionale, non filtrati da nessuna forma di elaborazione, si ripropongono in produzione seriale. Ciò impedisce di cogliere il diverso nell'intelaiatura del presente, di riconoscere la precarietà dolorosa, la compresenza di bene e male in sé e negli altri, mentre si preclude la reale comprensione della specificità degli avvenimenti. Diviene parimenti impossibile legare l'amore e l'odio con la conoscenza ed affidare a tempi diversi la soluzione del conflitto. I figli ripercorrono le orme dei padri ed entrano "in quella forma di organizzazione difensiva sociale, di sindrome psicosociale che il [...] gruppo di appartenenza già pratica" (Di Chiara, 1999, p. 9)[19].

Più aumenta la violenza sociale, più divengono preponderanti fenomeni di suggestione collettiva; la 'causa' schiaccia la vita del singolo, mero accidente di fronte ai disegni della Storia. In situazioni di precarietà politica e sociale, l'identità, intesa come insieme di pratiche, forme, oggetti e simboli, diviene forza di conservazione che chiede agganci forti e si oppone a qualsivoglia trasformazione. Scrive Bauman:

<<Dopo tutto il nocciolo duro dell'identità – la risposta alla domanda 'Chi sono?' [...] - può formarsi solo in riferimento ai legami che connettono l'io ad altre persone e alla presunzione di affidabilità e stabilità nel tempo di tali legami. Abbiamo bisogno di relazioni, e abbiamo bisogno di relazioni su cui poter contare, una relazione cui fare riferimento per definire noi stessi>> (Bauman, 2003, p. 111).

In queste situazioni i confini dei singoli Sé si attenuano e i gruppi, depositari di identificazioni proiettive incrociate massive, divengono il luogo concreto ove dare espressione a bisogni molto profondi, ove istituire legami di totale complementarità: abbraccio indissolubile tra ciò che viene proiettato e il ruolo del depositario.

<<In condizioni adatte, la paura oggettiva può essere più facilmente affrontata che non la persecuzione fantasticata. Il nemico cattivo e sadico viene combattuto non nella solitudine del mondo inconscio

interno, ma in collaborazione con i compagni d’arme nella vita reale. In tal modo, non solo gli individui si liberano della persecuzione fantasticata, ma, per di più, i membri dell’esercito sono temporaneamente liberati dall’ansia depressiva, perché i loro impulsi sadici possono essere negati con l’attribuire la loro aggressività all’osservanza del dovere, cioè esprimendo gli impulsi aggressivi raccolti e introiettati da tutta la comunità>> (Jaques, 1955, p. 615).

Bleger scrive relativamente a questi gruppi:

<<Il gruppo simbiotico [...] si muove in blocco in maniera massiva e rigida; l’unità corrisponde alla totalità del gruppo, i cui componenti non sono differenziati o discriminati; al suo interno i ruoli sono fissi e rigidi e vengono distribuiti (non condivisi) fra i membri, che li assumono in modo complementare e solidale. La mancanza di differenziazione o discriminazione fra i componenti del gruppo simbiotico consiste in questo: benché i ruoli siano fissi, possono ruotare o alternarsi i depositari che li assumono, ma ogni rotazione si effettua comunque in blocco e massivamente>> (Bleger, 1992, p. 86).

Una dura disperazione, una nube depressiva che traccia panorami di apocalittico nichilismo, cementa questo gruppo: primitivo[20], omofilo, misogino, chiuso all’interno di un orizzonte schizo-paranoide. In esso la capacità di pensare, possibile freno all’azione, viene sostituita da un abbraccio con un dio che fa propri i torti subiti dai suoi fedeli e promette giustizia. Uso ideologico e politico della religione che sublima le condizioni del gruppo sociale e rende possibile programmare la propria morte a danno dell'oppressore[21]. In esso lo spazio per l'Io individuale e separato, così come la dissidenza interna, sono duramente repressi. Coloro che vi aderiscono sono affiliati, non individui. Gruppo/sigillo che, in uno stato di minorizzazione regressiva, lega i corpi in un patto di rivalsa e di annientamento, "uno per tutti, tutti per uno!" La mente, con la freddezza dell'impotenza, osserva il gruppo e si adegua alle sue richieste: il corpo si fa strumento politico e non appena il semaforo dà il verde, aziona il pulsante. Un'esplosione colpisce alla cieca, l'attentatore si frantuma e con lui il corpo di coloro che gli sono vicini.

L'Io, disposto a tutto pur di rimanere in vita, impoverito da sempre nuove scissioni e dalla vena di follia che percorre le vicende umane, si erge sopra se stesso, e con un doppio salto mortale - dichiarazione di onnipotenza che si traduce in un gesto di morte - proietta la sua vita nell'al di là. Atto politico e atto di accusa alla politica che occulta un'angoscia di annientamento e si riveste di sublime. "Il martirio, forma sublimata di odio, diviene il nome sotto cui viene rubricato il sacrificio della propria vita e l'eccidio che ad esso si accompagna" (Sabatini Scalmati, 2006, p. 86).

Le polveri dell'aggressività, presenti nell'intrapsichico, nell'intersoggettivo e nel trans-soggettivo, in casi estremi simultaneamente presenti nelle tre sfere, prendono fuoco e 'qualcuno' diviene il tragico/a attore/attrice di eventi orribili. Destini personali macinati dalla durezza della storia che una furia narcisistica - perduto il confine tra normalità e follia - sacralizza in un atto di morte. La vita diventa soggetto e oggetto di morte. Non è più dunque la morte che distrugge la vita, ma la vita che distrugge la vita facendosi strumento di morte. "La violenza che disintossica il colonizzato", secondo la cruda definizione di Fanon (2000).

Si uccide il nemico, ma con lui si uccide se stessi. Suicidio/omicidio come atto di accusa, ma anche – e qui la logica si impiglia in contraddizioni e si apre al paradosso - atto d'amore di cui l'esplosione svela la matrice perversa.

<<[...] la guerra non si nutre soltanto di ferocia e di alienazione, ma si nutre anche della capacità di soffrire a cagione di amore. Il pacifismo facile dimentica spesso questa fondamentale verità che, se non rivelata nel suo reale significato, rischia di lasciare in mano ai dominanti una forza incommensurabile per trascinare i dominati verso la follia distruttiva nell'illusione di compiere un atto d'amore>> (Fornari, 1970, p. 72).

Il gesto con cui si rivendica il diritto alla vita e con esso i diritti del proprio gruppo, in quanto atto di morte, rinfocola il sadismo e questo inflaziona l'odio che, a sua volta, sgretola livelli di pensiero. Con la sua morte, il 'martire' non apre spazi di vita ai suoi fratelli ma, chiuso a tenaglia su se stesso, imprime al vortice impazzito un'ulteriore carica di aggressività e, nella misura in cui aumenta la sua capacità di colpire l'aggressore, accresce la possibilità per ambedue le parti di essere distrutte in una moltiplicazione di odio e di sadismo.

Di fronte a questo paradosso il nostro pensiero è chiamato ad una brutale sterzata, ad incamminarsi sulla via di una mutazione culturale che sappia guardare al di là della propria vita, e farsi carico, oltre che delle proprie emozioni, di quelle delle generazioni che verranno (Jonas,1990). Affinché ai vinti non accada - come è accaduto all'acciaio del World Trade Center, utilizzato per costruire le strutture portanti di una super-tecnologica nave da guerra in costruzione nel porto di New Orleans - di farsi esecutori della loro morte. Che la violenza giustificata dell'oppresso non trascini nella morte dell'altro la propria vita e la propria cultura. Che la giusta causa che ha chiamato alla rivolta, non si faccia ingiusta e prevaricatrice e quindi strumento della vocazione pantoclastica delle istituzioni di guerra (Cortesi, 2004). Che la violenza e il sadismo che girano su se stessi come viti spanate non si moltiplichino a vicenda e alle guerre di oggi ne seguano altre peggiori. "Viviamo [...] in un'era nella quale gestiamo la produzione della nostra stessa distruzione, ciò che non sappiamo è solo il momento in cui avverrà" (Anders, 1992, p. 13).

Questo estremo chiama il pensiero a cogliere, dietro il gesto, la violenza, l'arroganza dei potenti - ottusi giocolieri delle sorti del pianeta – le acute lacerazioni del tessuto umano e della sua crosta di civiltà. Deriva antropologica, assalto alla 'storia' dell'umanità, che può fare degli umani "degli analfabeti emotivi" (Anders) sordi al dolore, al lutto, alla pietà.

Poiché “non esiste innovazione se non ai confini con l’impossibile” (Kristeva, 2006, p. 5), noi che, in quanto psicoanalisti e operatori della salute mentale, conosciamo le vicissitudini della mente e le connessioni tra la mancanza di speranza, il terrore e l’onnipotenza distruttiva, con Hanna Segal dobbiamo:

<<guardare in faccia le nostre paure e mobilitare le nostre forze contro la distruzione. Dobbiamo essere ascoltati. […] Siamo a conoscenza dei meccanismi psichici del diniego, della proiezione, del pensiero magico e così via. Dovremmo in qualche misura contribuire a vincere l’apatia e l’auto-inganno presenti in noi e negli altri. […]. ‘Il silenzio è il vero crimine contro l’umanità’. Noi, che in quanto psicoanalisti crediamo nel potere delle parole e nell’effetto terapeutico dell’esplicitazione della verità, non dobbiamo rimanere in silenzio>> (Segal, 1997, p.156).

Note dell'Autrice:

1) “Con l'introduzione del principio di realtà si è differenziata una specie di attività di pensiero che, serbatasi libera dall'esame di realtà, è rimasta soggetta soltanto al principio di piacere. Si tratta dell'attività del *fantasticare* che incomincia con il gioco dei bambini, e che successivamente, portata avanti nella *forma dei sogni* ad occhi aperti, rinuncia alla dipendenza dagli oggetti reali” (Freud, *Precisazioni sui due principi dell'accadere psichico*, in Opere, vol.6, p. 456, 457, Bollati Boringhieri, Torino 1989).

2) Psicoanalista della Società Italiana di Psicoanalisi e direttore della rivista trimestrale *Psicoanalisi applicata alla medicina, pedagogia, sociologia, letteratura ed arte*.

3) Questo autore usa la minuscola per tutte e tre le istanze: io, es, super-io.

4) Alle posizioni schizoparanoide e depressiva elaborate dalla Klein, Bleger antepone un'organizzazione primitiva della personalità che chiama posizione glischro–carica (da "*glischro*", che significa vischioso, agglutinato, e "*karion*", nucleo). Posizione non anoggettuale, pur se la relazione oggetto/io è indifferenziata. Più che relazioni oggettuali, in questa posizione si hanno oggetti mescolati con porzioni di io.

5) Bleger coglie la spinta proiettiva, la ricerca del vincolo da parte del nuovo nato. Altri, che nell'economia di questo saggio tralascio, come Piera Aulagnier, Giuseppe Di Chiara, si soffermano di contro sull'investimento emotivo, sulle fantasie e le aspettative che i genitori riversano sul nascituro. L'Aulagnier (2002) scrive: "La particolarità dell'Io fa sì che esso inizialmente sia stato l'idea, il nome, il pensiero parlati dal discorso di un altro" (p. 21). Di Chiara a sua volta osserva: "gli atteggiamenti inconsci e consci del mondo che aspetta il bambino che deve nascere e poi costituirà il suo ambiente di sviluppo sono della massima importanza nel determinare alcuni destini" (Di Chiara, 1999, p. 9).

6) Devo alla dott.ssa Amati Sas, profonda conoscitrice della elaborazione teorica di Bleger, la conoscenza del pensiero di questo autore, in Italia ancora poco noto.

7) Cfr, Zolo, D., *Globalizzazione. Una mappa di problemi*, 2004, p. 115.

8) Nome del Boeing. Il comandante ha dato all'aereo il nome di sua madre (sic!).

9) Lo rivela lo studio più recente e completo finora, quello di Jeanne Mager Stellman della Columbia University di New York apparso su *Nature*, 17 aprile 2003 dal titolo *The extent and pattern of usage of Agent Orange and other herbicide in Vietnam.*

10) Droni, aerei senza piloti (*unmanned aerial vehicle).* Questi apparecchi sono guidati da piloti che da migliaia di miglia di distanza, su schermi con una tastiera e *joystick,* ne seguono il volo, centrano l'obiettivo e aprono il fuoco.

11) La guerra asimmetrica prevede: schiacciante superiorità militare di uno dei contendenti e perdite occidentali zero. L'altro, infinitamente più debole, combatte in modo non 'ortodosso'; dizione che comprende forme di guerriglia e resistenza popolare, giungendo al fine estremo del 'terrorismo'. Questa asimmetria dall'area militare si è estesa a considerazioni di ordine antropologico, secondo le quali alla figura del 'nemico' - barbaro, criminale, terrorista - non viene riconosciuto lo status di combattente. Accade così che per l'amministrazione statunitense di Guantanamo i 'combattenti nemici' sono privati dei diritti dei prigionieri di guerra.

12) Con *Universo degli obblighi* si intende "la cerchia di persone legate fra loro da obblighi di reciproca protezione, i cui vincoli derivano dal comune rapporto con una divinità o una fonte consacrata di autorità" (Bauman, 1992. p. 48).

13) L'11 novembre del 2001 un decreto presidenziale USA apre nel diritto uno spazio per la figura totalmente priva di diritti dell'*enemy combatant*, prigioniero in tuta arancione a cui tutto è negato: il processo, la pena, ogni forma di dignità e il nome. Nel fondo del "Corriere della Sera" del 13 agosto 2006 a firma di Angelo Panebianco leggiamo che, in situazioni di allarme sociale, la tortura non può essere condannata, che la "legalità, i diritti umani" e "lo stato di diritto" sono *optional* validi solo "in condizioni di normalità", non quando il "nemico, il nemico vero,

assoluto, quello che ti ucciderà se non riuscirai a neutralizzarlo" appare all'orizzonte. Alle anime candide dei pacifisti - "appartenenti al 'nemico interno' [...] alleato di fatto del terrorismo jihadista" – l'autore ricorda che "i principi vanno sempre adattati alle situazioni e che servono solo se si resta vivi". Affermazioni di egolatria cieca. Come Polifemo, l'Occidente arranca contro il nemico senza chiedersi il perché, senza sentirsi responsabile della sua presenza.

14) Al riguardo rimando a Sabatini Scalmati, A. *Riflessioni psicoanalitiche sulla guerra e sulle violenze di guerra* (2006).

15) Nel saggio *Sulla violenza* (1996) Hanna Arendt così distingue tra potere e violenza. Il potere si fonda su norme stabilite, condivise e comunicate. La violenza è conseguente alla crisi del potere, essa "appare come ultima risorsa per mantenere intatta la struttura del potere" (p. 50). "Il potere e la violenza sono opposti; dove l'una governa in modo assoluto, l'altro è assente. La violenza compare dove il potere è scosso, ma lasciata a se stessa finisce per fare scomparire il potere" (p. 61).

16) Scrive Fornari: "l'ostilità provata verso il colonizzatore coinvolge *ispo facto* anche l'ostilità verso il padre come oggetto fantastico interno e quest'ultima a sua volta mobilita il senso di colpa per il proprio sadismo" (Fornari, 1970, p. 117).

17) Con oscillazione ps-d si intende la fluttuazione tra la posizione depressiva e la posizione schizo-paranoide. La posizione schizo-paranoide (ps) è uno stato della mente in cui gli oggetti sono sentiti come pericolosi e minacciosi, in grado di mettere in serio pericolo la sopravvivenza dell'Io. A tale pericolo l'Io reagisce scindendo se stesso e le sue rappresentazioni degli oggetti esterni. Nella posizione depressiva (D), propria della complessità e della ricchezza della mente, l'Io è in profondo rapporto con i suoi sentimenti ambivalenti di amore e di odio nei confronti degli oggetti. Questa consapevolezza suscita sentimenti depressivi, sensi di colpa e intensi desideri riparativi. Questa oscillazione tra le due posizioni, la prima tutta tesa alla

sopravvivenza del Sé, la seconda alla sopravvivenza dell'oggetto, nelle situazioni di cui parliamo, è fortemente sbilanciata sul versante schizo-paranoide.

18) Concretismo, opposto dell'astrazione: con tale termine si intende un concetto pensato in modo concreto, immaginato in intima aderenza e fusione con altri concetti. Non è quindi un concetto astratto, separato e pensato di per sé, ma è collegato e confuso con altri. Non è un concetto differenziato, ma materiale d'intuizione fornito dai sensi.

19) Ci serve da esempio la nascita nel 1987 a Gaza di Hamas, dopo 20 anni di occupazione israeliana, sull'onda della prima Intifada. Hezbollah è parimenti una organizzazione che si è formata nella lotta contro l'occupazione, seguita all'invasione del Paese dei Cedri nel 1982.

20) Gruppo lontano sia dalla concettualizzazione freudiana dei meccanismi sociali delle folle del 1921, sia da quella dei gruppi per 'assunti di base' formulata da Bion nel 1961. *Psicologia delle masse ed analisi dell'Io* di Freud e *Esperienze nei gruppi* di Bion sono saggi importanti nello studio dell'analisi del potere. Il potere non viene studiato partendo dalle norme repressive e autoritarie, ma dal consenso che il legame di massa genera nel confronto del potere, dalla adesione acritica dei gruppi alla figura del leader.

21) "Nessuna religione, nessun fanatismo, nessun fondamentalismo può garantire [la morte volontaria]. Solo se la vita non vale nulla, solo se non vi è differenza fra l'esplodere con un aereo, o con tritolo [...] e il continuare a vivere in condizioni disumane –solo in questi casi vi può essere un'offerta così ampia di aspiranti suicidi" (Curi, 2002, p. 410).

BIBLIOGRAFIA

AMATI SAS, S. (2001), "La realtà psichica e le sue circostanze", in *Qui e ora... con me. Aperture psicoanalitiche all'esperienza contemporanea*, a cura di Maria Pierri, Bollati Boringhieri, Torino.

ANDERS, G. (1992), *L'uomo è antiquato. La terza rivoluzione industriale*, Bollati Boringhieri, Torino.

ANDERS, G. (2006), *L'odio è antiquato*, Bollati Boringhieri, Torino.

ARENDT, H. (1999), *Le origini del totalitarismo*, Edizioni di Comunità, Torino.

ARENDT, H. (1996), *Sulla violenza*, Guanda, Parma.

AULAGNIER, P. (2002), *I destini del piacere. Alienazione-amore- passione. Seminario di Sainte-Anne 1977-78*, La Biblioteca, Bari-Roma.

AWAD, G. A. (2006), *Contributi psicoanalitici per una teoria unificata del terrorismo*, Lavoro presentato al convegno "Alle radici dell'odio. Un'analisi del fenomeno del terrorismo", Milano, maggio 2006.

BAUMAN, Z. (1992), *Modernità e olocausto*, Il Mulino, Bologna.

BAUMAN, Z. (2003), *Intervista sull'identità,* a cura di Benedetto Vecchi, Laterza, Roma-Bari.

BION, W. R. (1989), "Turbolenza emotiva", in *Seminari Clinici*, Cortina, Milano.

BLEGER, J. (1992), *Simbiosi e ambiguità*, Libreria Editrice Lauretana, Loreto.

CORTESI, L. (2004), *Storia e Catastrofe. Sul sistema globale di sterminio*, Manifestolibri, Roma.

CURI U. (2002), "Perché la guerra", in *Filosofia Politica*, 3/2002.

DI CHIARA, G. (1999), *Sindromi psicosociali. La psicoanalisi e le patologie sociali*, Cortina, Milano.

FANON, F. (2000), *I dannati della terra*, Edizioni di Comunità, Torino.

FLESCHER, G. (1945), "Il 'pessimismo' di Freud e l'attuale 'psicosi collettiva'", in *Psicoanalisi applicata alla medicina, pedagogia, sociologia, letteratura ed arte,* anno 1, n. 1, 1945.

FORNARI, F. (1970), *Psicoanalisi della situazione atomica*, Rizzoli, Milano.

FOUAD ALLAM, K. (2004), *Lettera a un Kamikaze*, Rizzoli, Milano.

FREUD, S. (1929), *Il disagio della civiltà*, in *Opere*, volume X, Bollati Boringhieri, Torino 1989.

GARCIA MARQUEZ, G. (1988), *Cent'anni di solitudine*, Oscar Mondadori, Milano.

GREEN, A. (1995), *L'avvenire della psicoanalisi e la causalità psichica*, Laterza, Roma-Bari.

GRUBRICH-SIMITIS, I. (1984), "From Concretism to Metaphor – Thoughts on Some Theoretical and Technical Aspects of the Psychoanalytic Work with Children of Holocaust Survivors", in *Psychoanalytic Study of Child*, 39, pp.301-319.

JAQUES, E. (1966), "Sistemi sociali come difesa contro l'ansia persecutoria e depressiva. Contributo allo studio psicoanalitico dei processi sociali", in *Nuove vie della psicoanalisi*, Il Saggiatore, Milano.

JAQUES, E. (1990), *Lavoro creatività e giustizia sociale*, Bollati Boringhieri, Torino.

JASPERS, K. (1996), *La questione della colpa. Sulla responsabilità politica della Germania*, Cortina, Milano.

JONAS, H. (1990), *Il principio di responsabilità*, Einaudi, Torino.

HOBSBAWM, E. (1995), *Il secolo breve. 1914-1991: l'era dei grandi cataclismi*, Rizzoli, Milano.

KHADRA, Y. (2006), *L'attentatrice*, Mondadori, Milano.

KRISTEVA, J. (2006), *Melanie Klein, La madre, la follia*, Donzelli, Roma.

KLÜGER, R. (2005), *Senza un altrove, sospesi tra i vivi e i morti,* in "il manifesto", intervista di Daniela Padoan, 25 ottobre 2005.

LEVINAS, E. (1947), *Dall'esistenza all'esistente*, Marietti, Genova 1986.

LÖWY, M. (2001), "La dialettica della civiltà: figure della barbarie moderna nel XX secolo", in *Storia, verità, giustizia. I crimini del XX secolo*, a cura di Marcello Flores, Mondadori, Milano.

MARTELLI, M. (2004), *Il secolo del male. Riflessioni sul novecento*, Manifestolibri, Roma.

PAPADOPOULOS, R. K. (2002), "Distruttività, atrocità e cura: riflessioni cliniche ed epistemologiche", in *La guerra moderna come male della civiltà*, a cura di Nicole Janigro, Bruno Mondadori, Milano.

PUGET, J. (1995), "Psychic Reality or various realities", in *International Journal of Psychoanalysis*, 76, pp.29-34.

RODMAN, R. (1988), *Winnicott. Vita e opere*, Cortina, Milano.

SABATINI SCALMATI, A. (2003a), "Cultura psicoanalitica e problema della guerra", in *Il Ponte*, 1/2003.

SABATINI SCALMATI, A. (2003b), "Violenza sociale e sofferenza psichica", in *Psicoterapia Psicoanalitica*, 2/2003.

SABATINI SCALMATI, A. (2006), "Riflessioni psicoanalitiche sulla guerra e sulle violenze di guerra", in *Psicoterapia Psicoanalitica*, 1/2006.

SEARLES, H. (2004), *L'ambiente non umano nello sviluppo normale e nella schizofrenia*, Einaudi, Torino.

SEGAL, H. (1997), "Silence is the real crime", in *Psychoanalysis, Literature and War. Papers 1972-1995,* Routledge, London and New York.

STELLMAN, J. M. (2003), "The extent and pattern of usage of Agent Orange and other herbicide in Vietnam", in *Nature*, 17 aprile 2003.

VIÑAR, M., VIÑAR M.U. (2001), "Dal Sudamerica: Terrorismo di Stato e soggettività", in *Storia, verità, giustizia. I crimini del XX secolo*, a cura di Marcello Flores, Mondadori, Milano.

ZOLO, D. (2004), *Globalizzazione. Una mappa di problemi*, Laterza, Roma-Bari.

ZOLO, D. (2006), "Terrorismo, le ragioni dell''ultima risorsa'", in *Il manifesto*, 19 aprile 2006.

PORTE CHE CERCHIAMO DI APRIRE. TOTALITARISMO E PSICOANALISI

di Michael Šebek

La prima parte del mio articolo è dedicata ad una sintetica storia dello sviluppo della psicoanalisi in questo Paese (*la Repubblica Ceca, nota del traduttore*). La seconda parte tratta alcuni aspetti della realtà esterna che sono stati anch'essi importanti nell'evoluzione della Società Ceca di Psicoanalisi e della psicoanalisi ceca.

Questo si può considerare un contributo ad una psicologia sociale psicoanalitica. Parlerò di porte sul mondo esterno e dei loro guardiani. La storica "Cortina di Ferro" è un esempio di porte chiuse dalle conseguenze di vasta portata per lo sviluppo della psicoanalisi ceca. Ma, ovviamente, la maggioranza delle porte del mondo esterno sono capaci di essere aperte. E nell'attuale società globalizzata, in cui i confini reali stanno rapidamente scomparendo, siamo interessati, e ne siamo anche più dipendenti, alle porte ed ai guardiani elettronici. Ci sono anche delle porte interne nella nostra mente, almeno tra conscio e preconscio, e ci sono anche delle porte nel 'setting' psicoanalitico, non solo le porte dello studio dell'analista, ma tutte le procedure di selezione; ci sono, ancora, delle porte immaginarie nel processo analitico (ad esempio, il modo con cui otteniamo il materiale dal paziente e ciò che scegliamo di dirgli).

È ben noto che Sigmund Freud nacque in Moravia, a Freiberg (Pribor), una piccola città vicina ad Ostrava, ma questo fatto ha avuto poca influenza sull'evoluzione locale della psicoanalisi. Il movimento psicoanalitico ceco è probabilmente l'unico che abbia avuto tre Gruppi di Studio nella sua storia. Il primo Gruppo di Studio venne riconosciuto al 14° Congresso dell'I.P.A. a Marienbad. Tale gruppo non poté continuare dopo il 1939 a causa dell'occupazione nazista della Cecoslovacchia. Alcuni membri del gruppo si salvarono emigrando. Il secondo Gruppo - quello del Dopoguerra - fu chiuso dal regime comunista, nuovamente dopo 3 anni (nel 1949). Fu solo il terzo Gruppo di Studio, negli anni '90, che potette attraversare le porte esterne, ed il Congresso dell'I.P.A. a Santiago del Cile del 1999 riconobbe il Gruppo di Studio Ceco di Praga come Società Provvisoria. Il primo gruppo ad essere interessato alla psicoanalisi si originò a Praga attorno all'analista russo Ossipov negli anni '20 e consisteva per la maggior parte di emigrati russi. Ossipov era in contatto con Freud, e Freud gli diede dei consigli su dove reperire persone adatte con cui stabilire un gruppo a Praga. Il secondo gruppo si organizzò a Kaschau (nella Slovacchia orientale) attorno allo psichiatra ceco Jaroslav Stuchlik. Due membri del gruppo di Stuchlik, Emanuel Windholz e Jan Frank, andarono via da Praga alla fine degli anni '20, e nei primi anni '30 si unirono al gruppo di analisti ebrei tedeschi che erano arrivati a Praga per salvarsi dalle persecuzioni antisemitiche in Germania.

Otto Fenichel arrivò a Praga da Oslo nel 1935 e, insieme a svariati analisti provenienti da Vienna, aiutò il gruppo di Praga a diventare un Gruppo di Studio al 14° Congresso dell'I.P.A. a Marienbad nel 1936. Otto Fenichel a Praga lavorò, formò dei candidati, organizzò seminari e conferenze e scrisse le sue "*Rundbriefe*" (lettere circolari) fino al 1938, quando lasciò Praga per gli Stati Uniti ed Emanuel Windholz assunse la direzione del Gruppo Ceco. L'occupazione tedesca del 1939 mise fine all'esistenza del Gruppo di Studio. Alcuni emigrarono, altri morirono nei campi di concentramento. Ci fu solo un membro di questo gruppo pre-bellico, Bohodar Dosuzkov, che tenne in vita la psicoanalisi in modo clandestino durante la Seconda Guerra Mondiale. Era anch'egli di origini russe. Il regime comunista alla fine degli anni '40 bandì ufficialmente il Gruppo Ceco, che continuò il suo lavoro clandestinamente. Questa situazione durò per 40 anni. Il gruppo era solito avere incontri regolari in appartamenti privati, ed il "training" dei nuovi candidati continuò senza interruzione. La nostra situazione e le nostre condizioni erano simili a quelle vigenti in Ungheria. Il mondo comunista divenne chiuso e gli analisti cechi erano soliti addirittura aiutare nel 'training' qualche collega proveniente da Varsavia negli anni '60, '70 e persino '80. Alcuni colleghi polacchi ottennero quella che oggi chiamiamo una "shuttle analysis" (un'analisi concentrata in tempi brevi) o analisi condensata.

Il mondo esterno era diviso in senso verticale dalla Cortina di Ferro che teneva le porte chiuse. La parte totalitaria del mondo era divisa in senso orizzontale in un piano "alto", ufficiale e formale, ed in un piano "sotterraneo" non ufficiale, informale che conteneva la maggior parte della vita reale e privata della gente. Il destino della psicoanalisi era quello di esistere per lo più nella realtà sotterranea in cui si collocavano anche le vite private delle persone (un'area più prossima al vero Sé). È innanzitutto questa connessione tra la psicoanalisi e la vita privata della gente ad avere reso possibile la sopravvivenza e l'evoluzione della psicoanalisi persino in condizioni ideologiche piuttosto sfavorevoli ed in una situazione esterna di oppressione. Dopo la cosiddetta Rivoluzione di Velluto del 1989 il Gruppo Psicoanalitico di Praga divenne ancora il gruppo ufficiale del "piano alto". Ottenemmo presto il riconoscimento di Gruppo di Studio. Siamo stati Società Provvisoria fino al Congresso I.P.A. tenutosi in Cile nel 1999.

Naturalmente, c'era non solo la massiccia influenza della realtà esterna sul movimento psicoanalitico ceco, ma anche una potente influenza esterna sul processo e sul "setting" psicoanalitico. La questione generale era quella del come le condizioni esterne del totalitarismo, caratterizzate dalla presenza di oggetti totalitari, potessero permettere un processo di libere associazioni in psicoanalisi. Il paziente si sentiva abbastanza sicuro col suo analista, il quale era inevitabilmente una parte della realtà esterna per lui? Gli oggetti totalitari erano solo esterni, o avevano anche la loro esistenza interna? Quanto dovevano il paziente e l'analista negare la realtà totalitaria per poter lavorare insieme all'interno di un processo psicoanalitico così complesso? Non ci sono risposte semplici. Certamente le difese del paziente e quelle dell'analista dovevano aiutare a proteggere la sicurezza analitica. Oggi, ci sono molti analisti nel mondo che hanno esperienza del lavoro analitico in condizioni esterne piuttosto sfavorevoli. Il lavoro psicoanalitico in condizioni ideali di non pericolo simili a quelle di laboratorio è un'illusione. Io entrai nella formazione psicoanalitica clandestina all'inizio degli anni '70 quando la realtà politica esterna era divenuta piuttosto repressiva. In realtà ho trovato che la situazione psicoanalitica rappresentava per me l'unico posto sicuro oltre alla mia famiglia. Vidi questo desiderio di sicurezza e di libertà in uno spazio sicuro (lo spazio per dispiegare il vero Sé) più tardi nei miei pazienti quando iniziai a lavorare come analista in clandestinità. Era la presenza di una qualche fiducia di base nei pazienti, parti affidabili di buoni oggetti genitoriali e diniego del pericolo esterno, ad aiutare, tra gli altri fattori, a mantenere l'alleanza di lavoro. C'era un desiderio perché le porte dell'analista fossero una porta sicura per entrare nel mondo della riservatezza e della libertà. E, davvero, nessun analista ceco è stato mai denunciato da alcun paziente alle autorità totalitarie, sebbene alcuni pazienti mostrassero i loro sentimenti minacciosi nei confronti dei loro analisti nel flusso del processo analitico. Ma c'era spesso una non espressa percezione nell'analista e nel paziente come se vivessero su una nave col nemico ovunque fuori. Questa realtà e questa proiezione condivisa poteva essere allo stesso tempo, in alcuni casi, una zavorra per l'analisi vera e propria degli impulsi aggressivi del paziente. In breve, le porte tra la realtà sotterranea ed il piano superiore erano tenute chiuse.

Scoprii solo in seguito - nella mia pratica post-totalitaria - gli oggetti totalitari interni posti in differenti parti della psiche (Šebek, 1996; Šebek, 1998). Naturalmente, il processo inconscio di internalizzazione aveva compiuto il suo lavoro durante 40 anni di regime comunista. Tale oggetto divenne un ostacolo maggiore dello stesso pericolo esterno. Quando questo oggetto era collocato più nell'Io, il paziente era tormentato di più dalle credenze totalitarie nel proprio comportamento con gli altri. Quando era più posto nel Super-Io, il paziente aveva la tendenza ad essere crudele e sadico con se stesso. Quando l'oggetto totalitario era proiettato all'esterno, l'atmosfera paranoidea inondava il transfert ed il paziente per lo più poteva mostrare solo la parte falsa di se stesso. L'analista poteva avere gli stessi problemi nell'essere più manipolativo, meno paziente, troppo ansioso o meno sicuro.

C'era anche l'influenza della realtà esterna sui confini del "setting" psicoanalitico. Nessun analista nel mondo sotterraneo ceco poteva lavorare come analista a tempo pieno. La loro pratica analitica era per lo più una segreta appendice del lavoro nel servizio pubblico di salute mentale (psichiatrico o psicologico, ambulatoriale o ospedaliero) oppure era praticata a casa dell'analista, in genere in una stanza con più funzioni che non il solo trattare i pazienti. C'era anche una certa instabilità negli orari poiché si supponeva che gli analisti dessero priorità al loro lavoro nel servizio pubblico prima che potessero dedicare il proprio tempo libero ai pazienti in analisi. L'analista non era capace di proteggere le sedute dall'impatto esterno di diversi elementi, dato che non c'era alcunché che assomigliasse ad una seduta analitica ufficiale. Quando l'impatto esterno era troppo grande, la seduta doveva essere interrotta, ma piccole distorsioni venivano prese in seduta come materiale di ulteriore analisi, come ad esempio rumori da altre stanze se la seduta aveva luogo, come accadeva di solito, in un piccolo appartamento privato, o anche occasionali chiamate telefoniche a cui si doveva rispondere. Era anche difficile stabilire un contratto buono e affidabile con il paziente; le condizioni sotterranee non erano molto adatte, ad esempio, per stabilire la regola del pagamento per le sedute. Lascerò ora questo resoconto storico che ritengo sia sufficiente per illustrare il modo in cui il tema della realtà esterna era ed è così importante per gli analisti cechi. Purtroppo, l'*importanza* della realtà esterna non dice un granché sul *concetto* della realtà esterna. Facilmente diveniamo confusi se gli aspetti epistemologici sono definiti in modo impreciso. Ad esempio, se crediamo che la psicoanalisi possa soddisfare i criteri della scienza odierna, in modo più o meno tacito diamo per scontato il fatto che stiamo usando la situazione clinica come la realtà esterna, come l'oggetto delle nostre osservazioni; ed inferiamo le nostre ipotesi teoriche da queste osservazioni, e modifichiamo le nostre teorie in cambiamenti nell'interpretazione dei dati osservativi. Questo è ciò che ha fatto Freud quando, ad esempio, abbandonò la teoria della seduzione come causa della nevrosi. La teoria della seduzione era importante come teoria della realtà sociale esterna, sebbene limitata riguardo al campo patologico.

A questo punto sarebbe opportuna una rassegna dei concetti psicoanalitici riferiti alla realtà esterna: ad esempio, il concetto di Hartmann di "ambiente mediamente prevedibile", o quello di Winnicott di "ambiente facilitante", di "madre sufficientemente buona", ecc..

I concetti psicoanalitici della realtà esterna sono perlopiù limitati agli oggetti primari, dato che crediamo fortemente nell'importanza dei periodi precoci della vita per la formazione della personalità. Sebbene ciò sia solo parzialmente vero, sono convinto che altri oggetti ed altri spazi (possiamo chiamarli oggetti secondari e spazi secondari) siano anch'essi rilevanti. Ad esempio, sappiamo che gli Stati totalitari nel XX secolo hanno cercato di sminuire il ruolo della famiglia nella socializzazione dei bambini. Tali Stati hanno accentrato su di sé molta influenza sull'educazione dei bambini utilizzando a questo proposito gli asili d'infanzia, le scuole e varie istituzioni pubbliche. Purtroppo, un tale lavaggio del cervello ideologico ha avuto qualche successo e, ne sono convinto, ha avuto come conseguenza lo sviluppo infausto di una patologia tipo falso Sé nella popolazione interessata da queste pratiche educative. Più concretamente, ciò significa che le persone non possono sviluppare in modo appropriato le proprie identità personali; esse sono rimaste passive, conformiste, ritirate in se stesse, portatrici di un senso di pericolo, tendenti alla dissimulazione quando esposti all'autorità, ecc.. Per questa ragione ritengo sia utile descrivere, definire ed anche impiegare qualche altro concetto della realtà esterna. Concetti quali "un mondo diviso", "confini", "porte", "guardiani", "superficiale -

sotterraneo" (*in inglese: "upper - under ground", nota del Traduttore*), e naturalmente la possibilità o l'impossibilità di movimento tra vari spazi, possono essere interessanti per il pensiero psicoanalitico e ci possono essere anche d'aiuto nel vedere meglio ciò che accade nel processo psicoanalitico. Il concetto di oggetto totalitario può costituire l'oggetto primario qualora esso sia rappresentato da un genitore, ma può avere anche la qualità dell'oggetto secondario. Esso può essere il potere statale, che penetra i legami familiari ed anche quelli personali, e distrugge la capacità di pensare, di sviluppare e di esprimere le emozioni. Nella seconda parte del mio contributo esprimerò alcuni miei pensieri sull'oggetto familiare che può essere anche un oggetto secondario, e che è un antidoto molto importante per lo sviluppo della situazione totalitaria. I cosiddetti guardiani (ad es., le autorità di controllo per gli immigrati, i doganieri, i portieri, ma anche altre figure, comitati ed istituzioni responsabili delle decisioni su chi far entrare o meno, ecc.) sono detentori di un potere reale e al contempo magico. La gente può entrare? E come uscire? E ci sono delle "porte" nel trattamento psicoanalitico? Cosa accade con le porte?

Dopo essere approdato negli USA svariati anni fa, dovevo essere identificato come di routine da un ufficiale addetto al controllo degli immigrati. Questi diede un'occhiata al mio passaporto e disse che il tipo di visto che io avevo non era confacente al proposito del mio viaggio che era il soggiorno presso il Centro "Austen Riggs". Egli allora mi chiese cosa significasse "Riggs", poiché il logo di "Riggs" (sulla lettera di invito) non dava alcuna indicazione. Quando risposi che era un "ospedale psicoanalitico", ciò improvvisamente gli permise di diventare informale e sorridente. Mi disse che sua moglie lavorava coi tossicodipendenti, e così egli non ebbe alcuna altra obiezione nei miei confronti e mi lasciò andare. Purtroppo, cinque minuti dopo avevo nuovamente problemi. I doganieri scoprirono nel mio bagaglio una piccola salsiccia e di fronte a me la gettarono nei rifiuti. Nessun cibo del genere era permesso negli USA. Essi mi volevano addebitare una multa di 50 dollari ed io protestai. Quindi, all'improvviso, uno dei doganieri mi chiese se io fossi di Praga, e mi disse che i suoi genitori erano anch'essi di Praga. Quindi mi fece andare senza farmi pagare alcunché.

Questi due episodi, tra loro connessi, si possono interpretare in vari modi, ma sono interessato perlopiù a due aspetti correlati: (1) il processo di cambiamento da un'autorità esterna, formale e potente, ad un'altra contenitiva, erotizzante ed informale che è flessibile, ma allo stesso tempo incapace di aderire in modo preciso alle regole ed alle leggi; (2) un desiderio di trovare un'analogia tra gli oggetti interni di una persona ed i suoi oggetti esterni, o anche gli oggetti interni altrui. In breve, un desiderio di trovare oggetti familiari nella realtà esterna. Ma le storie, quando vengono riraccontate, hanno certe caratteristiche simili ai sogni. Ad esempio, si può dire che io potevo entrare negli USA perché la moglie di qualcuno, che non avevo mai incontrato, lavorava coi tossicodipendenti. E non pagai la multa poiché i genitori di qualcuno erano vissuti in qualche periodo del passato nella mia stessa città. In più, la mia salsiccia era considerata pericolosa per gli americani. Queste persone si erano salvate grazie al doganiere che la gettò nella spazzatura. Nondimeno, questi processi primari (agiti), al di là del processo della legge, sono una parte importante di identificazione basata sulla separazione di oggetti buoni da quelli cattivi. Per fortuna, fui scelto come oggetto buono da entrambi gli ufficiali della dogana grazie ad una capacità fortuita di rispecchiare o di rappresentare i loro oggetti buoni. La mia salsiccia secca, essendo per definizione l'oggetto cattivo, finì la sua esistenza nella pattumiera.

Un analista britannico, Roger Money-Kyrle (1978), che appartiene a quei professionisti del passato che erano anche interessati ai processi sociali, scrisse:

<<Se queste due cose, l'oggetto interno e quello esterno, non corrispondono da vicino, la società diventa per noi qualcosa di altro rispetto agli individui; e se il divario tra di essi è notevole, possiamo abbandonare gli individui per abbracciare delle astrazioni; o piuttosto cerchiamo di controllarli, in una modalità compulsiva ed onnipotente, per dei presunti benefici. In una forma estremizzata, questa mancanza di conformità tra l'oggetto interno e quello esterno porta all'inganno totalitario che il bene dello Stato astratto venga meglio servito sacrificando il bene di tutti i suoi concreti cittadini>> (Money-Kyrle, 1978, p. 204).

Riesaminando entrambe le storielle già menzionate, gli ufficiali che rappresentavano la legge e l'autorità dotata di potere divennero meno oppressivi quando scoprirono qualche analogia tra loro e me, o anche quando trovarono qualcuno dei loro oggetti interni connessi con me (essendo io un oggetto esterno per loro). Questo è anche il modo in cui ogni autorità totalitaria può diventare meno totalitaria. Money-Kyrle indica che crescenti differenze tra oggetti interni ed esterni provocano un'onnipotenza totalitaria ed un controllo compulsivo. Penso che questa sia la componente importante dell'origine di ciò che chiamo l'oggetto totalitario (Šebek, 1996; Šebek, 1998; Šebek, 2001) e la situazione totalitaria. Una situazione totalitaria è caratterizzata da un piccolo spazio esterno e da uno interno in cui la porta reale o immaginaria è chiusa. Entrambi i guardiani nelle situazioni prima citate sono in una posizione tale da essere un'autorità formale che mantiene e rappresenta regole e leggi impersonali. Se un individuo non si adatta a queste regole o leggi, può essere arrestato o punito. In questo modo si può sviluppare una situazione totalitaria. Ma entrambi i guardiani erano probabilmente delle figure paterne abbastanza buone, ognuna indipendentemente dall'altra e capace di mantenere le regole e le leggi all'interno di un contesto umano familiare, e di astenersi dall'usare il loro potere assoluto per imporre possibili penalità. Ciò si può considerare una normale situazione edipica o post-edipica. Diminuendo il divario tra gli oggetti interni ed esterni, cosa che io vedo come una sorta di erotizzazione dell'intera situazione, queste figure conservano il loro volto umano. Vedo anche in questa situazione una certa creatività: qualcosa di veramente nuovo ed originale venne introdotto nel quadro trovando oggetti familiari a livello della porta tra dentro e fuori. Una capacità di fidarsi gioca in parte un ruolo in questa più indulgente applicazione delle regole. Se questi ufficiali statali avessero avuto paura di avvicinarsi alla mente individuale di coloro che dipendevano da essi, essi avrebbero potuto creare una situazione totalitaria. La situazione totalitaria significherebbe che i rappresentanti del potere non darebbero alcuna possibilità di accettare le menti individuali come individui, e che chiunque con la minima irregolarità nel visto verrebbe respinto, e che ognuno che fosse stato trovato con del cibo pericoloso verrebbe multato. Un certo grado di sfiducia e di paranoia, come espressione di maggiore differenza tra oggetti interni ed esterni, è parte della situazione totalitaria. Il concetto di oggetto totalitario può essere usato per descrivere il potere che blocca il pensiero ed il dialogo, che offre solo soluzioni pre-formate e comandi, e che non permette alcun sostanziale sviluppo, impiegando l'ideologia, di qualsiasi tipo, per la razionalizzazione di azioni sadiche utilizzate per opprimere coloro che sembrano essere differenti. Inoltre, gli oggetti totalitari vogliono anche controllare lo spazio interno delle persone. La paura della vicinanza e la sfiducia operano in una tale situazione. Gli oggetti totalitari sono inconsciamente interiorizzati come gli altri oggetti che vivono nello spazio esterno ed accessibile. I concetti di Money-Kyrle sul divario tra oggetti interni ed esterni indicano indirettamente l'esistenza di un aspetto molto importante per la nostra vita interiore: c'è una qualche spinta nel trovare nella realtà esterna ciò che consciamente, ed anche inconsciamente, ci aspettiamo, e ciò deriva dagli oggetti interni e dalle loro relazioni. Quando incontriamo un nuovo oggetto esterno, cerchiamo di identificare qualcosa di familiare con noi, che sia scoperto dai processi percettivi o che sia proiettato al di fuori del nostro spazio interno. Un senso di somiglianza può avere una qualità psicotica quando prevalgono i processi proiettivi. Non esagero nel suggerire la possibilità che tutti gli individui in condizioni normali si sforzino di cambiare i loro oggetti esterni per renderli più simili ai loro oggetti interni. Perciò il mondo esterno rispecchia quello interno, o dà un senso o un significato alla realtà psichica. Il divario tra oggetti esterni ed interni può essere ridotto dal processo di identificazione, e dalle proiezioni ed introiezioni per quanto queste siano parte del processo di identificazione. Così, gli oggetti familiari ci proteggono dalle situazioni totalitarie e hanno un'importante influenza nel regolare l'equilibrio tra un individuo e la sua realtà esterna. Per inciso, gli oggetti familiari sono un importante mezzo di sopravvivenza in una società totalitaria, come ad esempio l'avere una rete sociale che si conosca e su cui si possa contare, e che possa anche aiutare. Alcuni divari tra oggetti interni ed esterni sono necessari per la protezione dei confini del Sé. I divari quindi sembrano avere una qualità dinamica; inconsciamente monitoriamo e regoliamo questi divari nella nostra vita quotidiana. Insomma, trovare vicinanza con gli oggetti simili è la via più facile per stabilire una relazione significativa, una nuova struttura psichica che si mantiene nella memoria a lungo termine. Può darsi che in qualche futura occasione l'ufficiale addetto all'immigrazione si ricorderà non solo di me attraverso il lavoro di sua moglie coi tossicodipendenti, e che il doganiere potrà ricordarsi non solo di me, ma anche della mia salsiccia a causa dei suoi genitori giunti negli USA da Praga.

Le somiglianze ed i divari tra oggetti esterni ed interni sono onnipresenti nel processo psicoanalitico. Ad esempio, ci sono situazioni in cui avvertiamo che il paziente sia in qualche modo distante da noi, inaccessibile: potremmo persino pensare non analizzabile. Certamente utilizziamo il controllo sulla nostra porta d'ingresso quando cerchiamo di selezionare i pazienti per la psicoanalisi oppure per il "training" psicoanalitico, ma il più delle volte conosciamo fin troppo bene le limitazioni di tutte le prime interviste. L'ampio divario tra l'analista ed il paziente può creare una situazione totalitaria ed una soluzione nel processo psicoanalitico: ad esempio, il terapeuta meno esperto può tentare di spingere il paziente a diventare più "analitico" o a cessare l'analisi; mentre quello più esperto sarebbe in grado di studiare i sentimenti di controtransfert e di scoprire che il paziente distante sta tentando di nascondersi in qualche sotterraneo mentale.

Quando sceglie il terapeuta, qualche paziente lo seleziona unicamente di sesso opposto oppure, al contrario, solo dello stesso sesso. Così l'analisi già parte come il processo in cui il sesso dell'analista e del paziente sono indicazioni, come a me sembra, del ponte tra due realtà interne, che stanno l'una di fronte all'altra nella relazione delle realtà interne ed esterne (il paziente è esterno all'analista, e l'analista è esterno al paziente). Una paziente pensava di aver scelto me perché si era trovata sempre meglio con gli uomini, cominciando già molto presto con suo padre. In questo modo ella pensava che gli uomini fossero più vicini rispetto alle donne ai suoi oggetti familiari con cui poteva comunicare.

Alcuni pazienti analizzati in una lingua straniera talora riferiscono una distanza o un divario tra il loro mondo interno ed il mondo dell'analista che parla la sua lingua nativa. Sia l'analista che il paziente sono rinchiusi nei loro rispettivi linguaggi attraverso cui parlano i loro oggetti interni. L'analisi va sempre avanti, anche in queste condizioni, ma non dovremmo confondere le resistenze con le distanze. Le distanze sono distanze. Un paziente mi disse che poteva piangere sul divano solo nella sua lingua originaria. Il suo analista di lingua inglese non capiva. Quando il paziente traduceva il contenuto traumatico in inglese, non riusciva a piangere. Si sentiva distaccato, nonostante il fatto che l'analista gli mostrasse empatia. Il paziente sentiva che c'erano alcune parti della sua esperienza traumatica che non era possibile tradurre. Per impiegare la metafora della porta, c'era una porta del discorso attraverso cui si può solo portare una quantità limitata di "bagaglio", ed alcune sfumature semantiche non possono essere mai riconosciute e comprese poiché sono impacchettate nel loro specifico linguaggio.

Ci sono altri esempi di divario, che sono parti delle dinamiche del processo psicoanalitico. Quando un paziente entra in seduta, può fare un'osservazione del tipo: <<Lei [l'analista] sembra come se fosse di malumore oggi, o lei è stanco?>> Oppure: <<Lei sembra carino oggi, indossa qualcosa di nuovo?>> Il paziente talvolta ha ragione, nel qual caso ciò è più percezione che proiezione. Certamente non sembriamo sempre allo stesso modo, ed alcuni pazienti sono estremamente sensibili mentre passano dalla porta al divano. Ancora una volta la questione è se la nostra apparenza combaci o meno con la realtà interna o con la fantasia inconscia del paziente, oppure quale sia il divario tra realtà interna ed esterna. Un piccolo esempio clinico: un paziente mi disse all'inizio della seduta che sembravo stanco. Aveva piuttosto ragione, mi sentivo davvero stanco, ma egli aggiunse che anche lui si sentiva stanco, e suggerì semplicemente di non far nulla in seduta. Fui rapidamente guarito della mia pena e proposi che egli considerasse l'interessante tema del "non fare nulla". Ma egli mi diede una lezione su quanto sia importante tenere in mente la differenza tra proiezione e percezione nel processo analitico. (Non c'è anche un qualche divario tra una vita "normale" e la situazione analitica? Nelle situazioni della vita normale le persone non pensano di proiettare, ma credono di percepire. Nella situazione analitica spesso dimentichiamo che anche i pazienti percepiscono e non solo proiettano).

Gli incontri psicoanalitici ed il lavoro nella diade sono anch'essi fortemente influenzati dalla tendenza a ridurre un divario tra il mondo interno del paziente e quello dell'analista. Quando il paziente ha scoperto che al suo analista piace ascoltare ed analizzare i sogni, egli conosce una delle "porte" attraverso cui entrare nell'analista. Allora l'analista può ricevere abbondanza di sogni, talora troppi. Il concetto di transfert è basilare per comprendere la tendenza del paziente a creare un mondo familiare in psicoanalisi. Potenzialmente, l'analista è capace di farsi carico del ruolo storico ed attuale degli oggetti interni del paziente. Infatti, suppongo che questa tendenza a ridurre il divario tra oggetti interni ed esterni vada oltre ciò che si concepisce essere di solito il transfert, dato che è un aspetto delle normali relazioni quotidiane: ad esempio, la vicinanza della coppia quando ci si riferisce all'identificazione genitale che coinvolge simultanee ed intense identificazioni con il ruolo sessuale proprio di ognuno dei due e con il ruolo complementare dell'oggetto durante il rapporto sessuale. Gli adulti normali hanno una capacità di entrare in un'altra persona e di diventare una sola cosa con essa.

Ci sono molti oggetti familiari nella cultura che entrano nel processo psicoanalitico. Alcuni possono temporaneamente disturbare la terapia: può succedere nella nostra cultura che il paziente non venga alla seduta poiché egli entra in conflitto con un importante incontro di hockey su ghiaccio alle Olimpiadi. Il paziente può rifiutarsi di pagare la seduta mancata perché presume che anche l'analista stesse guardando l'incontro (ognuno - essendo "normale" - lo guarda).

La grande differenza o il grande divario tra oggetti interni ed esterni (o con gli oggetti degli altri) crea una tensione e può portare ad una soluzione totalitaria nelle relazioni sociali. Una tendenza libidica generale a diminuire il divario tra oggetti di individui diversi, trovando ognuno nell'altro oggetti familiari, è un'importante pietra da costruzione in tutte le relazioni umane partendo, probabilmente, dalla nascita. Anche le relazioni psicoanalitiche tra paziente e terapeuta sono caratterizzate dalla convergenza o anche dalla divergenza di relazioni oggettuali, cosa che va oltre il transfert ed il controtransfert nonché la resistenza normalmente intesi.

BIBLIOGRAFIA

MONEY-KYRLE, R. (1978), „Social conflict and the challenge to psychology“, in *The Collected Papers of Roger Money-Kyrle*, a cura di D. Meltzer con E. O'Shaughnessy, Clunie Press, Strathtay, Perthshire [Trad. it. *Scritti*, Bollati Boringhieri, Torino 2002].

ŠEBEK, M. (1996), „Fates of totalitarian objects“, *Int. Forum Psychoanal.*, 5, pp.289-294.

ŠEBEK, M. (1998), „Post-totalitarian personality - old internal objects in a new situation“, *J. Amer. Academy Psychoanal.*, 26, pp.295-309.

ŠEBEK, M. (2001), „Zeit, Raum und Gedächtnis für totalitäre Objekte“, in *Die Gegenwart der Psychoanalyse - die Psychoanalyse der Gegenwart*, a cura di W. Bohleber & S. Drews, Klett, Stuttgart.

L'OGGETTO PERDUTO - L'OGGETTO RECUPERATO

di Gerhard Schneider

Wolfgang Becker ed il suo 'team' hanno prodotto un grande film sul più importante evento della storia tedesca del dopoguerra, la sua riunificazione nel 1990. Del suo 'team' voglio menzionare Bernd Lichtenberg, che ha scritto la sceneggiatura, co-autore insieme a Becker, Martin Kucula, da lunga data *cameraman* di Becker, e gli attori Daniel Brühl e Katrin Sass nel ruolo, rispettivamente, di Alex e della madre, la signora Kerner.

La riunificazione tedesca fu compiuta dopo 25 anni, ossia circa due generazioni, di sviluppi economici e socio-culturali enormemente differenti, radicati in opposte ideologie, tra la Germania dell'Est e quella dell'Ovest. Inoltre, la riunificazione non è stata il risultato di un processo di elaborazione ("working-through") dopo una profonda intuizione introspettiva ('insight'), ma accadde come un terremoto, o un'eruzione vulcanica, nel giro di un minuto di storia. Nell'estate del 1989, la Cortina di Ferro si aprì in Ungheria, con decine di migliaia di persone che lasciarono la DDR per giungere nella Repubblica Federale. Solo un mese dopo il 40° anniversario della DDR, il 7 ottobre, il Muro cadde, precisamente il 9 novembre. Non passò neanche un anno che ambo le parti della Germania furono riunificate, il 3 ottobre del 1990.

Parlando da un punto di vista psicoanalitico, è come se una scissione profondamente radicata venisse sospesa tutta all'improvviso. Ci possiamo aspettare quanto meno una gran confusione ed un gran subbuglio, se non una catastrofe, in una tale situazione. Per dirla in modo differente, la rimozione della scissione, che può essere parte di una cura, può anche ritorcersi come un pericolo, e persino una minaccia mortale. Come diceva Freud: <<la guarigione stessa è trattata dall'Io alla stregua di un nuovo pericolo>> (Freud, 1937, p. 521 dell'edizione Bollati Boringhieri).

La *tesi* principale del mio articolo consiste nel fatto che in questo film Becker raffigura ed analizza vari aspetti della situazione tedesca di non-scissione tra il 1989 ed il 1990, ossia sul piano politico e collettivo come anche su quello individuale. Riguardo al livello politico e collettivo, da un lato, tutti gli eventi politici decisivi di questi due anni vengono rappresentati su uno schermo, sia come estratti di telegiornali - ad esempio, come treni pieni di gente che va via dalla DDR -, sia come scene appartenenti alla stessa narrazione del film, ad es., come la manifestazione di protesta in cui Alex viene imprigionato, oppure il cambio della moneta in marchi tedeschi.

Dall'altro lato, rispetto ai processi collettivi, ci viene ricordato ciò che si può chiamare a tutti gli effetti un tipo di colonizzazione dell'Est, che era straripata grazie alla pubblicità ed ai beni di consumo dell'Ovest, dalla

Coca Cola e dai set televisivi ai mobili Ikea, e così via. Inoltre, veniamo a conoscenza di come la squadra di calcio tedesca avesse vinto la coppa del mondo nel 1990. La maggior parte dei tedeschi allora sperimentarono quel trionfo come "*noi* siamo i campioni". Così, almeno temporaneamente, si formò un'identità collettiva al di là della scissione nell'Est e nell'Ovest, con il corrispondente quasi maniacale stato fusionale della mente.

Comunque, la straordinaria qualità del film di Becker sta nell'intercalare la storia collettiva e politica con quella individuale, mostrata negli sviluppi della storia della famiglia Kerner. Penso che Becker riesca ad intercalare questi due livelli in un modo convincente da un punto di vista psicoanalitico, facendo luce su un principio psicoanalitico basilare, ossia che il cambiamento psichico implica lo sperimentare la perdita, e che se questa sembra essere intollerabile, esso dev'essere evitato a tutti i costi oppure può portare non ad un cambiamento catastrofico produttivo, nel senso di Bion, bensì ad una catastrofe mortale. Per questioni di spazio limiterò le mie riflessioni alla madre, il cui figlio Alex funziona come un adorabile angelo custode, cercando di tener lontano da lei il crollo della DDR, oppure, insieme al suo amico Denis, di sostituirlo con il suo opposto, mettendo in scena una qualche forma di crollo della Repubblica Federale. Di conseguenza, il momento decisivo dello sviluppo del personaggio della madre sarà il momento in cui il suo angelo custode non funzionerà come tale per un po' di tempo, analogamente al corso di un trattamento psicoanalitico. Quindi, penso che la scena dell'elicottero di Lenin sia il punto di svolta del film. Può darsi che il lettore ricordi che ciò accade quando la madre di Alex lascia la casa senza esser vista da Alex che si era addormentato. Ritornerò dopo su questa scena, ma, prima, dovrò ricapitolare il suo sviluppo fino a questo punto.

La narrazione del film inizia nel 1978 quando la madre di Alex ha un crollo depressivo dopo che suo marito non ha fatto ritorno da un congresso scientifico a Berlino Ovest. Si riprese dalla perdita dell'oggetto amato mettendo il suo Paese al posto di suo marito, dato che Alex, che sta commentando la storia con la sua voce fuori campo, dice: <<Non abbiamo più parlato di mio padre. Da allora in poi mia madre è stata sposata con la nostra Patria socialista>>. Naturalmente, Lenin, la cui enorme statua vediamo all'inizio del film, è parte ed è una rappresentazione di questo oggetto d'amore idealizzato da cui non si sarebbe mai più separata. Comunque, secondo ciò che udiremo da lei nella sua confessione nella casa del week-end alcuni giorni dopo la scena dell'elicottero di Lenin, ella non si oppose al desiderio del marito di restare a Berlino Ovest, ma era d'accordo con lui nel seguirlo coi figli, facendo domanda per un visto di uscita dalla DDR, qualcosa che però non osò fare. Mise da parte tutte le lettere del marito, senza averle lette, e mentì ai suoi figli dicendo che il padre l'aveva lasciata a causa di un'altra donna, e che egli aveva troncato ogni contatto con la sua famiglia. Inoltre, il partito di unità socialista della DDR era stato il motivo principale della fuga del marito, così come ella dice: <<Gli resero il lavoro difficile. Perché

non era un membro del partito. Era terribile. Lo sapevo e non potevo aiutarlo>>.

In secondo luogo, la madre di Alex non cercò di seguire il marito, ma al contrario cercò di estinguere ogni ricordo di lui, sposandosi con la DDR che in passato aveva reso dura la sua vita, e quella del marito, e che lo aveva portato a non tornare dall'Ovest. Non ci fu alcun processo di lutto nella signora K., grazie al quale potesse rinunciare al suo oggetto d'amore. Invece, ella soffrì di un crollo melanconico. Possiamo sospettare che lo stato psichico della signora K, e la sua struttura identitaria, sia caratterizzato da un'idealizzazione dell'oggetto recuperato, ossia la DDR, la Germania dell'Est, e dalla scissione dell'oggetto perduto, che viene posto e rappresentato nell'Ovest. Al fine di preservare questa struttura che è stata costruita contro la morte psichica sperimentata nel crollo melanconico, non dovrebbe verificarsi nessuna delle due minacce fondamentali. La prima di esse è la profonda de-idealizzazione della DDR. La seconda minaccia è il processo di non-scissione, cioè l'apertura delle barriere difensive nei confronti dell'Ovest. Il film mostra che lo sviluppo storico mette a confronto la signora K. con entrambe queste minacce, tutt'e due connesse con la morte.

Penso che l'improvviso ritorno delle parti morte e scisse della DDR, e il repentino crollo della sua idealizzazione avvengano subito dopo il 40° anniversario, nell'ottobre 1989, quando la signora K. viene messa a confronto con la manifestazione dei giovani dimostranti che reclamavano maggiore libertà. La polizia e la Stasi attaccano brutalmente i dimostranti, buttandone giù a terra qualcuno. La signora K. resta scioccata da ciò che sta vedendo. Allora si rende conto che suo figlio, Alex, è stato arrestato e tradotto nel cellulare della polizia, e ha un attacco di cuore.

Per circa sette mesi, dall'ottobre 1989 alla metà di maggio del 1990, la signora K. resta in coma. Si sveglia quando si verificherebbe un'altra perdita oggettuale, quando cioè Alex bacia Lara. Tornata alla vita, resterà in un fragile stato di salute. Alex, che emotivamente è molto vicino a lei, inizia la sua carriera di angelo custode della madre. Egli ripristina, costi quel che costi, il suo oggetto d'amore sostitutivo, la DDR, che nella realtà è crollata e sta svanendo, cosa che può riflettere un suo processo interno di de-idealizzazione. Le manovre difensive non solo includono la restituzione del passato. Esse comprendono anche la ridefinizione della realtà esterna distorcendo il significato di ciò che sta succedendo intorno. In breve, Alex con l'aiuto di Denis sta inscenando una rappresentazione per cui non è la DDR a crollare, bensì la Repubblica Federale che sta soffrendo di una profonda crisi. Le manovre di disconoscimento messe in scena grazie alla manipolazione delle immagini televisive diventano necessarie ogni qual volta i frammenti della mutevole realtà esterna attraversano il sistema di protezione ripristinato e penetrano nell'appartamento della signora K.. In termini psicoanalitici, a motivo del processo di de-idealizzazione accaduto nella signora K., la DDR in quanto oggetto interno comincia a sgretolarsi. Frammenti di questo processo travalicano la difesa ripristinata, e devono allora essere evitati grazie a qualche difesa che consente un disconoscimento, un diniego nel senso di una ri-definizione delirante della realtà.

Come da me già affermato, il sistema difensivo della signora K. è chiamato in questione dalla scena dell'elicottero di Lenin. Perciò, la scena è il punto di svolta nel suo sviluppo psicologico, e possiamo considerarla come la fantasia visiva centrale del film. Questo corrisponde all'importante potere visionario della scena che trascende la modalità realistica di presentare i personaggi e la storia del film, e che è anche la base per il titolo "Good bye, Lenin".

Mi si lasci ricordare la scena ed il suo contesto. La signora K., mentre mangia dei cetriolini Spreewald, guarda la sua nipotina Paula, che sta facendo i suoi primi passi. Subito dopo, essa stessa fa i primi passi scendendo dal letto per la prima volta. Ci sono parecchi cenni al fatto che la signora K., alzandosi dal letto e lasciando il suo appartamento simile ad una tomba, si confronti inconsciamente con qualche cambiamento terrificante che ha avuto luogo. Mentre Alex, il guardiano delle sue illusioni, sta dormendo come un morto, un dirigibile con un'immagine pubblicitaria delle sigarette West si può vedere attraverso la finestra proprio un momento prima in cui ella guarda fuori. Quando prende il suo cappotto dal guardaroba, vediamo che esso è appeso proprio sopra le divise di Burger King di Ariane e Rainer, ed i nuovi vestiti della figlia provenienti dall'Ovest. Scendendo con l'ascensore, guarda i graffiti osceni e persino una svastica sulle pareti dell'ascensore. Fuori, un giovane della Germania dell'Ovest trasporta dei mobili Ikea nello stesso condominio in cui lei vive. Sui cartelloni pubblicitari ci sono enormi posters pubblicitari che reclamizzano prodotti provenienti dall'Ovest.

Mentre la signora K. a fatica cerca di riconoscere il viale Karl-Marx, peraltro a lei ben noto per tutta la vita precedente, Alex si sveglia e disperatamente la cerca, come vediamo in un montaggio parallelo. Ma Alex arriverà troppo tardi per poter evitare alla madre la vista dello smantellamento della statua divina di Lenin, che era oltre a Karl Marx ed a Friedrich Engels uno dei padri fondatori mitici ed idealizzati della DDR. Da Est, alla fine dell'apogeo di Karl Marx (cui è dedicato il viale), un elicottero a volo radente si avvicina, trasportando la statua smantellata di Lenin sopra la città. Vediamo Lenin che passa sopra la signora K. a breve distanza, guardando verso di lei, e come se allungasse la mano destra quasi porgendola a lei. Forse vorrebbe darle un ultimo saluto oppure è lei che vorrebbe salutarlo su questa via dell'Ovest in cui il sole sta calando, significando il dissolvimento di 40 anni di comunismo della DDR.

Lo smantellamento e la sparizione di Lenin contiene le due minacce per la signora K., di cui ho già parlato. Da una parte, ella è messa di fronte alla perdita dell'oggetto sostitutivo idealizzato della DDR. su cui fino ad allora ha fatto la guardia suo figlio. Il confrontarsi con questa perdita continua ciò che era iniziato con la de-idealizzazione della DDR. Dall'altro lato, attraverso la perdita dell'oggetto sostitutivo, ella non può più scindere ed espellere la perdita del suo oggetto primario d'amore, rappresentato dal marito Robert, e la sua partecipazione a questo processo scissionale. Questo è l'aspetto non-scissionale del confrontarsi con la sparizione di Lenin.

Becker raffigura lo stato interno della signora K. come sul bordo di un crollo del suo sistema difensivo in una modalità dinamica. Vediamo la signora K. che sta in piedi con un'espressione di impotenza accanto al Viale Karl Marx come se non avesse veramente capito cosa sta succedendo intorno a lei. In quel momento Alex ed Ariane la vedono e la portano nel suo appartamento, senza rispondere alla sua domanda carica di perplessità:<<Cosa sta accadendo qui?>>.

In ciò che segue, il film continua a mostrare i cambiamenti interni della signora K. che sono analoghi allo sviluppo della realtà esterna. Per essere più precisi, dopo la confessione della signora K. nella casa del week-end, il suo stato interno si può descrivere nel senso della nozione freudiana di scissione dell'Io. Da una parte, può conoscere cosa sta accadendo, dall'altra, può denegare ciò e mantenere il suo oggetto d'amore delirante, la DDR. Questo stato corrisponde allo stato interno del suo guardiano Alex, che sente con urgenza di dirle la verità, ma che torna sui suoi passi al suo atteggiamento difensivo dopo il secondo attacco di cuore subito dalla madre.

Tre giorni dopo la fine della DDR, la signora K. muore. La voce fuori campo di Alex commenta la morte della madre dalla prospettiva del figlio devoto: <<Penso che sia stato giusto che non abbia mai saputo la verità. È morta felice>>. Come spettatori, non siamo convinti che lei proprio non sapesse, ma perlomeno lei sapeva nella modalità della scissione dell'Io. Ad esempio, sia Lara che il suo primo marito Robert le hanno parlato per diverso tempo senza il controllo di Alex, e Lara è stata l'unica persona ad aver pensato che fosse necessario che la signora K. conoscesse la verità.

Inoltre, c'è la nota seguente nella sceneggiatura del film, che si riferisce alla scena in cui Sigmund Jähn dichiara che la DDR avrebbe aperto il Muro: <<La madre guarda il notiziario televisivo in un modo commosso. Può credere a fatica che suo figlio si sia dato tanta pena per lei>> ("welche Mühe sich ihr Sohn für sie gemacht hat"). Possiamo aggiungere, per creare un'illusione così perfetta per lei.

Mi si lasci ipotizzare che l'aver sperimentato l'amore di suo figlio appartiene ad un processo di sviluppo della signora K., e che non dobbiamo pensare che la sua morte sia stata unicamente contraddistinta da una solitudine interiore e da una disperazione come sembrava essere la conseguenza della logica interna che ho cercato di spiegare. Inoltre, con Alex e Lara, il film raffigura una giovane coppia di cui ci possiamo fidare nella costruzione di un futuro produttivo per essi stessi. Penso che lo stesso sia vero per la riunificazione dell'Ovest e dell'Est, dell'Est e dell'Ovest. Ho diretto la mia attenzione nei confronti dell'aspetto tragico di "Good bye Lenin", ma, ovviamente, il film è allo stesso tempo pieno di umorismo e di calore umano. "Good bye Lenin", in quanto opera d'arte, ci fa sentire la vita individuale, come anche la vita sul piano politico e collettivo, come qualcosa che significa morire e nascere, con le parole di Goethe "Stirb und werde".

BIBLIOGRAFIA

FREUD, S. (1937), *Die endliche und die unendliche Analyse* [Analysis Terminable and Unterminable], C.W. XVI [Trad. it. *Analisi terminabile e interminabile*, in *Opere*, vol.11, Bollati Boringhieri, Torino 1989].

AMBIGUITÀ, TRAUMA E TRANSCULTURALITÀ

RIFLESSIONI SULLA TRANSCULTURALITÀ

di Silvia Amati Sas

In questo lavoro intendo applicare alle esperienze di gruppi transculturali allargati i concetti e le figure metaforiche che provengono dall'esperienza clinica con pazienti che sono sopravvissuti a situazioni di estrema violenza politica. Premessa di queste riflessioni è un concetto teorico di base: la psicodinamica della depositazione degli aspetti indifferenziati del Sé nel mondo esterno descritta da J. Bleger (Bleger, 1992). Quando ci sono cambiamenti bruschi nei contesti o nelle circonstanze che funzionano da depositari, gli aspetti indifferenziati depositati fuori fanno ritorno sul Sé provocando oppure no un allarme di diverso grado. Il soggetto si difende dalla paura dell'indifferenziazione attraverso la posizione ambigua[1] (che, all'estremo, rappresenta una possibilità umana intrinseca di "adattamento a qualsiasi cosa") e, reagendo all'indifferenziazione e all'adattamento, con l'estraniamento e l'allarme di tipo paranoide.

Nel lavoro terapeutico con sopravvissuti al terrore ed alla violenza politica troviamo che, oltre ad adattarsi alle condizioni esterne, la vittima è intimamente preoccupata per il destino o la sorte di un altro soggetto: un "oggetto da salvare". In questa rappresentazione di un legame privilegiato troviamo l'espressione dello stile dei legami e delle relazioni propri della cultura del soggetto. Propongo di pensare che nell'esperienza dei gruppi transculturali sia la propria appartenenza ed identità culturale l'equivalente, per ogni partecipante, ad un "oggetto da salvare".

La difesa attraverso la posizione ambigua non è specifica delle situazioni estreme, essa è una modalità universale di sospensione del conflitto interno ed una modalità di adattamento (temporanea o permanente) al cambiamento nei contesti e nelle situazioni. L'ambiguità "dà tempo" per creare oppure no le elaborazioni e le trasformazioni soggetive dei legami, ma offre una permeabilità inconscia che può permettere l'alienazione.

La transculturalità è un tema attuale, che sovente definisce situazioni quotidiane. C'è un "lavoro della transcultura" nel "lavoro della cultura" (Freud) che corrisponde ai nostri tempi, i quali sono caratterizzati dalla massività dell'emigrazione, di origine economica o politica, e dall'aumento degli scambi di tipo economico provocati dalla mondializzazione e dalle tecnologie globalizzate dell'informazione. Kaës (seguendo Mauss) considera la nostra epoca come "un fenomeno psicosociale totale", in cui c'è un "fallimento dello spazio transizionale" che potrebbe "evolvere verso una distruzione della vita psichica, sociale e somatica, perché implica un ritorno verso le zone di indifferenziazione dell'Io e del non-Io". Lo spazio transizionale a cui si riferisce Kaës è uno spazio trans-personale, comune e condiviso, in cui si può percepire ed elaborare la diversità e la somiglianza, in un gioco complesso di inclusione ed esclusione, di discriminazione e comparazione.

L'aumento dell'indifferenziazione è dovuto al fallimento della capacità contenitiva dei contesti istituzionali e si esprime soggettivamente con un aumento dell'ambiguità difensiva, che comporta più adattabilità e penetrabilità inconscia, più difficoltà di pensiero autonomo e più tolleranza all'imprecisione e all'indefinizione dei discorsi e dei sentimenti, con minore capacità di indignazione e di vergogna.

Le mie riflessioni ed esperienze transculturali di gruppo si riferiscono alla mia appartenenza all'EATGA, Associazione Europea per l'Analisi Transculturale di Gruppo, fondata nel 1982 da un gruppo di psicoanalisti (tra i suoi fondatori: R. Kaës, J. Le Roy, M. Pines, C. Rouchy, K. Husemann ed altri)[2], con l'idea di studiare, attraverso tecniche gruppali, situazioni esperienziali di transculturalità.

Tra le tante possibilità di comprensione, consentite dalla vasta letteratura e dalle ricerche sul tema del gruppo e della transculturalità, mi son presa la libertà di utilizzare quei significati e quelle metafore che ho considerato più sintonici con la mia esperienza clinica, prendendo le situazioni di terrore sociale (di "terrificante novità", come dice Hannah Arendt[3]) e le situazioni chiamate "estreme" come riferimento utile per osservare problemi legati ad altre situazioni di "novità" più innocue, banali o quotidiane.

Nell'incontro iniziale con un gruppo diverso dal proprio ognuno può percepire un piccolo istante di perplessità, una lieve spersonalizzazione, un segnale d'allarme fugace, che possiamo definire come "estraniamento", come se la presenza di un gruppo di diversi significhi sempre una modificazione del "contesto di sicurezza" al quale si è abituati (Bleger, 1987). Anche quando in un nuovo gruppo gli altri participanti sono in parte conosciuti, un breve vissuto di anomia fa la sua comparsa, la fugace sensazione di una "no man's land". Occorre allora domandarsi se l'estraniamento, in quanto forma della angoscia, segnali la mancanza di un basilare senso di sicurezza, familiarità ed ovvietà, oppure se sia il risultato della esperienza storica e della memoria transgenerazionale delle persecuzioni e dei traumi sociali collettivi, di quello che gli esseri umani hanno fatto e possono fare ad altri esseri umani.

Vorrei sottolineare l'estraniamento come l'"affetto-segnale" più specifico dell'inizio degli incontri transculturali (anche se appare ugualmente in tante altre esperienze gruppali), basandomi sui lavori di J. Bleger (1987) e sulle sue proposte di una "socialità sincretica", simbiotica, di matrice ambigua (in equilibrio con una "socialità di interazione" o relazionale). Si presenta all'osservazione l'urgente bisogno transpersonale (comune o condiviso) di uscire dall'indifferenziazione stabilendo delle antinomie, una "qualsiasi" antinomia (però certamente basata su convinzioni o pregiudizi precedenti che sono ovvii per ogni soggetto).

Per Bleger, alla base di ogni incontro gruppale c'è in ognuno la paura dell'indifferenziazione, perché i soggetti proiettano e depositano nell'insieme o nel contesto comune aspetti sconosciuti e indifferenziati del loro Sé, e reciprocamente ricevono e sono depositari degli aspetti più indifferenziati degli altri. Nel disordine iniziale di questo spazio trans-soggetivo ambiguo, i partecipanti tendono a ricercare le loro appartenenze ed il sentimento di identità con movimenti di aspetto paranoide, che sono interpretati dai diversi autori come aggressività, odio, o distruttività. Le interpretazioni rapportate alla posizione schizo-paranoide si trovano molto sovente quando si riferiscono le discussioni gruppali. Però, mi pare un grande vantaggio, offerto da Bleger, quello di una posizione anteriore a quella schizo-paranoide, che ci serva a spiegare come la posizione schizo-paranoide serva da difesa nei confronti della paura della indifferenziazione e della ambiguità (e viceversa, ci possiamo difendere dalla conflittualità della posizione schizoparanoide attraverso la a-conflittualità della posizione ambigua).

Possiamo definire l'estraniamento come un momento di "dilemma identitario" che propone moltissime sfumature, dall'"effervescente curiosità" per la presenza di una novità, fino all'angoscia-segnale di allarme, ed alla paura di un sentimento di catastrofe ("paura del crollo" di Winnicott).

Se nei piccoli gruppi il soggetto si aspetta, e sovente trova, un possibile reciproco riconoscimento da parte degli altri, che può permettergli di sentirsi un altro differenziato, nel "*large group*" appare il senso dell'anonimato e di perdita dell'appartenenza, e la paura di fondersi, di disperdersi in un'appartenenza qualsiasi ignota, non scelta. Associo questi vissuti gruppali al "meccanismo di sopravvivenza in condizioni estreme" che ho trovato nel lavoro terapeutico individuale con pazienti che hanno subito l'esperienza della violenta immersione in contesti estremi (campo di concentramento) e che ho chiamato "adattamento a qualsiasi cosa".

In quelle situazioni estreme c'è un contesto organizzato dai sistemi di potere politico con la volontà precisa di negare l'identità e non riconoscere nel soggetto nessuna specificità né diversità, tranne quella voluta dagli aguzzini. In questi casi, come ho riferito in molti articoli, la paura dell'indifferenziazione provoca nella vittima, contemporaneamente, una difesa adattativa attraverso l'ambiguità ("adattamento a qualsiasi cosa") e una preoccupazione per la sorte di un altro soggetto ("oggetto da salvare"), rappresentazione di un legame privilegiato che interpreto come un bisogno esistenziale di continuare a funzionare con i propri valori culturali.

Curiosamente, all'inizio delle situazioni gruppali esperienziali e sperimentali (per definizione non violente) cui partecipiamo per nostra scelta, appare ugualmente un breve estraniamento che suppongo relativo alla paura dell'indifferenziazione e, di conseguenza, un bisogno difensivo paranoide di controllo della nuova situazione.

Propongo dunque di generalizzare pensando che c'è un timore soggettivo intrinseco ad "adattarci a qualsiasi cosa", che si presenta, a livello primario, come paura dell'indifferenziazione e della propria ambiguità, dal quale ci difendiamo paradossalmente attraverso l'ambiguità stessa, ossia assumendo una "posizione ambigua" che è accomodante, che porta a prendere tempo ed offusca le emozioni, e che può esprimersi difensivamente in una ricerca paranoide di differenziazione.

Nel corso del processo terapeutico con pazienti reduci da situazioni estreme, abbiamo trovato che appaiono contemporaneamente un movimento più conscio e un'attività psichica "soggettivante", significativamente in posizione di sfida della situazione perversa, ossia un'altra modalità di resistenza tesa alla sopravvivenza ma scissa dall'adattamento a qualsiasi cosa.

Questa resistenza alla realtà violenta si manifesta con la preoccupazione (conscia o inconscia) del soggetto per un'altra persona: un'intima preoccupazione che è dovuta rimanere segreta, nascosta, o perfino rimossa durante il periodo traumatico e che si scopre soltanto nel suo valore di sfida soggettivante durante il percorso terapeutico[4].

Questo prendersi cura, in modo immaginario, di qualcun altro, questo "*concern*" per quello che ho chiamato "oggetto da salvare", può essere considerato come "una relazione d'oggetto" nella quale si esprime la continuità della capacità di scelta affettiva ed identitaria del soggetto. L'"oggetto da salvare" è la rappresentazione di un legame che il soggetto ha vissuto nella realtà e che implica elementi dello stile relazionale della sua cultura di appartenenza. Si potrebbe ipotizzare, attraverso l'"oggetto da salvare", anche l'esistenza di una "resistenza culturale" soggettiva che comporta il vissuto familiare, un modo o stile particolare di relazionarsi e legarsi al soggetto nei suoi modi di appartenere.

Se ritorniamo all'esperienza del "*large group*", non mi pare che abbia senso pensare, *a priori,* ad un "oggetto da salvare" comune gruppale (perché non c'è una reale situazione di pericolo), nondimeno si può percepire una "resistenza" alla "novità" della situazione gruppale nell'allarme-riferimento che ognuno fa alle proprie appartenenze, dove ci sono sempre dei pre-supposti, dei pre-concetti, dei pre-giudizi che appaiono all'osservazione come elementi di discriminazione verso gli altri e le loro appartenenze. Queste discriminazioni o differenziazioni sono necessarie al "lavoro della transcultura" che ognuno deve fare per trovare una posizione coerente nell'insieme, anche se hanno un aspetto paranoide e potrebbero rimanere a quel livello (pregiudizio, razzismo, ecc.).

Portando queste riflessioni all'attuale società di massa, possiamo ipotizzare che c'è un fallimento del contesto sociale che comporta un forte accomodamento a qualsiasi cosa, che si può presentare come una forte tendenza a non reagire (ambiguità difensiva), a non elaborare discriminazioni, ad essere indifferenti, ad accettare la massificazione.

Nella nostra personale “identificazione con la massa” (che preferirei chiamare indifferenziazione dalla massa) possiamo sperimentare che si manifesta come un grande “lasciar perdere”, un “abbassare le braccia” collettivo di fronte ai profondi equivoci nei quali i poteri sociopolitici ed economici o militari hanno la possibilità di portare le popolazioni, alterando i contesti di sicurezza e le garanzie sociali necessarie per poter funzionare mentalmente in modo coerente. La difesa attraverso l’ambiguità comporta una sospensione del tempo e un'aspettativa (*faith*) di “trasformazione” delle circostanze, con l’inconveniente, però, della permeabilità, della suggestionabilità che comporta questo stato.

Questi fattori suggeriscono forse che l'inconscio è diventato più permeabile? Il rapido cambiamento e l'incoerenza dei contesti attuali in cui è depositata l'ambiguità soggettiva, nonché la loro facile manipolabilità, modificano la soggettività singolare e collettiva e, di conseguenza, gli aspetti trans-soggettivi comuni e condivisi per cui, al limite, possiamo abituarci a delle cose assolutamente negative, come se ci fosse un'“anestesia al senso della catastrofe”, come dice Eigen (Eigen, 1985) con l'esempio delle rane che si abituano gradualmente al caldo crescente dell'acqua fino alla loro distruzione.

Il conformismo inconscio permette l'alienazione (Aulagnier, 1979) quando qualcuno vuole imporre la propria forma di pensiero e riesce a farlo senza che il soggetto si renda conto dell'imposizione che sta subendo. Quando l'inconscio è permeabile alla mentalità altrui, c'è un’impregnazione che, a detta di

Eigen, non risulta perturbante, che non è segnalata dall'angoscia (estraniamento, perplessità) e che finisce per essere parte dell'ovvio, dell'implicito che ci abita: una finta illusione gruppale di sicurezza.

Possiamo chiederci quale e quanta sia la nostra permeabilità inconscia alla cultura del mondo globalizzato, del mondo dei mass-media, dell'informatica e della statistica, quanto siamo in balia delle informazioni mutevoli, dei cambiamenti provocati dai diversi interessi (che fanno parte della nostra cultura comune, al di là delle nostre altre appartenenze familiari, professionali, ecc.).

Se l'ambiguità implica una plasticità di base e permette la suggestione e l'"imprinting", che cosa ci viene introdotto, o introiettato, nell'inconscio, a nostra insaputa? A seconda delle diverse teorie, sono simboli, fantasie, rappresentazioni, tracce, particelle α e β. Il processo possiamo chiamarlo imitazione, contagio, mimetismo. Penso che quello che si introietta sia piuttosto dell'ordine dello stile di pensiero, una "mentalità", una modalità del funzionamento mentale. L'agente alienante può essere il discorso di un "leader" che si impone, però può anche essere semplicemente lo stile di un contesto, una mentalità, uno stile culturale nel quale siamo immersi e che si incorpora inconsciamente in noi. Come per osmosi, ci siamo assuefatti alla società consumistica e ai nuovi mezzi di comunicazione. E da un punto di vista etico, possiamo domandarci quali siano i limiti alla tolleranza dell'ambiguità, tanto facilitata dalle circostanze attuali.

Possiamo immaginare che questo corrisponda al fenomeno clinico relativo alle persone che, essendo state immerse nella situazione perversa di un campo di concentramento, non potendo esternare la propria ribellione e "resistendo" alla realtà anche a propria insaputa, ne abbiano assorbito comunque i modi e la mentalità, ed abbiano bisogno di una lunga elaborazione per rappresentare l'"irrappresentabile" e per elaborare i propri vissuti di adattamento, vergogna e alienazione, e trovare un significato al contesto politico-sociale e storico nel quale hanno vissuto. Come quei pazienti, vittime della perversione altrui, che devono affrontare la verità della loro "metamorfosi" per poterla "figurare" e trasformare.

La nostra piccola istituzione EATGA, per la sua lunga storia, è il luogo adatto per fare una rielaborazione di esperienze e di riflessioni sull'interculturalità, ma uno degli ostacoli dell'interculturale e del transculturale sembra essere quello di frenare la possibilità di sintesi; un pensiero di sintesi che non sarebbe altro che un'utopia perfezionista, perché alla fine dobbiamo accettare che i marchi delle radici culturali siano impressi nel pensiero e nell'azione dei partecipanti ed ognuno rimane inconsciamente leale alle proprie appartenenze culturali al di là del gruppo di lavoro. Come dice Janine Puget, bisogna tener conto della difficoltà che hanno gli esseri umani a stare insieme. Quello che è possibile osservare in queste esperienze sono il transizionale, il circostanziale, il transitorio, e il "transito" tra le culture (Profita, Ruvolo, Lo Mauro, 2007).

Nei workshop dell'EATGA, i partecipanti sono immersi per un breve periodo nel contesto offerto dalla cultura locale di quei membri che hanno ospitato e organizzato l'incontro. La premessa è che il confronto tra culture (sia nei gruppi piccoli che in quelli allargati) può portare ad un certo grado di "*insight*" sulla propria cultura, sulla propria identità di appartenenza e anche sulla propria capacità di identificazione e di integrazione o meno delle appartenenze altrui. Una premessa tecnica è che ognuno può parlare tanto la propria lingua quanto quella conosciuta da tutti.

Risulta particolarmente interessante il modo in cui scendiamo a compromessi, sia positivi che negativi, con la cultura altrui o con l'ambiente in cui ci troviamo.

Prendo come esempio un "workshop" dell'EATGA a Marsala che ebbe luogo nel 2009. L'intenzione dell'organizzatore era l'esplorazione di un gruppo transculturale in quanto "luogo transizionale che può permettere l'accesso a uno spazio simbolico intersoggettivo e trans-soggettivo al di là delle appartenenze e delle identificazioni gruppali anteriori degli individui che si trovano insieme". L'intento era la costruzione di un'eventuale "nuova matrice culturale" che avrebbe permesso di mettere in relazione i soggetti al di là delle appartenenze anteriori. Marsala è uno spazio storico mediterraneo, che ha visto molti passaggi di popolazioni, tra colonizzazioni e dominazioni diverse. Anche oggi è un porto per i migranti che vogliono entrare nei Paesi europei. Gli organizzatori avevano dato molta importanza alla sensorialità, giacché, essendo il mese di maggio, c'era un clima speciale, fatto di sapori, odori e gente nelle strade della città, e la questione era di capire che tipo di appartenenza si sarebbe sviluppato a partire da questo contenitore. Molto brevemente, riferirò come ho vissuto il processo e il tema dell'esperienza. La riunione del "*large group*" ebbe luogo in un chiostro antico, con un cortile erboso, in mezzo al quale c'erano un'altissima palma e una piccola aiuola di gerani rossi. Il sole di maggio creava zone di luce e d'ombra in cui i partecipanti si spostavano senza trovare una posizione stabile. Infatti, nelle tre sedute, il gruppo sembrava sempre variabile nella sua forma e molto spesso non si riuscivano a sentire le voci a causa del vento, della difficoltà di capire le diverse lingue parlate e del numero dei partecipanti (più di 80 persone). Tutto questo aumentava il disorientamento proprio dei grandi gruppi. Ho percepito opposizione e aggressività tra gli studenti, allievi degli organizzatori, da una parte e, dall'altra, il gruppo "estraneo" che veniva dal "continente"; questa differenza si esprimeva in termini economici, di chi pagava, di quali fossero gli interessi, di dove stesse la mafia, ecc.. Ho vissuto questi dettagli, di cui è impossibile dare conto ora, come un personale disorientamento e un sentimento di difficoltà nel trovare uno "scopo" agli incontri (considero questa l'espressione del mio estraniamento!). Di solito, la mia personale aspettativa, in questi incontri, è che ne esca qualche verità "esistenziale" o psico-sociale, o un ipotetico "discorso sullo stato dell'umanità" (forse una fantasia messianica?). Al contrario, certi interventi mi sono apparsi molto superficiali: alcuni si riferivano semplicemente al momento presente (dove fosse il sole, chi stesse all'ombra, chi stesse alla luce), oppure si manifestava un conflitto intorno alle lingue parlate; gli interventi emergevano come grida non coordinate, nel tentativo di stabilire separazioni, discriminazioni e antinomie, come per trovare un senso all'incontro, il che non è necessariamente spiacevole, però è sempre imprevedibile, a volte noioso, a volte appassionante. Io sono stata sensibile al passaggio, una mattina, di aerei da guerra (giacché nelle immediate vicinanze c'è un aeroporto militare); questo tipo di realtà, che a me sembrava più vicina alla realtà del mondo d'oggi, non parve essere condivisa dagli altri. In un certo senso qualsiasi argomento proposto si sperdeva come un fiume nella sabbia, come se ci fossero associazioni libere e fluide, però inconsistenti. Tra equivoci diversi, ebbi l'impressione che ci fosse l'intenzione dei partecipanti locali di mantenersi separati dai visitatori stranieri, e dei visitatori stranieri di continuare a sentirsi stranieri. Uscendo dal chiostro, pensai che chi aveva concepito per primo il "*large group*" avesse avuto un'idea "diabolica": voglio dire che in queste situazioni si muovono aspetti inafferrabili dell'inconscio trans-soggettivo. I colleghi che avevano il ruolo di "osservatori" silenziosi, interpretarono che gli oggetti che stavano al centro del chiostro - la palma e i fiori - fossero simboli totemici, come elementi sacri per il gruppo. Mi risultano sorprendenti i tanti diversi modi di leggere queste situazioni gruppali, sia in senso psicoanalitico, come traumi antichi che si ripresentano, che utilizzando termini sociologici o antropologici, il tutto offrendo un'impressione di futilità e inconsistenza.

A questo punto, riprendo la mia interpretazione personale: credo che, all'estraniamento iniziale per l'adeguarsi (o il non adeguarsi) a qualsiasi cosa, segua immediatamente la reazione di cercare differenze e appaiano antinomie di diverso tipo, e anche la tendenza ad unificare il problema attraverso meta-interpretazioni di tipo sacro, o mitico. I problemi psico-sociali attuali (l'immigrazione, la mafia, l'alienazione politica, le incertezze, le insicurezze lavorative) sembravano essere evitati come se un "patto denegativo", una condivisione inconscia, non permettesse di dare troppa coerenza al discorso di trovare una linea di comprensione della dinamica gruppale.

Rimane il problema del perché, alla fine di queste esperienze, che vengono facilmente attribuite all'insufficienza dei conduttori, giacché è molto difficile essere "leader" di un gruppo allargato, soffriamo tanta frustrazione personale (qualche volta anche disgusto, o rabbia). Lo stile dell'intervento del conduttore proviene necessariamente dal suo punto di vista teorico e culturale, però bisogna considerare che neanche il "leader" è "fuori dalla palude" gruppale. La difficoltà di pensare e di sintetizzare di tutti i partecipanti a questi incontri è evidente. È come se il "*large group*" (ancora di più se multiculturale) non permettesse un'espressione precisa e definita della soggettività e del pensiero personale. Questo fa sì che, tutto sommato, alla fine di queste esperienze, si senta un po' di più il gusto strano dell'essere, o dell'essersi agglutinati nell'anonimato, nella folla o nella massa! Non che ciò sia diverso quando camminiamo per la strada, ma nella strada abbiamo già acquisito la familiarità dello stare tra la gente e di essere parte di un insieme. Però, tutti noi (psicologi, psicoanalisti e studenti) non eravamo dentro al chiostro per puro caso, ma proprio perché volevamo comprendere, riuscire a pensare quello che accadeva. Ed è proprio il pensare che pareva non funzionasse in modo pertinente. La difficoltà nel pensare forse assomiglia ad altre situazioni di massa che viviamo nel nostro tempo. E perché non funziona il pensiero? In buona parte perché non abbiamo la possibilità di "contestualizzare" la situazione transculturale, tanto diversificata, tanto multiforme, e ci troviamo a non essere capaci di elaborare qualcosa al di là dei contesti limitati di conoscenza ai quali siamo abituati. E alla fin fine - perché no? - questo nostro limite risulta frustrante. Si può sospettare che le categorie con le quali proviamo a pensare questi problemi complessi non siano ancora abbastanza adeguate a risolvere questo enigma e che sia un campo aperto alle ricerche future. Forse si dovrebbe sviluppare una tecnica che vada al di là della diversità linguistica?

Tornando ai due meccanismi di resistenza e sopravvivenza (l'"adattamento a qualsiasi cosa" e l'"oggetto da salvare"), che ho proposto di pensare che esistano metaforicamente anche nel "*large group*", credo che ognuno salvi, nell'incontro gruppale, un proprio stile relazionale (o di interazione) segnato, o marcato, dalla propria cultura. Quell'"oggetto da salvare", che nei pazienti reduci da maltrattamenti appare nel processo terapeutico come la salvaguardia della relazione con un oggetto interno (che, nelle situazioni estremamente distruttive, diventa soggettivante per la sua semplice esistenza psichica), equivale nelle situazioni di gruppo, per ogni partecipante, alla salvaguardia della propria cultura implicita, una cultura ovvia, una cultura che non ha bisogno di essere dimostrata, né necessariamente confrontata con altre, la propria.

Negli anni '80 partecipai, a Lisbona, ad un grande confronto di gruppo tra psicologi, psicoanalisti e psichiatri palestinesi e israeliani, e diversi osservatori psicoanalitici, specialmente lacaniani, che ne erano gli organizzatori. Dopo un intenso lavoro di gruppo durato molti giorni, ci rendemmo conto dell'evidente esistenza di una preoccupazione comune ("un oggetto da salvare") del tutto simile nei due gruppi nazionali rivali, costituita dai loro rispettivi figli e dal loro futuro. Un'esperienza molto emozionante per tutti, però molto depressiva, perché il constatare questa profonda condivisione non avrebbe avuto nessuna conseguenza nella realtà politica ed essa sarebbe rimasta possibile soltanto nella realtà psichica dei partecipanti.

Penso che siano i vissuti condivisi di questo tipo (di apparenze "inutili" o gratuite) ad avere un valore transculturale e corrispondano alle esperienze umane più mature di reciprocità, solidarietà e responsabilità, in cui non solo si cerca di divenire un altro per e tra gli altri, ma si estende la condivisione alla preoccupazione per l'altro degli altri.

Note:

[1] L'"ambiguità" è l'espressione clinica di un residuo di indifferenziazione primaria che rimane nella personalità matura; la premessa di Bleger è che questo "nucleo ambiguo" debba essere necessariamente proiettato e depositato in "depositari" esterni attraverso un "legame simbiotico". Questa obbligatoria depositazione e dipendenza inconscia dal contesto esterno restituisce al soggetto sentimenti di sicurezza e di appartenenza. Perciò, la realtà sociale funziona come "depositario" degli aspetti

più imprecisati, incerti, non discriminati e non differenziati di qualsiasi individuo ad ogni età, e sostiene e fornisce al soggetto l'illusione di *appartenenza*, sicurezza e certezza. La dinamica dell'ambiguità e la sua depositazione esterna ci permettono di immaginare come i cambiamenti provocati intenzionalmente nel contesto esterno (violenze, terrore) possano toccare gli aspetti più intimi, vulnerabili e dipendenti della soggettività. Quando le condizioni del contesto esterno sono estremamente e traumaticamente cambiate, la posizione ambigua (pre-schizoparanoide) diventa una difesa maggiore. In questi casi, la qualità mimetica dell'ambiguità protegge (con l'obnubilamento, l'indifferenza e l'adattamento) il resto della personalità che sembra rimanere allontanata e sospesa. L'entrata brusca nella ambiguità può essere segnalata da estraniamento, vergogna, ecc., però in condizioni più equivoche la mancanza di un allarme significativo dà luogo a fenomeni di conformismo inconscio. Nello stato di ambiguità c'è un'alterazione della capacità di pensiero critico e dei meccanismi di allarme, che possono rendere sia il soggetto che il gruppo facilmente penetrabili e suggestionabili La violenza sociale provoca fenomeni di adattamento soggettivo che conferiscono "ovvietà" e familiarità a qualsiasi contesto e che possiamo considerare una "difesa tramite l'ambiguità", che conduce ad un "adattamento a qualsiasi cosa". Possiamo pensare che c'è una paura intrinseca di questa adattabilità in ogni soggetto a tutti i livelli della soggettività (intra-, inter-, trans-soggettività). Se, a livello intrasoggettivo, la violenza sociale provoca una regressione difensiva allo stato di ambiguità, a livello intersoggettivo essa provoca importanti alterazioni nelle relazioni umane, introduce fraintendimento tra le persone (equivoco, paradosso, confusione ...).

[2] Questo gruppo di psicoanalisti che lavoravano alla psicoterapia e alla dinamica dei gruppi, si sono riuniti per interrogarsi sui fondamenti culturali della personalità e per iniziare una ricerca comune. Con questa prospettiva, hanno fatto un primo seminario europeo d'analisi di gruppo nel 1985 a

Maastricht, in un *setting* transculturale tra culture straniere e familiari. L'obiettivo era di mettere in evidenza ed analizzare quelle componenti culturali inconsce, che nei processi psichici individuali, interpersonali e gruppali, contribuiscono alla strutturazione del Sé e dell'identità e alle attitudini e relazioni verso ciò che è straniero, o strano. "Sono state osservate le basi comuni indifferenziate 'del sé e del noi' e si sono rivelate le angosce fondamentali, le difese e i presupposti di base che sono peculiari della propria cultura e di quella degli altri". La particolare struttura del *setting* è stata considerata idonea per mettere in evidenza le formazioni psichiche indifferenziate e i processi di simbolizzazione e di differenziazione che sono in opera negli incontri multiculturali. I principali risultati concettuali di questa prima esperienza sono stati organizzati intorno al concetto d'appartenenza e di identità culturale (in quanto diversa dalle identità di genere e di generazione). Negli anni successivi, l'EATGA ha seguito gli "*avatar*" della Storia europea, in particolare, la caduta del muro di Berlino e l'allargamento dell'Europa, che hanno portato a un nuovo confronto tra la diversità storico-culturale Est-Ovest e Nord-Sud. Le differenze culturali tra europei sono rimaste marcate dai traumi collettivi, sia originati nell'ideologia nazista (Shoah) che in quella comunista (occupazione sovietica), oltre che da altri avvenimenti (mafia, guerra balcanica). Le differenze tra europei rimangono sfumature in confronto alla differenza culturale con le popolazioni migranti, che oggi hanno intense conseguenze sociopolitiche. Il metodo gruppale specifico, tradizionalmente utilizzato dall'EATGA (la cui finalità è di organizzare *workshop* sul tema della transculturalità), è di parlare ognuno la propria lingua o una delle due lingue ufficiali – francese o inglese – senza obbligo di traduzione. I temi dei *workshop* sorgono dagli scambi tra i membri e sono organizzati in diversi Paesi europei da membri locali. Uno staff internazionale mantiene la continuità organizzativa, affiancata da un *web-site* e da una *newsletter*.

[3] Hannah Arendt dice: “È come se ogni qualvolta siamo confrontati a fenomeni di una terrificante novità, il nostro primo movimento consistesse nel riconoscere la situazione in maniera cieca e incontrollata; in un secondo momento recuperiamo il nostro sangue freddo e, negando di aver percepito qualcosa di nuovo, ci tranquillizziamo facendo come se avessimo già conosciuto un fenomeno simile. In un terzo momento possiamo riprenderci e ritrovare quello che abbiamo visto, percepito e conosciuto dall'inizio. In questo momento inizia lo sforzo di comprensione” (Arendt, 1995). Vediamo che nel primo movimento c'è un brusco allarme che si accompagna al riconoscimento intuitivo e lucido della situazione globale, ossia dell'insieme della novità. Nel movimento successivo, c'è una tendenza a banalizzare, però in questo modo stiamo di fatto accettando implicitamente le nuove circostanze quali sono e negando che ci sia qualcosa di nuovo. Un “patto denegativo” legittimizza l'adattamento negando la iniziale percezione del cambiamento catastrofico. (L'adattamento a qualsiasi cosa e il patto denegativo sono due fenomeni gruppali diversi: l'adattarsi implica piuttosto “indifferenziarsi”; è un fenomeno comune simultaneo che riguarda un insieme di persone, mentre nel patto denegativo c'è una tendenza differenziante che implica una posizione comune e condivisa).

[4] In riferimento alle situazioni estreme, preferisco considerare l'oggetto da salvare come la metafora di una relazione di protezione (“protettore-protetto”) che, nascosta o scissa dal contesto perverso confondente, resiste all'“adattamento a qualsiasi cosa”, ossia al conformismo ricercato dagli aguzzini.

BIBLIOGRAFIA

AMATI SAS, S. (2004), “La violenza sociale traumatica: una sfida al nostro adattamento inconscio”, in *Ferenczi oggi*, a cura di Franco Borgogno, Bollati Boringhieri, Torino.

AMATI SAS, S. (2005), "La trans-subjectivité entre cadre et ambiguïté", Giornata del 5 aprile dedicata all'opera di R. Kaës, Aix-le-Bains (non pubblicato).

AMATI SAS, S. (2009), "L'ovvietà del pregiudizio", relazione presentata al Centro Psicoanalitico Milanese.

ARENDT, H. (1995), "Comprensión y política", in *De la historia a la acción*, Paidos, Buenos Aires.

AULAGNIER, P. (1979), *Les destins du plaisir*, Le fil rouge, PUF, Paris [Trad. it. *I destini del piacere. Alienazione-amore- passione. Seminario di Sainte-Anne 1977-78*, La Biblioteca, Bari-Roma 2002].

BAUMAN, Z. (2008), *Modus vivendi*, Laterza, Bari-Roma.

BERENSTEIN, I. e PUGET, J. (1997), *Lo vincular*, Paidos, Buenos Aires.

BERENSTEIN, I. (2001), "The link and the other", *International Journal of Psychoanalysis*, 82, 141.

BERENSTEIN, I. (2004), *Ser otro entre otros*, Paidos, Buenos Aires.

BLEGER, J. (1987), «Le groupe comme institution et le groupe dans les institutions», in *L'institution et les institutions*, a cura di R. Kaës, Dunod, Paris [Trad. it. "Il gruppo come istituzione e il gruppo nelle istituzioni", in *L'istituzione e le istituzioni*, Borla, Roma 1991, pp.64-79].

BLEGER, J. (1992), *Simbiosi e ambiguità*, Ed. Lauretana, Loreto.

EATGA Newsletter (2010), Contributi di: Cantarella, G., Huseman, K., Ruvolo, G., Profita G., et al..

EIGEN, M. (1985), "Towards Bion's starting point: between catastrophe and faith, *International Journal of Psychoanalysis* 66, pp.321-330.

KAËS, R. et al. (2007), *Un singolare plurale*, Borla, Roma.

KAËS, R. (2009), *Les alliances inconscientes*, Dunod, Paris [Trad. it. *Le alleanze inconsce*, Borla, Roma 2010].

KAËS, R. et al. (2010), «Comment penser le transcultural aujourd'hui», Study Day EATGA, Aix en Provence, in EATGA Newsletter 2010.

PROFITA, G., RUVOLO, G., LO MAURO, V. (2007), *Transiti psichici e culturali,* Cortina, Milano.

PUGET, J. (2002), "Que difícil es pensar. Incertidumbre y perplejidad", *Revista de Psicoanálisis APdeBA*, Dolor Social, pp 129-146.

SCHNEIDER, S. e WEINBERG, H. (a cura di) (2003), *The Large Group Re-Visited,* Jessica Kingsley Publishers, London.

IN SITUAZIONI ESTREME: L'IO TRA STORIA E INCONSCIO

di Nicole Janigro

A nove mesi la
frattura
la sostituzione
il cambio di madre.
Oggi ogni volto
ogni affetto
le sembrano
copie cerca l'originale
in ogni cassetto
affannosamente.
(Vivian Lamarque, *A nove mesi*)

Avanzano un po' strani, in esitazione tra incertezza e impertinenza, sono giovani che paiono bambini o quasi vecchi, e sarà un gesto, un particolare della persona o del vestiario a recare l'indizio della loro particolarità. Inviati dai genitori, gli psicologi li conoscono già e si chiedono se l'ennesima estranea li conquisterà. Al telefono si presentano con il cognome, rimandano finché possono la dichiarazione del nome proprio, lo sussurrano e lo storpiano perché sanno che li tradirà: svelerà il segreto della loro identità ibrida. Infatti i cognomi sono sempre italiani, mentre i nomi sono russi e indiani, eritrei e ucraini – parlano di fiori e piante, luoghi e santi che chi li porta forse mai conoscerà. I figli adottati arrivano dall'altro mondo, si portano addosso il trauma originario, avventure e torture, situazioni storiche e località geografiche che devono essere narrate per poter essere credute da chi in prima persona, ma infante, le ha già vissute.

L'esperienza di adozione, una novità storica numericamente sempre più significativa, rappresenta vissuti (quasi sempre) estremi che portano nella stanza d'analisi un individuo del nostro mondo *glocal* che ha un documento solo ma è in possesso di almeno due identità. Sono stranieritaliani che non hanno mai voglia di spiegare i come e i perché, così hanno pronto un breve racconto (in più versioni) per smorzare, insieme, la compassione e la curiosità.

Nonostante i vissuti d'angoscia che l'incontro con giovani adulti adottati e con genitori che hanno fatto la scelta di un'adozione internazionale inducono nel terapeuta, mi sono accorta di lavorare con grande passione a questi casi. E, con un certo stupore, mi sono accorta anche che non li percepivo come difficili, nel senso che avevo l'impressione di qualcosa a me familiare, tanto da avere abbastanza chiara una griglia teorica che mi permetteva di collocare il materiale che man mano emergeva. Per un certo periodo mi sono detta che probabilmente questo aveva a che fare con gli elementi della mia storia personale. Adottata non sono stata, ma l'esperienza dello sradicamento da un luogo a un altro, il passaggio dalla lingua madre alla lingua matrigna e l'elaborazione che nei decenni mi ha accompagnato, poteva forse spiegare la naturalezza con la quale entravo in contatto.

Nel corso degli anni sono stata colpita però da quante fossero le similitudini di funzionamento di questi mondi mentali con quelli di persone che hanno subito traumi gravi in tempo di guerra (che avevo studiato e anche incontrato durante l'attività giornalistica e il lavoro di formazione in ex Jugoslavia). In entrambe le situazioni si tratta di **vittime**, vittime che provano vergogna per quanto loro è avvenuto, vittime che hanno attraversato il territorio dell'ambiguità che li unisce al carnefice (penso naturalmente all'esperienza negli orfanatrofi), vittime che possono rimanere attaccate per l'esistenza intera alla potenza della loro narrazione – che legittima ogni futuro patatrac.

Ecco un elenco veloce di punti che meritano naturalmente una riflessione ben più approfondita.

Fiducia. L'evento bellico produce eventi diversamente traumatici che colpiscono il singolo e la collettività di appartenenza. Se si è stati lungamente imprigionati/torturati l'altro (un terapeuta o figure simili) che accoglie è una figura di straniero che ancora non conosce quello di cui gli umani sono capaci ma in quel momento rappresenta tutta l'umanità. Il suo stare sulla soglia – la sua non appartenenza né al mondo dei cattivi né a quello dei buoni - rende possibile il racconto di quanto è avvenuto.

Riuscire a fidarsi, per chi è stato abbandonato precocemente, per chi possiede storie che non hanno seguito il copione della normalità, è una fatica che si ripete per tutta la vita. Esasperanti spostamenti di orario, richieste di extra (telefonate), sparizioni improvvise servono a verificare la tenuta del terapeuta/setting.

Cesura. I percorsi di vita dell'individuo adottato sono segnati da molteplici interruzioni della continuità. Sono mutate le persone e i luoghi, le lingue e il paesaggio: il nuovo è l'annuncio di un'incertezza che spaventa. La vita di prima non è in relazione con la vita del dopo, è il soggetto sradicato che deve tenere il filo della sua storia. Il **buco** delle origini rende instabili, l'ignoto è qualcosa che sovrasta, la paura del crollo un desiderio di catastrofe in grado di mettere fine al perenne senso di minaccia.

Memorie. Sono memorie perdute quelle delle origini, cancellate nel transito da un mondo all'altro, svanite insieme allo shock di episodi violenti. Sono memorie confuse, che chiedono di ritrovare una cronologia, sono memorie sconosciute ma amatissime – tenute a distanza dal timore di ritrovarvi l'orrore. Sono memorie implicite, conservate nel corpo, sono odori, parole sconosciute che emergono nei sogni, flash visivi che arrivano insieme all'uso di sostanze. *Il passato è una terra straniera* che nel "qui e ora" della seduta si può iniziare a esplorare insieme con meno terrore.

Transcultura. Se ogni incontro analitico è, anche, il confronto tra culture e tradizioni diverse, il terapeuta rappresenta il mondo presente, ma anche la possibilità di essere la figura capace di svolgere un ruolo di mediazione culturale tra i genitori biologici e quelli acquisiti, tra il primo e il secondo mondo. Per le storie di adozione può aiutare un film, un libro, la propria capacità di immaginazione.

Localizzazione. Per gli scampati è essenziale dare sepoltura ai propri defunti, riuscire a separare se stessi, vivi, dai propri morti. Per chi è sopravvissuto all'abbandono originario, a numerosi cambi residenziali, è importante localizzare. Per ritrovare il luogo geografico di provenienza, l'istituto, per ricostruire il viaggio, a volte transcontinentale. Ogni cambiamento legato all'ambiente coincide con pezzi di identità, la perdita dell'ambiente non umano familiare produce smottamento psichico – e qui la separazione dalla madre coincide con la separazione dall'ambiente madre. Il ricordo può diventare quel luogo che non c'è più. La stanza d'analisi può essere quel luogo linguistico dove una traduzione avviene continuamente, il "lessico famigliare" della coppia analitica, quella nuova lingua che permette la ricerca dei nessi tra significante e significato, tra storia e memoria, tra il prima e il dopo.

Rinascita. È la parola magica, che commuove ed emoziona. Significa che una nascita c'è stata, che nascere di nuovo è possibile. Che il trauma è stato integrato nella storia di vita, nella storia di famiglia. Senza perdere la mente.

STORIE

Andrea ha 23 anni, in corpo molte canne e molto alcool, un fisico che alle ragazze piace per la sua suadente esoticità; i genitori sono perfetti, una madre dedita da quando è arrivato, un padre che crede in lui e lo appoggia nelle sue critiche alla società. Lui però non combina nulla, prima di fare un esame deve riformare l'intera università, non ci sono né argomenti né maestri all'altezza della sua grandiosità. Il racconto di vita scorre veloce, ricco di particolari, di violenze fisiche e fughe mirabolanti. Il buco di memoria e di affetti sta lì: tra quel prima eroico e la fine del viaggio intercontinentale. La terapeuta ha superato il test, è riuscita ad accogliere in silenzio la drammaticità della sua storia, solo il suo corpo ha fatto cenni di comprensione e di umanità. Ma anche questa volta il percorso non inizierà: incanta troppo (anche i suoi genitori?) la fascinazione di origini che nessun altro ha. Il terrore senza nome del bambino seviziato corre sottopelle, tenuto a bada con la chimica delle sostanze. Così nel convivere quotidiano sono sempre in due, lo stato alterato fa da ponte-sintomo: rappresenta la fuga dal malessere che conferma il malessere, è la conferma che dentro di sé c'è un altro - quello che non va. I suoi effetti collaterali impediscono di vivere quello che sarebbe solo normalità.

Beatrice ha 27 anni, non ha alle spalle una guerra ma tutto in lei trasmette il silenzioso impaccio di chi già più volte ha dovuto sopravvivere alla vita. Le frasi sono smozzicate e lente, la storia salta nel tempo e nello spazio, difficile ritrovare le date e i luoghi – non è restata traccia della lingua materna svanita nell'attimo in cui è arrivata la salvezza. L'inter-luogo dell'istituto produce nuovi tipi di violenza, la storia dei primi anni di vita è sparita, l'attesa è un documento che un giorno potrà risvegliarla. Il prima è una macchia nera che vuole essere grattata, l'orrore si è trasmesso alla storia della nuova famiglia. Le violenze subite da bambina sono conservate dal corpo, ma la mente vacilla – forse il paradiso era all'inizio. La problematicità della famiglia che accoglie rinforza le sensazioni di rifiuto e di abbandono – per trovare scampo, ancora una volta e di nuovo, bisogna fare la grande. Ma l'infanzia continua a chiedere di essere colmata, è ancora il soma che protesta e che si comporta nei modi che ogni bambino conosce. La comunicazione è piana, gli episodi più dolorosi sono calati man mano, per proteggere anche la terapeuta da quella condizione dove la sofferenza è la normalità.

Carlo non ci crede, è sicuro che non ce la farà, che quell'io bambino nato in un Paese straniero a diventare grande qui non riuscirà. La madre è una figura di madonna-puttana che ha fornicato ma che del figlio si è anche occupata, il padre un punto interrogativo che può essere tutto: un cantante e un assassino. La sua capacità di sedurre le donne già da piccolo lo ha salvato, le educatrici nell'orfanatrofio gli davano sguardi e cibo in più – ma alle crudeltà dei compagni bambini non sempre è sfuggito. La famiglia nuova è tanta, anche le richieste sono tante, crescere una fatica che non riesce a sentire ripagata. Essere orfani uno stigma ma anche una risorsa – una narrazione che è storia vera, che nessun dopo pare in grado di relativizzare. L'andare avanti trascina all'indietro, lo stordimento cercato in diversi modi allenta l'ansia da prestazione, il senso di colpa di essere un sopravvissuto. Se finisce male ritorna all'inizio, può ritrovare la madre, ritornare all'istituto, un altro luogo diventato familiare dal quale il nuovo mondo lo ha strappato. Un passo avanti e due indietro, un successo e subito dopo un incidente, una richiesta di ascolto in cambio di niente, la ricerca di un luogo neutrale dove è possibile iniziare a scoprire chi lo ha adottato, a distinguere una dall'altra le sue precedenti vite. Che rendano possibile il futuro che incombe.

PER UNA PSICOLOGIA GEOPOLITICA CLINICA

di Françoise Sironi

INTRODUZIONE

Come scriveva Yehudi Menuhin nel 2000 in suo libro "Un violino per la pace", <<Il mondo è a un incrocio pericoloso. Per la prima volta dobbiamo seguire due strade allo stesso tempo. Una di queste strade va verso l'unità, sempre più ampia, più grande, verso la comunità delle Nazioni, verso il globale. Mentre un'altra strada conduce l'essere umano di oggi verso la propria cultura, i suoi bisogni, la sua dignità, le sue speranze, le sue paure... Vivere insieme e rispettare le nostre differenze è una delle sfide più grandi con cui tutti i Paesi nel mondo sono messi a confronto in questo nuovo millennio>>.

Questa sfida riguarda anche i clinici (psicologi, psicoanalisti, psichiatri, altri medici, infermieri, ecc.), gli educatori, gli insegnanti, e gli operatori sociali. I nostri modelli teorici, i nostri interventi non sono mai "culture free". Le sofferenze psichiche dipendono dal contesto storico, politico e sociale. A volte il contesto induce di per se stesso forme di psicopatologia specifiche. Come distinguere l'influenza del fattore storico e politico nella psicopatologia individuale e collettiva? Come si lavora, durante una psicoterapia o durante i nostri interventi clinici, educativi e sociali, sulla parte collettiva della storia individuale, presente in ciascuno di noi?

Più che mai, le tracce della violenza collettiva hanno delle conseguenze visibili, dato l'impatto della mondializzazione e della circolazione migratoria. Siamo messi a confronto con psicopatologie che risultano direttamente dalle violenze collettive (massacri, tortura, conflitti armati, stupri collettivi, genocidi, ecc.). Siamo anche messi a confronto con sofferenze di tipo reattivo (depressione, ecc.) con pazienti dell'Occidente, dato l'impatto psicologico dell'autoritarismo democratico nelle società dove il liberalismo totalitario è trionfante.

CONTESTO ATTUALE DELLA VIOLENZA COLLETTIVA

Nel rapporto dell'OMS "Violenza e salute" del 2002, la violenza collettiva è definita come una violenza tra due Stati, una violenza data da gruppi politici organizzati all'interno di uno Stato, o una violenza originata da milizie o gruppi terroristici. Il rapporto menziona il pericolo che costituisce la frequente strumentalizzazione di questo tipo di violenza. Il bersaglio, oggi, è di galvanizzare l'appartenenza a un gruppo specifico: politico, culturale, religioso, economico, ecc..

La violenza collettiva è una violenza da gruppo a gruppo. Concerne la tortura, le guerre, i conflitti, i genocidi, lo stupro deliberatamente usato come un'arma di guerra, lo spostamento di popolazioni per motivi politici, la sparizione, ecc.. Queste forme tragiche della storia collettiva costituiscono il campo della *criminalità politica*. Producono una sofferenza psichica particolare, una psicopatologia particolare e specifica.

Oggi, la maggioranza delle persone colpite dalla violenza collettiva sono persone civili, non militari. Questo fatto è una novità. Uno studio dell' UNICEF del 1986 mostra che durante la Prima Guerra Mondiale (1915-18) la proporzione dei feriti e dei morti tra la popolazione civile era del 5 %. Cioè, il 95% dei feriti e dei morti erano soldati o militari. Durante la Seconda Guerra Mondiale, la proporzione dei feriti e dei morti tra la popolazione civile era del 50%. Negli anni ottanta la proporzione dei feriti e dei morti tra la popolazione civile era del 90%. Cioè, "solo" il 10% dei feriti e dei morti era dato da soldati o militari.

Questa cifra del 90%, di civili feriti o morti, è del 1986. Oggi le cose sono sicuramente ancora peggiori, visto che la natura dei conflitti è cambiata. La maggioranza dei conflitti nel mondo non è più data da conflitti armati tra un esercito di un Paese e quello di un altro, ma da conflitti tra gruppi, conflitti con strategie mondiali, dove la dimensione geopolitica è centrale.

GEOPOLITICA E PSICOLOGIA GEOPOLITICA CLINICA

L'oggetto della geopolitica riguarda l'apparizione di nuovi Stati, le rivendicazioni di indipendenza, il tracciato e l'analisi di nuovi confini. La geopolitica tratta anche della scomparsa di popoli e di Nazioni, dei conflitti territoriali, e della espansione di nuove ideologie politiche, economiche o religiose. La geopolitica concerne anche i problemi politici all'interno di uno Stato, e le rivendicazioni territoriali, culturali e religiose che nascono all'interno di esso, a livello pan-nazionale o pan-regionale. Insomma, la caratteristica principale dell'oggetto geopolitico è di essere mutevole.

Storicamente, la geopolitica era vietata nel 1945. Importava allora alle Nazioni dei due blocchi (Est e Ovest) non indebolire la difficile e nascente unità all'interno dei due blocchi. È dopo il 1985 che la geopolitica ha avuto lo slancio più importante della sua storia. Dopo la "perestroïka", la geopolitica è diventata sinonimo di una nuova maniera di pensare il mondo.

Nella pratica clinica l'approccio geopolitico significa prendere in conto, lavorare clinicamente e concretamente coll'impatto normale o patogeno della storia collettiva sulla storia individuale (Sironi, 2005). La psicologia geopolitica clinica concerne l'apparizione di nuove e interessanti problematiche identitarie, come quelle dei meticciati culturali per esempio, all'interfaccia tra diversi mondi, epoche, e culture. La psicologia geopolitica clinica analizza le conseguenze cliniche dei ripiegamenti culturali difensivi, e dei malintesi culturali dati dalla mondializzazione.

La geopolitica clinica concerne anche l'impatto del liberalismo totalitario sulla psicologia delle persone messe a confronto con sofferenze da lavoro. Le epidemie di depressione di tipo esistenziale vengono scongiurate con massicce prescrizioni di antidepressivi, per nascondere l'origine politica e sociale di questa sofferenza da lavoro. In Giappone, il "karoshi", la morte improvvisa data da un eccesso di lavoro e di stress, è endemico. In Francia, i suicidi sul posto di lavoro diventano preoccupanti.

Come integrare questi fatti nel lavoro terapeutico? Non si possono eludere le tracce della storia collettiva nel lavoro terapeutico. Altrimenti, rischiamo di indurre una psicopatologia iatrogena, data dal cattivo trattamento ("mal-trattamento") indotto da teorie e pratiche cliniche inadeguate (Sironi, 2007).

INTEGRARE LE TRACCE DELLA STORIA COLLETTIVA NELLA STORIA INDIVIDUALE

La storia collettiva lascia due tipi di traccia, in ciascuno di noi:

- O il contenuto della storia collettiva si articola, in maniera diversa, con i contenuti propriamente soggettivi della storia individuale.

- O gli avvenimenti della storia collettiva rimangono sospesi, come un precipitato chimico, che non è metabolizzabile con le rappresentazioni, con gli affetti, con le memorie della storia individuale intra-psichica. Siamo nella dimensione traumatica della traccia lasciata dalla storia collettiva. In questo caso, il politico, la storia collettiva produce psicopatologia individuale, anche visibile a livello collettivo.

L'esempio della Cambogia, oggi, è molto eloquente. La presenza di una paura collettiva generalizzata è molto palpabile. Questa paura si origina nell'impunità e nella presenza di ex-Khmer rossi al governo e nelle istituzioni statali in provincia. Non esiste, in Cambogia, un equivalente di un processo di "denazificazione" come esisteva in Germania dopo la caduta di Hitler. Oggi, l'esistenza del Tribunale speciale per i Khmer rossi a Phnom Penh cambia le cose. Il processo dei dirigenti e quello di Duch, capo del centro di tortura e di sterminio "S21", è cominciato nell'autunno 2008.

Oggi, in Cambogia, la maggioranza della popolazione ha meno di trent'anni. Sono i figli dei sopravvissuti al genocidio (2 milioni di morti su 7 milioni, per un periodo di tre anni e mezzo, tra 1975 e 1979). Esiste in questo Paese un alto livello di incidenti stradali. I giovani sono le principali vittime. Uno dei fattori esplicativi è il peso della storia collettiva. Questi giovani sono i figli dei sopravvissuti e dei partecipanti al regime politico dei Khmer rossi. Al tempo della generazione dei loro genitori si cercava di costruire un "uomo nuovo", con una psicologia "rivoluzionaria". Ogni aspetto della vita individuale e collettiva era regolamentato. Oggi, l'alto livello di trasgressione dalle regole collettive di vita si può capire come una formazione reattiva inconscia rispetto alla ossessività della vita durante il regime dei Khmer rossi. La dimensione trasgressiva dagli interdetti è anche visibile attraverso la corruzione, e il desiderio frenetico di arricchirsi senza limiti è la legge. Le persone di alto livello di integrità sono morte all'epoca dei Khmer rossi. Chi sopravviveva? "Cavarsela" era la regola. La descrizione, fatta da Primo Levi, della psicologia particolare della "zona grigia" è di molto aiuto per capire la psicologia delle violenze politiche in Cambogia oggi (Levi, 1976). Essa concerne ciò che è al di là del bene e del male, quando i persecutori fanno anche il bene, e quando le vittime fanno anche il male, in un contesto politico violento, estremo.

PSICOPATOLOGIE SPECIFICHE INDOTTE DALLA VIOLENZA COLLETTIVA

La psicopatologia che consegue alla violenza collettiva non è riducibile alla psicopatologia ordinaria. Non si origina necessariamente nei conflitti della prima infanzia. Si origina nelle ferite della storia collettiva. Non faccio il processo al concetto freudiano della pulsione di morte, e nemmeno alcuna critica sul postulato della sua presenza in ciascuno di noi. Cerco di capire il meccanismo della strumentalizzazione della violenza collettiva, perchè si tratta di violenze deliberatamente pensate, organizzate da sistemi politici persecutori, o da sistemi economici basati su metodi di "management fascisteggiante".

Gli attrezzi della criminalità politica che organizzano, preparano, nutrono il fuoco della violenza collettiva sono le *emozioni politiche*. Una emozione politica è una emozione che *produce*, *induce* un atteggiamento, pensiero, impegno politico, o un'azione politica. Ma una *emozione politica* è anche una emozione *prodotta*, *indotta* dal politico. Le emozioni politiche sono individuali o collettive. Risultano dalla strumentalizzazione della umiliazione (narcisistica, sociale, culturale, ecc.), del rancore, del desiderio di vendetta, della paura e dello spavento, della collera, della tristezza, della vergogna, del rigetto e dell'abbandono (Sironi, 2005; Sironi, 2007).

In un discorso memorabile fatto a Sarajevo nel 1987, di fronte alla minoranza serba del Kossovo, Slobodan

Milosevic' è riuscito a galvanizzare la potenzialità guerriera, creando, strumentalizzando *emozioni politiche*, per costruire il desiderio di vendetta. Non posso qui analizzare tutto il processo di fabbricazione della vendetta, a partire da questo discorso. L'analisi completa si può leggere altrove (Sironi, 2007).

La caratteristica principale delle emozioni politiche è che sono facilmente strumentalizzabili. Sono emozioni che nascono nel punto di articolazione tra storia individuale e storia collettiva, in ciascuno di noi. Le vittime di ieri possono diventare i persecutori di oggi o di domani, attraverso la strumentalizzazione di queste emozioni politiche. Rimangono in tanti casi quasi inconsce. Tuttavia, i sistemi politici le usano per le loro strategie di potenza.

La violenza collettiva non esisterebbe senza gli autori di violenza. Tante persone che erano tranquille ieri, sono diventate degli assassini, stupratori, persecutori, torturatori oggi. Torturatore non si nasce, torturatore si diventa. Dal 1945 fino ad oggi, tutte le ricerche fatte sulla personalità degli autori di violenze collettive mostrano un'assenza di psicopatologia, una grande capacità di adattamento, ed una grande capacità di ubbidire (Bettelheim, 1972; Miller, 1984; Sereny, 1993). Questa capacità, questa necessità anche di ubbidire, è basata sulla paura, e su un grande desiderio di essere considerato, amato, valorizzato dai superiori. La figura del capo è messa in una posizione di padre ideale che ispira timore.

In un libro scritto precedentemente ho fatto l'analisi della formazione degli autori di violenze collettive (Sironi, 2001). Essa è basata sul modello delle iniziazioni tradizionali, con l'uso di tecniche traumatiche, cioè marcature fisiche e psichiche, e metamorfosi dell'identità attraverso l'organizzazione deliberata di tappe successive. Più recentemente, ho mostrato l'importanza, nel percorso di vita di autori di violenze collettive e dei torturatori, delle esperienze di de-culturizzazione violenta e di a-culturizzazione massiccia (Sironi, 2007). La de-culturizzazione è l'attacco deliberato nei confronti degli oggetti culturali: modo di pensare, oggetti simbolici, rituali, ecc.. L'a-culturizzazione caratterizza le vicissitudini dell'incontro tra due sistemi culturali diversi. Caratterizza anche i malintesi culturali e la trasformazione dell'identità che accadono all'interfaccia tra culture diverse.

Non è facile uccidere, non è facile diventare un torturatore, un persecutore, uno stupratore. Per poter torturare, stuprare, uccidere per motivi politici, bisogna prima disumanizzare la vittima. La disumanizzazione della vittima presuppone la disumanizzazione anteriore del persecutore, dell'autore di violenza collettiva. La sua capacità di empatia deve essere distrutta. L'empatia è la capacità di pensare i pensieri degli altri. È la capacità di proiettarsi, di mettersi al posto di un altro, di poter sentire gli affetti degli altri. La condizione necessaria per essere empatico è di avere un'identità propria. Accedere alla percezione dell'alterità presuppone di avere la coscienza della propria singolarità. Il torturatore è uno strumento politico che serve a produrre disumanizzazione. Perciò, la sua capacità di empatia deve essere sospesa o distrutta.

La violenza collettiva ha delle conseguenze individuali e collettive, fisiche e psicologiche, tanto sulle vittime quanto sugli autori. L'impatto della violenza collettiva concerne anche i testimoni di violenze collettive. Essi possono a volte essere più traumatizzati delle persone direttamente colpite dalla violenza collettiva.

La struttura soggiacente ai disturbi indotti dalla violenza collettiva è principalmente di natura traumatica: paure collettive, spaventi culturali, esperienze di de-culturizzazione violente o esperienze di a-culturizzazione massicce.

Le forme di psicopatologia che conseguono alle violenze collettive sono diverse. Le nostre ricerche cliniche ci mostrano che la violenza collettiva produce otto forme di disturbi psicopatologici:

1. Traumi intenzionali e psicosi traumatiche.

3. Paranoia indotta.

4. Stati schizoidi e schizofrenie indotte dal sistema politico.

5. Depressioni gravi e cicliche.

6. Sofferenza da lavoro e disturbi psico-somatici.

7. Condotte ossessive.

8. Psicopatologia della normatività.

Traumi intenzionali e psicosi traumatiche.

I traumi intenzionali sono traumi deliberatamente indotti da essere umani o da sistemi su altri sistemi o essere umani. L' intenzionalità malevola è centrale nella sofferenza psichica. In casi di disumanizzazione estrema, emerge una forma di trauma con allucinazioni, reviviscenze traumatiche quasi permanenti che diventano deliri di persecuzione o deliri di influenzamento.

Paranoie indotte da sistemi politici.

Si verificano quando un Paese intero è sottomesso alla teoria del sospetto generalizzato, della denuncia e della auto-critica. Emerge allora una fantasia di essere trasparente. Il confine tra "dentro" e "fuori" sparisce. L'adattamento consiste nel diventare paranoico, nel vedere complotti dappertutto. Queste paranoie sono diverse dalle paranoie "classiche", perchè spariscono quando la persona cambia il proprio ambiente politico e il proprio Paese.

Questo tipo di psicopatologia politica è presente oggi in Iraq, in Birmania, in Cambogia. Rimane ancora presente in Russia, visto che nell'ex-Unione Sovietica la teoria del sospetto generalizzato era una forma di teoria politica e di psicologia collettiva.

Stati schizoidi e schizofrenie indotte dal sistema politico.

Certe schizofrenie si verificano dopo una deprivazione sensoriale totale. Fu il caso del terrorista tedesco Andreas Baader, nel carcere speciale di Stamheim. Oggi, è il caso dei monaci birmani, dopo l'arresto e le torture subite. In questi casi, l'autorità politica generalmente nega il legame tra metodi di repressione politica violenta e sue conseguenze psicopatologiche. Le mette sul conto di una fragilità psichica anteriore all'arresto.

Per poter adattarsi a un sistema politico psicotico (cioè che nega la realtà per privilegiare una società ideale), la personalità si "atomizza". Le diverse parti di sé vivono per conto proprio: dare il cambio da una parte, e cercare di non essere distrutto psichicamente dall'altra. Lo "splitting" (scissione mentale) diventa una regola d'oro per sopravvivere psichicamente. Stati di depersonalizzazione, di dissociazione e di confusione dell'identità si verificano in queste situazioni. È preferibile rinunciare ad avere un'identità propria per difendersi meglio contro l'annientamento.

Depressioni gravi di forma ciclica.

Le depressioni che si verificano a causa dell'ambiente politico sono depressioni esistenziali. Sono una forma, inconscia, di strategia di resistenza contro un regime politico, una società o contro una forma di "management" disumanizzante. È una strategia di rifiuto.

Le depressioni dei rifugiati politici sono anch'esse particolari: si verificano o si aggravano nei periodi di "date di compleanno": dell'arresto, della tortura, dell'uscita dal Paese di origine, della morte di un parente, ecc..

Sofferenze da lavoro e disturbi psico-somatici.

Le sofferenze da lavoro sono forme di psicopatologia che si verificano nei Paesi retti da un sistema economico totalitario di tipo neo-liberale. Il "karoshi", descritto prima, è la morte improvvisa nel posto di lavoro. Le cause sono un esaurimento mentale estremo e uno stress che ha superato ogni limite. Disturbi muscolo-scheletrici sono frequenti. Non hanno un'origine fisica, ma psichica, indotta dalla tensione, dall'ansietà, dalla resistenza ad un ambiente negativo. L'adattamento al di là delle proprie possibilità diventa patologico e si esprime attraverso il corpo.

La dimensione psicosomatica dei disturbi indotti dal fattore politico, economico, collettivo, si esprime anche attraverso la comparsa di cardiopatie, di neoplasie, ecc.. Si sviluppano in un periodo in cui la storia collettiva e la storia individuale non possono più essere d'intralcio.

Condotte ossessive.

Sono presenti nelle persone che hanno vissuto un lungo periodo in carcere. Il grave processo ossessionante della vita di ogni giorno può essere una traccia, oggi visibile, di adattamento alla vita ossessiva in carcere. È una resistenza inconscia all'adattamento fuori dal carcere e una manifestazione del senso di colpevolezza. Adattarsi alla vita di fuori significa allora per loro dimenticare questo lungo periodo di vita in carcere. Significa dimenticare i detenuti che non sono ancora usciti o che sono morti in carcere. In questi casi, il lavoro terapeutico consiste nell'agire sulla presenza di un importante senso di colpevolezza, cosciente o inconscio, nell'ex-detenuto.

Psicopatologie della normatività

La "normosi" fu descritta dallo psichiatra francese Jacques Vigne, durante gli anni ottanta (Vigne, 1993). È un adattamento costoso o passionale alla norma. È una ossessione della normatività, della normalità e del bisogno di sicurezza.

RIPARAZIONE. TRA PSICOTERAPIA E SOCIOTERAPIA

La psicopatologia delle violenze collettive si divide in tre categorie eziologiche:

1. Le psicopatologie che sono una manifestazione della effrazione psichica o della effrazione del sistema culturale protettivo. I traumi e la depressione illustrano questa categoria.

2. Le psicopatologie che sono o che conseguono ad un adattamento psichico alla violenza collettiva, alla criminalità politica o a una patologia sociale. Le

paranoie come risposta individuale alla teoria del sospetto generalizzato illustrano questa categoria.

3. Le psicopatologie che sono o che conseguono ad una resistenza psichica alla violenza collettiva, alla criminalità politica o a una patologia sociale. Sono principalmente le depressioni che illustrano questa categoria eziologica.

Caso per caso, si valuta la riuscita o lo scacco del processo di adattamento o di resistenza. Si analizza anche se la manifestazione psicopatologica di oggi è la traccia attuale di un atteggiamento considerato come "normale" ieri, cioè sotto la repressione politica, o durante le violenze collettive.

Per fare questa archeologia, questa esegesi della psicopatologia delle violenze collettive, si stabilisce e si analizza qual è stato il percorso di vita del paziente. Per questo si può usare uno strumento molto semplice, efficace e ricco da un punto di vista clinico: la costruzione, col paziente, della sua "linea di vita".

Due linee si sovrappongano su un foglio:

- Su una scriviamo i dati degli avvenimenti o dei fatti psichici della storia individuale (perdite, decessi, separazioni, nascite, dubbi, crisi esistenziali, vita amorosa, conflitti, malattie, episodi psico-somatici, ecc.).

- Sull'altra scriviamo i dati degli avvenimenti o dei fatti della storia collettiva che hanno colpito o influenzato i pazienti/clienti, e questo non solo in modo cosciente ma anche inconscio. Perciò queste linee di vita sono completate nel corso della psicoterapia, quando emerge un materiale psichico e psico-politico inconscio, e fino ad allora non accessibile nel percorso terapeutico.

Anche se le sofferenze conseguenti alla violenza collettiva sono a volte molto gravi (bambini soldati, vittime di tortura, di stupro collettivo, ecc.), non sono una maledizione muta da portare per tutta la vita. Possono essere superate, migliorate, "guarite". Per questo ci vuole un approccio psicoterapeutico adeguato, in cui la dimensione politica, le ferite delle violenze collettive siano veramente prese in considerazione.

È necessario dare spazio all'analisi di queste violenze politiche, e soprattutto non interpretare il discorso o il racconto politico dei pazienti/clienti come se fosse una difesa contro l'emergenza di un materiale clinico più intimo. Non si può trattare una vittima o un autore di violenze collettive senza prendere in conto questa dimensione politica. Altrimenti i sintomi traumatici rimangono. Il racconto del paziente/cliente non è una parola di verità. È la sua verità. Credere al paziente/cliente, accogliere il suo discorso non impedisce il lavoro terapeutico. Al contrario! Significa avere una pratica clinica politicamente impegnata, in cui si tratta di costruire un approccio adeguato alle conseguenze psicopatologiche del fattore politico. E sovente muto, che eppure invade la scena psichica.

Durante la psicoterapia si passa ciclicamente dalla dimensione collettiva alla dimensione singolare del sintomo. In questo modo si lavora sul punto di articolazione tra storia collettiva e storia individuale. Quando i nostri pazienti hanno subito un processo di disumanizzazione, dovuta alla tortura fisica o psichica, è necessario chiudere l'apertura traumatica, l'effrazione psichica, per ri-umanizzare il paziente. Dopo, si lavora col paziente sulla intenzionalità del torturatore, in modo da liberare questo paziente dall'influenza ancora presente e interiorizzata del torturatore. La mobilizzazione di una rabbia feconda contro i persecutori si verifica dopo aver fatto, nella seduta e col paziente, il "processo" al torturatore (Sironi, 2001). Questo modo di fare tecnico è necessario soprattutto quando i pazienti vengono da Paesi dove esiste l'impunità per i criminali politici.

Il lavoro terapeutico con gli autori di violenze collettive è anch'esso necessario. Si deve "lavarli" dalla violenza collettiva indotta. Altrimenti questa violenza si incista dentro di sé, e si trasforma in violenza coniugale e familiare. Bisogna restaurare la capacità di empatia, di pensare l'alterità e la molteplicità in se stesso, così come negli altri. Per questo si lavora molto sui morti: amici morti durante i combattimenti, o presenza interiorizzata e influenza attiva dei morti, uccisi dal paziente.

Con i militanti politici che fanno dei discorsi molto rigidi bisogna accogliere questi stessi discorsi nelle sedute, per scioglierli cercando.... una donna. Dietro una rigidità ideologica si trova spesso una donna, un amore impossibile, nascosto anche al soggetto stesso.

La psicoterapia con gli autori di violenza collettiva, così come con le vittime, deve inserirsi in una molteplicità terapeutica: approccio psicoterapeutico, medico, sociale, legale, educativo quando necessario. Le condizioni del successo terapeutico dipendono, in questo caso, non tanto dalla qualità di un solo approccio terapeutico, ma dalla qualità di una rete terapeutica che deve essere integrativa. "Integrativa" suppone il rispetto assoluto della specificità di ogni approccio nella rete, il punto comune essendo l'idea che l'oggetto da curare è la violenza politica e i suoi effetti individuali e collettivi.

Il lavoro terapeutico non è finito finché il paziente non è capace di affrancarsi dai condizionamenti e dalle catene interiori. Altrimenti la terapia rimane uno strumento di adattamento sociale, e oggi questo modo di fare costituirebbe un pericolo per l'integrità psichica dei nostri pazienti, gia traumatizzati o feriti a causa di motivi politici o collettivi.

CONCLUSIONE

Come professionisti della salute, siamo i testimoni in prima linea dell'impatto individuale e collettivo della violenza politica. Le tracce della violenza subita, così come della violenza inferta ad altre persone, non spariscono naturalmente. Per continuare a vivere è necessario, per le vittime come per i persecutori, rimuovere le ferite mute e i ricordi insopportabili.

A livello mondiale, le nostre esperienze cliniche ci mostrano che quando un Paese, un'area regionale passa dalla guerra alla pace, è necessario e urgente sistematizzare questo difficile passaggio tra una psicologia da tempo di guerra a una psicologia da tempo di pace. Questa transizione non si fa da sola. I nostri nonni e bisnonni l'hanno fatta. Ma a che prezzo? Quello della strumentalizzazione, generazioni dopo generazioni, della vendetta, della strumentalizzazione delle ferite psicologiche, familiari, collettive, inconsce, in modo da poter continuare la storia mondiale della violenza collettiva.

Oggi siamo in grado di invertire le logiche della criminalità politica. In diversi contesti geopolitici e culturali, si sviluppano esperienze cliniche specifiche: riti locali e globali di lutto collettivo all'uscita da un genocidio o da un conflitto, vari dispositivi di fabbricazione della pace, processi di riconciliazione, esperienze recenti e perfettibili dei tribunali penali internazionali (Iugoslavia, Ruanda, Liberia, Cambogia, ecc.). Centri di riabilitazione per combattenti e autori di violenza collettiva si sviluppano in tutto il mondo, come anche dispositivi tradizionali di cura locali. I centri di trattamento per vittime di violenze collettive già esistenti giungono a maturità. I pericoli da evitare sono quelli dell'etnocentrismo e della manipolazione politica dei professionisti della salute.

Oggi siamo abbastanza numerosi da condividere un approccio realistico, non maltrattante verso le culture e le problematiche specifiche, per agire rispettando una etica di lavoro aperta alla diversità (politica, sociale, culturale, sessuale, ecc.). Siamo coscienti dell'impatto politico del nostro impegno clinico.

"I have a dream" ha detto Martin Luther King. Yehudi Menuhin, già citato all'inizio, aggiunge al sogno di pace di Martin Luther King: <<Integrare la dimensione locale e la dimensione globale del mondo di oggi è una strada difficile>>.

Ciononostante, sono convinta che è precisamente questo il nuovo umanesimo, l'umanesimo di oggi. Un umanesimo rispettoso della diversità culturale, un umanesimo capace di fare da ostacolo al fanatismo politico, religioso e economico.

Vorrei dare la parola finale a questo proverbio africano che mi piace sempre tanto: *<<Finché i leoni non avranno i loro storici, le storie di caccia continueranno a magnificare il cacciatore>>.*

BIBLIOGRAFIA

BETTELHEIM, B. (1972), *Le cœur conscient*, Laffont, Paris [Trad. it. *Il cuore vigile*, Adelphi, Milano 1998].

LEVI, P. (1976), *Se questo è un uomo*, Einaudi, Torino.

MILLER, A. (1984), *C'est pour ton bien. Racines de la violence dans l'éducation de l'enfant*, Aubier, Paris.

SERENY, G. (1993), *Au fond des ténèbres*, Denoël, Paris [Trad. it. *In quelle tenebre*, Adelphi, Milano 1994].

SIRONI, F. (2001), *Vittime e persecutori. Strategie di violenza*, Feltrinelli, Milano.

SIRONI, F. (2005), "Un percorso dall'etnopsichiatria alla psicologia geopolitica clinica", *Prospettive Sociali e Sanitarie*, 20.

SIRONI, F. (2007), *Psychopathologie des violences collectives*, Odile Jacob, Paris [Trad. it. *Violenze collettive. Saggio di psicologia geopolitica clinica,* Feltrinelli, Milano 2010].

VIGNE, J. (1993), *Eléments de Psychologie spirituelle*, Albin Michel, Paris.

LA FUNZIONE ANALITICA NEL CONFRONTO INTERCULTURALE

di Lidia Tarantini

Nel settembre del 2002 mi fu proposto dall'IAAP (Associazione Internazionale di Psicologia Analitica) di seguire un gruppo di otto persone a Tunisi per una analisi personale, nell'eventualità di formare un primo nucleo di analisti junghiani tunisini allo scopo di fondare una futura associazione. Era passato un anno esatto dalla tragedia delle Torri Gemelle e il rapporto con il mondo arabo stava diventando tragicamente imprescindibile. Era come se, improvvisamente, l'Occidente avesse scoperto nel peggiore dei modi l'esistenza di un mondo e di una cultura che, a parte poche eccezioni, aveva come rimosso. Mi sembrava che mi si offrisse una possibilità, anche se limitata, di avvicinarmi in presa diretta a quel mondo che anche io conoscevo poco e per sentito dire. Ciò che mi veniva chiesto di fare però mi inquietava e mi poneva molte domande. Provo brevemente a riassumerle:

1. Gli strumenti tecnici di cui disponevo, “il mio sapere” erano utilizzabili in un contesto così diverso e sconosciuto?
2. Quale doveva essere il mio assetto mentale per poter contattare quella che sentivo come una diversità radicale?
3. Correvo il rischio di fare inconsapevolmente una operazione di “colonizzazione psichica”, di riportare ciò che appariva così diverso all’identico, al noto, al conosciuto? In altre parole, i miei concetti di normalità e patologia erano utilizzabili o rischiavano di diventare per me una sorta di cecità?
4. Riassumendo: è possibile per un’analista non arabo né musulmano analizzare una persona araba e musulmana?
5. Ed ancora la lingua…è possibile entrare in contatto con gli aspetti più profondi della psiche utilizzando una lingua che non sia una “lingua madre”?

Era forse questa la domanda che più mi girava nella testa, quella che sentivo come più inquietante, ma che mi sembrava mi potesse aiutare a trovare una qualche risposta.

Proprio pensando a quale lingua avremmo dovuto utilizzare, il francese ovviamente, mi è venuta in mente un’ovvietà: il francese sarebbe stata una lingua straniera per entrambi, per me e per il mio futuro paziente, e improvvisamente questa non mi è più sembrata solo una limitazione, ma un primo importante punto di vicinanza, una specie di terra di nessuno che avremmo dovuto abitare insieme, una terra neutra. Questa parola spesso la usiamo in senso negativo: il neutro è l'indifferenziato, l'incapacità di impegno, l'equidistanza amorfa, la passività anaffettiva, il vuoto di pensieri e di sentimenti, mentre a me sembrava (proprio nell'accezione etimologica di '*neuter*': né l'uno né l'altro) che definisse quel luogo dove è possibile trovare la radice comune a tutti gli esseri umani, quella radice che può farli oggetto di curiosità e forse di amore, grazie a questa porzione comune neutra, ma anche sconosciuta e ignota che ci accomuna. E poi la parola neutro mi faceva anche pensare ad una sorta di contenitore, proprio come quello che io utilizzo nel Gioco della Sabbia[1]. È questa una tecnica che, nata come una modalità di lavoro con i bambini, ha mostrato una grande potenzialità terapeutica nel lavoro con pazienti adulti. Non solo perchè l'uso di un "gioco" per un adulto significa accettare che il pensiero razionale e la parola non facciano più da padroni del campo analitico, ma anche perchè, spostando l'attenzione dalla parola al gesto che conduce il "gioco", si lascia parlare l'inconscio senza l'intermediario del pensiero razionale. Ma quel che mi sembra importante sottolineare, rispetto al discorso che qui mi interessa, è il fatto che l'attenzione del terapeuta debba essere rivolta non solo a quello che il paziente sceglie di mettere dentro la sabbiera, cioè a quali oggetti scelga tra i molti che sono a sua disposizione (oggetti in miniatura che rappresentano il mondo animale, umano, vegetale, inanimato, ecc.), ma soprattutto al come li dispone, quali zone della sabbiera scelga, con quale sequenza, con quale ritmo, con quali priorità. Il contenitore permette, proprio per la sua funzione di circoscrivere uno spazio, di evidenziare il modo in cui, in quel momento, il giocatore si rapporta e si rappresenta la sua situazione inconscia. Non verbalizzandola, in quanto non conscia in quel momento, ma rappresentandola metaforicamente nella sabbiera, all'interno di un contenitore.

Il contenitore potevo sentirlo come quell'aspetto universale la cui tenuta poteva forse corrispondere ad un'idea di sanità psichica non culturalmente connotata, così come la sofferenza o la patologia potevano rappresentare, al di là delle forme specifiche e, per così dire, degli "oggetti" in essa contenuti, una falla, una mancanza di tenuta. Quello che allora mi sembrava possibile provare a reintegrare non sarebbe stato il contenuto, perché questo varia con la soggettività e la cultura, ma proprio il contenitore. E forse questo anche un'analista di cultura e religione diversa può riuscire a farlo.

Infatti, mentre ciò che può essere re-integrato, restaurato o cambiato all'interno del contenitore ha a che vedere con la cultura e con la storia personale di quella singola persona sofferente, il compito dell'analista dovrà invece essere quello di aiutare il paziente a riparare "l'apparato-contenitore", nel rispetto di quello che egli vorrà poi mettere o non mettere dentro. Se, come analista non musulmano, mi lascerò intrappolare e sviare dalle mille incursioni e dai mille tentacoli che la religione infiltra nella vita quotidiana di un essere umano musulmano (preghiere, abluzioni, rituali, digiuni, ecc.), arretrerò di fronte a qualcosa per me incomprensibile. Oppure cercherò di capire il valore profondamente emotivo che ha, ad esempio, il vissuto di "*h'aram*" (l'illecito) nei confronti della comunità familiare e sociale (la "*umma*") paragonandolo al sentimento del peccato per la cultura cattolica. Ma così facendo avrò ricondotto il diverso all'identico, l'ignoto al noto, non avrò centrato il bersaglio e sicuramente non sarò stata in grado di ascoltare veramente chi ha portato in seduta questo particolare contenuto di sofferenza. Ciò che dovremmo invece cercare di fare è favorire un processo di reintegrazione del senso di dignità e di autostima che il vissuto di "*h'aram*" ha messo in discussione o distrutto, nei modi e con i contenuti che al paziente sembrano adatti. E questo a prescindere da quanto siamo disposti, partendo dalla nostra visione culturale, a condividere le sue scelte re-integrative. Ma non è questo che dovremmo fare anche con chi è della nostra stessa cultura e religione?

Straniera: io straniera per i miei pazienti e loro per me. Ma questa era proprio una condizione anomala o è un vissuto familiare, comunque, anche in Patria? Ho pensato al luogo dell'analisi. Luogo di incontro tra due stranieri, o meglio luogo di intersezione e di transito, in cui ciò che era estraneo all'inizio (paziente e analista) tale ridiverrà alla fine.

E poi l'altro grande straniero con cui ci si confronta in analisi è l'inconscio, irriducibile al noto, che può essere detto solo con una parola anch'essa straniera: l'interpretazione, infatti, rompendo abitudini e aspettative di comprensione, *trans-ferisce* un senso perduto in un altro, che accetti però e contenga la perdita. In questa inevitabile disattesa del rimpatrio si rivela la radicalità dell'esilio della parola dell'analista.

Nel 1915 Freud nella *Metapsicologia* dice una frase sorprendente: "...una minima riflessione mostra che l'identità del ricordo comunicato con quello rimosso non è che apparente. Aver capito e aver vissuto sono due cose di natura psicologica del tutto diverse, anche se hanno un identico contenuto...".

Eppure la seduzione di ridurre l'ignoto e lo straniero al noto e familiare è molto forte perché ci aiuta a vincere quel sentimento di spaesamento che ci coglie ogni volta che un essere umano sofferente e sconosciuto entra nel nostro studio, anche se è della nostra Patria e parla la nostra lingua.

Mi viene in mente un piccolo libro di Jean-Luc Nancy intitolato "*L'intruso*", in cui l'autore, paragonando i riflessi psicologici legati alla tecnica dei trapianti d'organo con l'etica dell'ospitalità e del rapporto con lo straniero, dice che in tutti i casi la possibilità dell'incontro con l'altro si ottiene a condizione, da un lato, di rompere la cerchia dell'intimità e dell'identità e, dall'altro, a patto che lo straniero conservi i tratti dell'intruso e del non assimilabile.

Ma torniamo alla questione di fondo: quale debba essere l'assetto interno dell'analista che potrà garantire un corretto rapporto con un paziente straniero. Credo che ci siano tre domande semplici ed essenziali che l'analista potrebbe porsi ogni volta che si confronta con un altro essere umano nella stanza di analisi: chi sono, dove sono e perché sono qui.

Jung in un modo più suggestivo parlava di "tensione etica alla forma", intendendo con questa frase quell'atteggiamento avente per scopo quello di portare, nel corso del trattamento, al recupero progressivo della rotondità del simbolo, al recupero cioè degli aspetti simbolici e formali che si muovono e si strutturano all'interno del rapporto analitico. Quello che io prima definivo il contenitore universale.

Alla domanda "chi sono" si dovrebbe aver chiaro innanzitutto ciò che "non sono" (per esempio detentore di Verità, scopritore di Sensi ultimi, indicatore di vie da seguire, ecc.).

Se alla domanda "chi sono" la risposta è "sono una figura come se, cioè sono una presenza-metafora", forse riuscirò a creare uno spazio tra il mio pensiero, che tende a definire il noto, e la realtà psichica di quell'altro "intruso", di cui spero solo di aiutare a ricostruire il contenitore interno, rispettando e accettando l'inassimilabile, cioè l'alterità dei suoi contenuti. Potrò allora anche capire "dove sono", capire cioè che anche il luogo dell'analisi è terra di esilio e tutto ciò che accade in questa terra è e non è, al contempo, ciò che sembra essere, e questo mi permette una attenzione libera al processo e la costruzione di un livello possibile di attenzione più sintonico per quell'altro "intruso" che è venuto a cercarmi; e questo credo sia anche il perché dell'esser qui dell'analista.

Queste e altre riflessioni, che sono andata facendo nel corso della mia lunga esperienza di analista straniera in terra straniera, mi hanno permesso di sentire che il mio esser-ci, di fronte a persone sofferenti, così diverse da me per cultura e religione, poteva avere una utilità e un senso. Il desiderio di comunicare e di capirci "nonostante tutto", che ha motivato sia me che loro, ha reso i nostri incontri pieni di una intensità affettiva e di profonda complicità, non sempre evidente in situazioni di analisi con pazienti italiani. La lingua comune, straniera per entrambe, il francese, ha concesso libertà di espressione a contenuti imbarazzanti e a volte proibiti nella lingua araba. Quello che sicuramente andava perso a livello di emozione e affettività nell'uso di una lingua non-madre, lo andavamo recuperando nella volontà e nel desiderio di esprimere sempre e comunque l'affetto, con tutti i mezzi possibili, dalla gestualità al tono della voce, dalla mimica al pianto. E poi l'inconscio ha fatto la sua parte: l'attività onirica non è mai stata così presente, viva, vivace e produttiva come con questi pazienti. Purtroppo, per motivi organizzativi, non ho potuto utilizzare il Gioco della Sabbia, cosa di cui molto mi dispiaccio, ma che spero mi sarà possibile in un prossimo futuro.

Da junghiana non mi ha stupito che le immagini che apparivano nei sogni, al di sotto di un primo livello in cui si rappresentavano aspetti legati alla cultura e alle consuetudini locali e che come tali andavano letti, fossero immagini nelle quali era possibile ritrovare le grandi tematiche fondanti dell'essere umano. Questi grandi temi dell'umano venivano rappresentati e vissuti con modalità assolutamente identiche a quelle a me note. E in esse i pazienti si riconoscevano spontaneamente e senza alcuna difficoltà o resistenza. I miei interventi, sempre rispettosi e interlocutori, cercavano di mettere in parole condivise quelle immagini con cui io, forse, avevo più familiarità. Mentre i pazienti mi permettevano di capire il significato di quelle altre immagini o situazioni oniriche che più attenevano al loro vissuto quotidiano e alle loro tradizioni. Così la sensazione è sempre stata quella di un autentico lavorare insieme, democraticamente condiviso, in cui l'analista proponeva, indicava, suggeriva sensi possibili di quelle immagini, e il paziente condivideva, correggeva o indicava a volte una direzione a cui non avevo potuto pensare, per ignoranza.

I tempi e i modi dei nostri incontri erano per necessità insoliti rispetto al "normale" ritmo delle sedute analitiche. Tre giorni ogni mese, durante i quali li incontravo due o tre volte di seguito.

Molto si potrebbe teorizzare su questa "anomalia" fino a concludere che non è stata analisi quella che ho fatto con i miei pazienti arabi. Può darsi. Quello di cui però sono certa è che, nel lavoro con loro, un ritmo c'è stato ed è stato rispettato direi con affettuoso rigore. Mai una seduta mancata, mai un ritardo. Era troppo prezioso quel tempo concesso e c'era la consapevolezza dello sforzo che la "straniera" faceva per andare fin lì. Quel lungo tempo che intercorreva tra un incontro e l'altro era come un grande respiro che ognuno di noi prendeva prima di immergersi nel lungo periodo di separazione. Ma c'era la certezza che sarei tornata. Diventavo, durante quel quasi mese di separazione, una figura assente-presente che spesso compariva in varia forma nei sogni che nell'intervallo essi facevano e che poi sapevano che mi avrebbero raccontato. Sapere che ne avremmo parlato insieme permetteva al nostro dialogo di non interrompersi, anche se io non ero presente... Tuttavia non c'ero e questa era anche una realtà con cui dovevano comunque fare i conti, era una sorta di esercizio quotidiano di accettazione del limite e della assenza, una figura di morte con cui credo ogni analisi, anche la più ortodossa, debba abituarci a convivere. Altrimenti il rischio è di diventare interminabile.

La storia di Fatima mi sembra possa considerarsi esemplare rispetto a quanto sono venuta dicendo fin qui ed è con grande commozione che la affido ai lettori di questo libro.

Fatima ha 40 anni quando la incontro la prima volta. È una donna piacevole di aspetto, ha tre figli, lavora come psicologa con bambini sordomuti in istituto. È nata nell'entroterra tunisino, in un piccolo villaggio vicino alla città di Sfax. È la prima di sei figli, quattro dei quali muoiono piccolissimi per denutrizione perchè la madre di Fatima, gravemente malata di mente, non li nutriva. Questa donna infelice era stata costretta a sposarsi a soli 16 anni con un uomo molto più grande di lei e costretta a sei gravidanze non volute. Muore quando Fatima ha otto anni. Prima di morire la madre le aveva fatto giurare di non permettere a nessuno di seppellirla, perchè lei sarebbe risuscitata.... Qualche giorno prima Fatima aveva visto morire, tra le sue braccia, una sorellina più piccola a cui aveva sottratto i biscotti perchè anche lei affamata. Di questo gesto, e del non aver potuto impedire il seppellimento della madre, porterà a lungo la colpa, come pure del fatto che, dopo la morte della madre, ne avesse preso il posto nel letto del padre. Questo breve periodo di grande legame col padre viene bruscamente interrotto dalla entrata in scena della nuova moglie che odierà e di cui sarà molto gelosa. Va a studiare in città dove conosce un giovane collega universitario che sposa all'età di 20 anni per potersene andare definitivamente di casa. Non ne è innamorata, ma condivide con lui le idee e l'impegno politico. Entrerà a far parte dei gruppi femministi e militerà con il marito nel partito comunista anti-Bourghiba. Il marito muore dopo circa dieci anni di matrimonio in un incidente stradale, avvenuto dopo una lite con lei che si rifiutava di avere rapporti sessuali. Anche di questa morte Fatima si sentirà a lungo responsabile. Rimasta vedova si trasferisce con i figli a Tunisi e rompe ogni rapporto con la famiglia di origine.

Quando inizia il lavoro con me ha una serie di disturbi fisici: dolori alle ginocchia che le rendono difficile camminare, occlusione di un canale lacrimale che rischia di farle perdere la vista da un occhio, allergie al viso e vertigini.

Mi racconta che da quando sta a Tunisi, dove lavora, ha iniziato una relazione con un uomo sposato, relazione tormentata e morbosa, nella quale a volte entra anche la moglie del suo amante in incontri sessuali a tre.

Racconta un sogno: "Sto a letto con mio padre [*che nella realtà è morto da molti anni*, n.d.A.] e facciamo l'amore. Ma quando si alza dal letto e si allontana lo vedo brutto e ripugnante."

La rivedo il mese dopo e c'è un altro sogno: "Una grande casa disordinata e sporca: cerco di mettere ordine, ma nel giardino vedo che la recinzione è in fiamme. Sono presa dal panico e cerco dell'acqua. Chiamo mia sorella Amel ['*Amel*' *in arabo vuol dire "speranza"*, n.d.A.] per farmi aiutare. Dalle fiamme esce una donna con un bambino in braccio, capisco che è lei che ha appiccato il fuoco. Con Amel fuggo dalla porta di dietro della casa."

Associa al sogno il ricordo di un parto della madre a cui lei ha assistito e ai sensi di colpa per la morte della sorellina. Sta sempre peggio, ma per la prima volta si rende conto che la relazione con il suo amante è distruttiva perchè la porta a rivivere un Edipo colpevole nei confronti di sua madre morta e la morbosità di fantasie sessuali infantili in cui lei era in mezzo tra il padre amato e la sua nuova compagna. Capisce anche che le sue idee femministe e spregiudicate la hanno condotta a una scissione tra la sua parte razionale, forte e determinata, e una affettività fragile, infantile, impaurita, timorosa della vendetta di un femminile materno portatore di morte. Le è chiaro che mentre affermava di non tenere in nessun conto i giudizi della sua famiglia e della comunità, che consideravano '*h'aram*' il suo comportamento sessuale, il suo corpo e i suoi sogni raccontavano un'altra storia. Le sue ginocchia doloranti dicevano che qualcosa le impediva di procedere, che doveva fermarsi, le vertigini dicevano che aveva perso l'equilibrio, e i suoi occhi che, se non fosse riuscita a piangere, avrebbe perso la vista. Sul suo viso arrossato dalle allergie appariva una vergogna negata, che la deturpava. Tuttavia questa consapevolezza, questo aver capito non sembrava la aiutassero a cambiare né la sua sofferenza né i suoi comportamenti. Si sentiva bloccata.

L'analista pensa, ed è sempre più convinta, che il contenitore di Fatima sia andato in pezzi, come la recinzione in fiamme del sogno.

Quale poteva essere allora la sua funzione? Senza entrare nel merito e nei contenuti delle sue scelte, ma con la sua presenza, costanza, ritmo delle sedute, con la sua disponibilità, accoglienza e desiderio di ascoltarla, l'analista si è collocata non sul versante della ragione, ma su quello "vuoto" del materno, accanto alla fragilità negata e al contenitore frantumato. Piano piano, raccontando e ri-raccontando la sua storia, Fatima si rendeva conto che il potere colpevolizzante dello '*h'aram*' non era tale in quanto giudizio esterno del collettivo (della '*umma*'), che lei da sempre contestava, ma in quanto espressione di una posizione interna di autosvalutazione che le faceva pensare che lei, in fondo, non meritasse niente di meglio di un uomo come il suo amante perverso, e che dovesse continuare a pagare per le sue antiche colpe.

L'analisi in questa situazione ha funzionato come una sorta di polo attrattore delle parti non svalutate e non auto-distruttive, che la sorella Amel del sogno e l'analista nella realtà rappresentavano. Queste sue parti miracolosamente ancora "speranzose" la avevano aiutata a sfuggire all'incendio distruttivo appiccato da una madre portatrice di morte. Le sedute e il parlare con l'analista straniera avevano potuto rappresentare per Fatima una sorta di luogo neutro, luogo di deposito della memoria di un'altra Fatima che si andava creando, seduta dopo seduta, e che cercava di costruire una immagine di sé più accettabile e vivibile.

Anche i sogni cominciavano a cambiare: sogna sua madre giovane e bella che la pettina e le parla, sogna donne serene che vanno dal parrucchiere e finalmente sogna il marito che torna per vedere il figlio piccolo che aveva solo due anni quando lui era morto.

Così pure i rapporti reali di Fatima subiscono una trasformazione: lascia finalmente e definitivamente l'amante perverso, conosce Nadir, un collega di lavoro, libero e gentile, che comincia a frequentare poco prima che il nostro rapporto si concluda.

Nota dell'Autrice:

1) Per il Gioco della Sabbia si veda il libro di Lidia Tarantini, *Lo sguardo che ascolta*, Magi Edizioni, Roma 2006.

GLI AUTORI

Janine Altounian è traduttrice, saggista e germanista. Nata a Parigi da genitori armeni, profughi dal genocidio del 1915, è tra i membri fondatori di AIRCRIGE (Associazione internazionale di ricerca sui crimini contro l'umanità e sui genocidi). È co-traduttrice di Freud dagli anni '70 per le <<Opere Complete>> nell'edizione "Presses Universitaires de France". Tra i suoi libri ricordiamo: *Ouvrez-moi seulement les chemins d'Arménie / Un génocide aux déserts de l'inconscient* (con prefazione di René Kaës), 1990 (ristampa nel 2003); *La Survivance / Traduire le trauma collectif* (prefazione di Pierre Fédida, postfazione di René Kaës), 2000 (ristampa nel 2003); *L'écriture de Freud/ Traversée traumatique et traduction,* 2003; *L'intraduisible / Deuil, mémoire, transmission*, 2005; *Ricordare per dimenticare. Il genocidio armeno nel diario di un padre e nella memoria di una figlia* , con un saggio di Manuela Fraire, 2007; *Mémoires du Génocide arménien. Héritage traumatique et travail analytique*, con il contributo di K. Beledian, J.F. Chiantaretto, M. Fraire, Y. Gampel, R. Kaës, R. Waintrater, 2009.

Silvia Amati Sas è medico (laureata all'Università di Buenos Aires), pedopsichiatra (specializzata all'Università di Ginevra), membro ordinario AFT della Società Svizzera di Psicoanalisi, membro ordinario della Società Psicoanalitica Italiana e dell'IPA. Nel corso della sua carriera ha prestato particolare attenzione alle tematiche della trans-soggettività e della violenza sociale, elaborando teoricamente con grande fecondità la sua particolare esperienza clinica con pazienti reduci da persecuzioni politiche dei regimi dittatoriali. È attualmente Presidente dell'EATGA (Associazione Europea d'Analisi Transculturale di

Gruppo). Tra le sue numerose pubblicazioni ricordiamo le più recenti: *La violenza sociale traumatica: una sfida alla nostra adattabilità inconscia*, pubblicato nel libro *Ferenczi oggi* (a cura di F. Borgogno), 2003; "Situations sociales traumatiques et processus de la cure", *Revue Française de Psychanalyse*, 3, 2002, pp. 923-33; "Honte, ambiguïté et espaces de la subjectivité", *Revue Française de Psychanalyse*, 5, 2003, pp.1771-5 ; "L'interprétation dans le trans-subjectif: réflexions sur l'ambiguïté et les espaces psychiques", *Psychothérapie*, 24, 2004, pp. 207-13.

Manuela Avakian nata a Taranto, è figlia di madre armena, **Mary Avakian.** Manuela è scrittrice ed autrice di "Una terra per Siran", romanzo d'esordio pubblicato nel 2003 da Prospettiva editrice (Civitavecchia), premiato dal Collegio Pontificio di Roma e finalista al Premio Carver. La rivista letteraria *Nuovi Argomenti* ha pubblicato in seguito un suo racconto intitolato "Il destino nel hadig".

Ambra Cusin è psicologa e psicoanalista, membro ordinario della Società Psicoanalitica Italiana e vive a Trieste. È socio dell'Istituto Italiano di Psicoanalisi di Gruppo (IIPG) dal 2006. Tra le sue pubblicazioni: *Alcune riflessioni sull'Assunto di Base di Omertà* nel libro *Omertà, mafie, terrorismi, sette segrete*, 2006; "Lo sbarco con il gommone. Racconto di un'esperienza di ascolto del disagio migratorio esperito da un gruppo di psicologi presso un Ambulatorio per Stranieri", *Rivista di Psicoanalisi*, 1, 2007; ha curato con Cristina Bertogna il libro *L'inquietante enigma che ci abita*, 2010; ha pubblicato con F. Amione, *Incontrarsi a Babele*, nel libro *Lavorare con il gruppo specializzato*, a cura di M. Curi Novelli, 2010.

Nicole Janigro nata a Zagabria (Croazia), vive e lavora a Milano. Psicoterapeuta, analista di formazione junghiana, fa parte dell'associazione "Laboratorio analitico delle immagini" (L.A.I.). Collabora a progetti di formazione legati al tema dell'elaborazione del conflitto, rivolti a volontari e operatori attivi sul campo nelle aree di crisi della ex Jugoslavia. Ha in corso una ricerca su sogno e guerra. Ha svolto attività giornalistica ed editoriale. È autrice del libro *L'esplosione delle nazioni*, 1993 (ristampa 1999); ha curato il *Dizionario di un paese che scompare. Narrativa dalla ex Jugoslavia*, 1994, l'antologia *Accadde a Sarajevo*, 1996, il libro *Vivere altrimenti. Guida alle comunità alternative in Italia e nel mondo* (con G. Ciuffreda), 1997, l'antologia di narrativa *Non troppo uguali. Storie di identità e differenze* (con R. Cacciatori), 1999, il libro *La guerra moderna come malattia della civiltà*, 2002, e il libro *Casablanca serba. Racconti da Belgrado*, 2003. Il suo ultimo libro, *Il terzo gemello* (Antigone) è uscito nel 2010. È attualmente direttore editoriale della rivista di psicoanalisi Frenis Zero.

Giuseppe Leo è psichiatra e psicoterapeuta presso il Dipartimento di Salute Mentale di Lecce e direttore responsabile della rivista di psicoanalisi Frenis Zero (www.freniszero.tk) con sede presso il Centro di Psicoterapia Dinamica "Mauro Mancia" a Lecce. Dopo una formazione in psichiatria e psicoterapia infantile presso lo "Hopital de jour" dell'Università di Strasburgo (Francia), attualmente si occupa in ambito istituzionale del trattamento psichiatrico e psicoterapeutico ad orientamento psicoanalitico di adolescenti e giovani adulti schizofrenici, sia in setting individuali che di gruppo. Ha pubblicato finora cinque libri. Il primo è di argomento psicoanalitico, La *psicoanalisi. Intrecci paesaggi confini*, 2005, con scritti di S. Fizzarotti Selvaggi, A. Giannakoulas, M. Mancia, S. Resnik e M. Rossi Monti. Il secondo è di narrativa, *Vite soffiate. I vinti della psicoanalisi*, 2008, e riguarda le figure di una serie di psicoanalisti suicidi. Il terzo è di argomento psicoanalitico, *La psicoanalisi e i suoi confini*, 2009, con scritti di J. Altounian, P. Fonagy, G.O. Gabbard, J.S. Grotstein, R.D. Hinshelwood, J.P. Jiménez, O. F. Kernberg e S. Resnik. Il quarto, *Id-entità mediterranee. Psicoanalisi e luoghi della memoria* (Edizioni Frenis Zero) è uscito nel 2010 e raccoglie, ampliandoli, gli Atti dell'omonimo convegno internazionale. Infine, nel 2011 ha curato la prima edizione italiana del libro di Imre Hermann *Psicologia dell'antisemitismo* (Edizioni Frenis Zero).

Bonnie E. Litowitz è psicoanalista dell'I.P.A e membro del "Chicago Institute for Psychoanalysis". È "Associate Professor" del Dipartimento di Psichiatria della "Rush Medical School" di Chicago e vive e lavora a Chicago. Tra le tante pubblicazioni, ha curato insieme a Philip S. Epstein il libro *Semiotic Perspectives on Clinical Theory and Practice: Medicine, Neuropsychiatry and Psychoanalysis* (De Gruyter, New York 1991). È autore di contributi in diversi libri collettivi tra cui ricordiamo "On overdetermination" in *Psychoanalysis and Language*, a cura di J.H. Smith (Yale University Press, New Haven 1978).

Salomon Resnik è psichiatra e psicoanalista, membro della International Psychoanalytic Association, è una delle figure di spicco della scena psicoanalitica mondiale. Di origine argentina, ha continuato e completato la sua formazione nell'ambiente della scuola psicoanalitica inglese, che si riconosceva nelle idee di M. Klein. Nel corso degli anni londinesi è venuto in contatto e ha collaborato con eminenti personalità - quali H. Ronsefeld, E. Bick, D.W. Winnicott, W.R. Bion e la stessa Klein - e si è interessato alle idee di A. Warburg e di E.H. Gombrich. Attualmente esercita la professione di psicoanalista a Parigi, collaborando con varie università francesi e italiane. Ha fondato a Venezia il Centro Internazionale di Studi Psicodinamici della Personalità (C.I.S.P.P.), dove tiene seminari mensili aperti a psicoterapeuti, psicologi, psichiatri ed educatori che sono interessati alle problematiche dell'infanzia e dell'adolescenza. È autore di numerosi saggi, pubblicati da riviste specializzate italiane e straniere, e di opere fondamentali, in particolare sulla psicosi. Alcuni suoi libri sono stati tradotti in Italia: *Abitare l'assenza. Scritti sullo spazio-tempo nelle psicosi e nell'autismo infantile* (insieme a Enrico Levis, Simona Nissim, Maria Pagliarani, Franco Angeli, 2005), *Clinica psicoanalitica delle psicosi. Seminari padovani* (Franco Angeli, 2005), *Il teatro del sogno* (Bollati Boringhieri, 2002), *L'avventura estetica. Prospettive sull'arte* (Franco Angeli, 2002), *L'esperienza psicotica* (Bollati Boringhieri, 2002), *Glaciazioni. Viaggio nel mondo della follia* (Bollati Boringhieri, 2001), *Persona e psicosi.*

Il linguaggio del corpo (Einaudi, 2001), *Dialoghi sulla psicosi* (Bollati Boringhieri, 1989). Per Borla sono usciti in Italia i suoi ultimi due libri: *Biografie dell'inconscio* (2007) e *Ferite, cicatrici e memorie* (2009).

Anna Sabatini Scalmati è psicoanalista dell'E.F.P.P., membro didatta dell'A.I.P.P.I. (Associazione Italiana Psicoterapia Psicoanalitica Infantile), e socia della S.I.P.P. (Società Italiana di Psicoterapia Psicoanalitica). È particolarmente impegnata nel trattamento delle vittime della tortura ed è stata docente nei corsi di formazione organizzati dal C.I.R. (Consiglio Italiano per i Rifugiati). Tra le sue pubblicazioni, ricordiamo il recente volume *Bearing Witness. Psychoanalytic Work with People Traumatized by Torture and State Violence*, curato insieme ad Andrés Gautier per le edizioni Karnac (Londra, 2010). Vive e lavora a Roma.

Gerhard Schneider è psicoanalista dell'I.P.A. e vive a Mannheim (Germania).

Michael Šebek è psicoanalista I.P.A. della Repubblica Ceca. Cultore di storia della psicoanalisi, ha curato la voce "Repubblica Ceca" dell'"International Dictionary of Psychoanalysis" (a cura di Elizabeth Roudinesco).

Françoise Sironi è laureata in Psicologia Clinica ed in Psicopatologia, Psicoterapeuta e Docente all'Università di Parigi 8. È fondatrice del Centro "Primo Levi" per le vittime di tortura, ma anche fondatrice in Russia di un centro per il trattamento dei disturbi psichiatrici degli ex-soldati reduci dall'Afganistan. È stata anche direttrice del Centro "Georges Devereux". In italiano è uscito nel 2001 il suo libro *Vittime e persecutori. Strategie di violenza* (Feltrinelli) e sempre per Feltrinelli è uscito nel 2010 il libro *Violenze collettive. Saggio di psicopatologia geopolitica clinica.*

Lidia Tarantini è psicoanalista, membro dell'AIPA (Associazione Italiana di Psicologia Analitica), della SIPS (Società Italiana di Psicologia Scientifica) e dell'IAAP

(International Association for Analytical Psychology). Fa parte di un gruppo di studio e di ricerca sul Gioco della Sabbia, applicato alla terapia analitica dell'adulto. Tra le sue pubblicazioni ricordiamo i libri: *Lo sguardo che ascolta. Immagine e parola nell'interpretazione analitica* (1996); *È come se. Immagini e pensieri nella stanza analitica* (Borla, Roma 2002). Collabora con numerose riviste specializzate, italiane ed estere, ed in particolare con la "Rivista di Psicologia Analitica" (per cui nel 2004 ha curato un numero speciale dedicato al dialogo della psicoanalisi con l'Islam) e con i "Cahiers Jungiens de Psychanalyse".

Nota sulle fonti originali degli scritti contenuti nel presente volume:

I saggi raccolti in questo volume in parte provengono dagli interventi presentati al convegno internazionale "Id-entità mediterranee. Psicoanalisi e luoghi della negazione" svoltosi a Lecce il 30 ottobre 2010. In generale, poiché questo volume non vuole essere una raccolta di atti congressuali, da tali testi sono stati eliminati esclusivamente quei riferimenti del tutto contingenti alla presentazione orale al convegno, lasciando immutato tutto quello che è apparso necessario, in sede di editing, a garantire una loro comprensibilità e fruibilità ad un pubblico più ampio. I testi presentati al convegno di Lecce sono quelli di Giuseppe Leo, di Ambra Cusin, di Nicole Janigro, di Manuela e Mary Avakian, di Janine Altounian, di Salomon Resnik e di Silvia Amati Sas. Di seguito diamo le informazioni sulle fonti originarie degli altri scritti contenuti in questo libro.

Il saggio di Bonnie E. Litowitz è stato pubblicato sul "Journal of the American Psychoanalytic Association" nel 1998 (vol.46, n.1, pp.121-147). Un suo estratto è stato pubblicato nel n. 15 del gennaio 2011 (anno VIII) della rivista on line di psicoanalisi Frenis Zero.

Lo scritto di Anna Sabatini Scalmati è stato pubblicato originariamente nel n.13 (anno VII) del gennaio 2010 della rivista on line di psicoanalisi Frenis Zero.

Il testo di Gerhard Schneider è una rielaborazione di un intervento dello stesso autore ad un "panel" nel corso del 45° Congresso dell'"International Psychoanalytic Association" (I.P.A.) tenutosi nel 2007 a Berlino. La versione presente in questo libro è stata pubblicata nel n. 13 (anno VII) del gennaio 2010 della rivista on line di psicoanalisi Frenis Zero.

Il saggio di Michael Šebek è la traduzione italiana di un articolo pubblicato nel 2002 sulla rivista dell'EPF "Psychoanalysis in Europe" (Bull. 56). La prima versione italiana è stata pubblicata nel n.13 (anno VII) del gennaio 2010 della rivista on line di psicoanalisi Frenis Zero.

Il testo di Françoise Sironi è stato pubblicato nel n.13 (anno VII) del gennaio 2010 della rivista on line di psicoanalisi Frenis Zero.

Il contributo di Lidia Tarantini è uscito nel 2010 nella rivista on line di psicoanalisi Frenis Zero.

Le traduzioni in italiano sono di Giuseppe Leo.

INDICE

www.ingramcontent.com/pod-product-compliance
Lightning Source LLC
LaVergne TN
LVHW040330051026
849518LV00001B/142